油水自乳化理论及在稠油注水开发中的应用

蒲万芬 刘义刚 刘锐 著

石油工业出版社

图书在版编目（CIP）数据

油水自乳化理论及在稠油注水开发中的应用 / 蒲万芬，刘义刚，刘锐著. -- 北京：石油工业出版社，2025.2. -- ISBN 978-7-5183-7301-7

Ⅰ.TTE345

中国国家版本馆 CIP 数据核字第 2025TN0982 号

油水自乳化理论及在稠油注水开发中的应用
蒲万芬　刘义刚　刘锐　著

出版发行：石油工业出版社
　　　　　（北京市朝阳区安华里二区 1 号楼 100011）
网　　址：www.petropub.com
编 辑 部：（010）64523570　图书营销中心：（010）64523633
经　　销：全国新华书店
印　　刷：北京中石油彩色印刷有限责任公司

2025 年 2 月第 1 版　　2025 年 2 月第 1 次印刷
710 毫米 ×1000 毫米　开本：1/16　印张：15.75
字数：227 千字

定　价：88.00 元
（如发现印装质量问题，我社图书营销中心负责调换）
版权所有，翻印必究

前　言

稠油储量丰富，是世界油气资源的重要组成部分。经济高效开采稠油对石油工业可持续发展具有重要意义。注水作为最成熟和最经济的二次采油技术，广泛应用于稠油开发。但由于稠油和水之间不利的流度比，常规稠油水驱往往存在过早水窜而采收率低的生产问题。近来发现，国外部分稠油注水开发呈现出异常的生产动态——含水率不是"迅速上升"，而是"长时间稳定在中低值"，在排查了地质等其他影响因素之后，认为这种现象是油包水（W/O）乳状液的形成导致的。国内新疆油田某区块稠油水驱也表现出了类似的特征，并且自注水 7 年来油井稳定产出 W/O 乳状液，分析认为这种水驱特征与地层中稳定 W/O 乳状液的形成直接相关。目前，这种现象并未引起过多关注，W/O 乳状液在其中的重要作用也很少被研究。

本书主要以新疆、渤海油田普通稠油注水开发为背景，针对油藏高内相 W/O 乳状液导致的特殊生产特征，提出"W/O 乳状液在普通稠油水驱开发中的关键作用"这一基础问题，围绕水驱过程中 W/O 乳状液的形成、性质和自适应流度控制性能以及 W/O 乳状液存在下的水驱特征等关键基础问题开展研究，明确水驱过程中影响 W/O 乳状液形成及稳定的关键组分及作用机理，形成油水自乳化机理，建立不同黏度原油乳化信息数据库；揭示 W/O 乳状液稳定水驱前缘机理，改进考虑 W/O 乳状液存在的稠油水驱特征"概念"曲线，为拓宽稠油水驱开发理论发挥引导作用，为经济高效开采普通稠油油藏提供新的理论和技术支撑。

本书按照原油组分及相互作用、W/O 乳状液形成机制及影响因素、油水自乳化信息数据库、W/O 乳状液的流度控制机制与前缘排驱特征、国外典型油藏应用案例的逻辑展开，试图对油水自乳化基础科学问题和高效注水开发效果关键方法问题进行全面覆盖。第 1 章为油藏注水开发过程中油水自乳化的基本概念、历史沿革和研究发展现状；第 2 章对原油六个拟组分（蜡、饱和烃、芳香烃、胶质、沥青质、酸性组分）分离，在此基础上分别从乳状液宏观稳定性和微观结构特征两个方面探讨天然活性组分对乳化性能的影响；第 3 章从 W/O 界面维度采用实验表征和分子动力学模拟阐明原油天然组分及其相互作用对 W/O 乳状液形成和稳定机制的影响；第 4 章研究剪切强度、剪切时间、矿化度、pH 值和含水等外界因素对 W/O 乳状液性质的影响规律；第 5 章基于多种不同黏度的代表性原油开展大量油水自乳化实验，通过"数、理"分析，高度凝炼成果并建立乳化信息数据库，形成油水自乳化最大内相体积的预测方法；第 6 章深入研究 W/O 乳状液在多孔介质中的渗流及阻力特性以及在不同非均质条件下对低渗的启动程度，构建 W/O 乳状液的非均质调控图版，信息化表征 W/O 乳状液对原油的驱油效率，揭示 W/O 乳状液对水驱前缘的自稳定机制；第 7 章基于 W/O 乳状液的形成，改进和完善普通稠油水驱特征"概念"曲线，研究 W/O 乳状液体积大小、渗透率、渗透率级差、W/O 乳状液含水对稠油水驱特征及水驱效率的影响规律；第 8 章分析油水自乳化对国内外典型水驱油藏开发效果的影响。

参加本书编写的人员还有西华师范大学庞诗师博士，西南石油大学施鹏副教授、孙琳副教授、博士生何美明、徐莹雪等。

本书得到了国家自然科学基金联合基金重点项目"黏度可控的原位增黏体系构建及高效驱油机理研究"（U19B2010）资助。

鉴于著者的水平有限和专业所限，书中难免存在不妥之处，恳请读者和专家批评指正。

扫描二维码看本书彩图

目 录

1 绪论···1
   1.1 稠油特点及水驱技术应用现状··2
   1.2 稠油水驱流度控制技术研究现状··7
   1.3 稠油水驱过程油水乳化特性研究现状··11
   1.4 稠油水驱特征研究现状··22

2 原油组分对 W/O 乳状液形成的影响···26
   2.1 实验研究方法···27
   2.2 原油及其组分性质分析···34
   2.3 原油组分对油水乳状液稳定性的影响···47
   2.4 原油组分对油水乳状液微观结构的影响··48
   2.5 原油组分对乳状液液滴形成的影响··54
   2.6 原油组分间的相互作用对油水乳化特性的影响···57

3 W/O 乳状液的形成和稳定机制···65
   3.1 实验研究方法···65
   3.2 原油组分对油水界面张力的影响研究···67
   3.3 原油组分对油水界面膜强度的影响研究··71
   3.4 原油组分间相互作用对油水界面性质的影响研究··75
   3.5 原油组分乳化行为的构效关系··79

4 原油活性组分与 W/O 乳状液的稳定性 ··· 88
4.1 实验方法 ··· 88
4.2 乳状液流变理论模型 ··· 92
4.3 搅拌速率对乳状液性质的影响 ··· 94
4.4 搅拌时间对乳状液性质的影响 ··105
4.5 矿化度对乳状液性质的影响 ···111
4.6 pH 值对乳状液性质的影响 ··117
4.7 含水对乳状液性质的影响 ··123

5 油水自乳化信息数据库 ···132
5.1 乳化数据库的结构设计 ···132
5.2 温度对原油乳化的影响 ···135
5.3 高含水作用下的原油乳化性能 ··145
5.4 高内相稀油的乳化特性 ···151
5.5 内相转折点预测相关方法的建立 ···159

6 W/O 乳状液自适应流度控制性能研究 ··167
6.1 实验研究方法 ··168
6.2 W/O 乳状液自适应流度控制能力 ···177
6.3 乳状液在多孔介质中的剪切稀释性 ··180
6.4 W/O 乳状液在多孔介质中的阻力特性 ···181
6.5 W/O 乳状液对非均质调控能力 ··187
6.6 W/O 乳状液对水驱前缘稳定机制 ···194
6.7 油水驱后油 - 水分布特征 ··195

7 油藏水驱特征及驱油效率研究 ··198
7.1 岩心剪切中 W/O 乳状液的形成 ···198
7.2 W/O 乳状液存在下稠油水驱特征及水驱效率影响因素 ·····················202

8 国内外典型案例 ·· 209
8.1 国内油田稠油水驱特征及产出液性质 ·············· 209
8.2 国内外稠油非常规水驱特征总结 ·················· 213
8.3 考虑 W/O 乳状液存在下的稠油水驱特征"概念"曲线 ·········· 220

参考文献 ·· 225

1　绪论

稠油开采方式主要分为热采和冷采，各种稠油开采技术或存在成本高的问题，如表面活性剂驱、聚合物驱和蒸汽驱，或存在技术或设备不成熟的问题，如各种物理冷采、生物冷采、火烧油层技术，或存在油藏普适性不强的问题，如油溶性降黏技术等。相比之下，常规水驱技术成熟、成本低、适用性广，在稠油开发中占有重要的地位。但由于稠油和水之间不利的流度比，注入水极易发生指进窜流，造成波及系数低，其采收率一般比轻质油水驱低10%以上。针对此，聚合物、起泡剂、碱/表面活性剂等常被用作水中的添加剂，通过增大水相黏度或形成水包油（O/W）乳状液来改善流度比，提高稠油水驱效率。但以上流度控制技术一来会增加额外的化学剂成本，二来相比于稠油的高黏度，其流度控制作用有限。因此，寻找一种经济且有效的流度控制技术是稠油水驱推广的关键所在。

油包水（W/O）乳状液作为一种黏度高于原油的流体，往往被认为会增加地层流体的运移阻力，要避免在开发中形成。但正因为其黏度高于原油的特性，W/O乳状液同时也具备很强的流度控制作用，尤其针对稠油，因而近年来开始受到一定关注。相关研究主要集中于借助油湿性颗粒或直接用稠油和水两相在地面形成W/O乳状液再进行注入，研究多停留在物理模拟阶段，应用于现场的仅有一例报道[1]。稠油因为富含活性组分，在不添加任何乳化剂的情况也倾向于形成W/O乳状液，而W/O乳状液在稠油水驱中的关键作用不容忽视。

1.1 稠油特点及水驱技术应用现状

1.1.1 稠油的特点

我国通常把相对密度大于 0.92（20℃）、地下黏度大于 50mPa·s 的原油叫稠油。因为一般稠油的密度也较大，也被叫做重油。

据统计，全球稠油地质储量约为 $8150 \times 10^8 t$，委内瑞拉最多，占总量的 48%；其次是加拿大，占 32%；然后是俄罗斯、美国和中国。各个国家油品性质不同，开采技术存在差异，因此稠油分类标准也各异[2-3]。我国一般用的是刘文章在 1986 年提出的稠油分类标准建议[4]。根据密度和黏度的差异，我国稠油一般分为普通稠油、特稠油和超稠油三类，表 1.1 为我国石油行业关于稠油分类的标准。

表 1.1 中国稠油分类标准

分类		黏度（mPa·s）	密度（g/cm³）
普通稠油 I	I-1	50* ~ 100*	> 0.92
	I-2	100* ~ 10000	> 0.92
特稠油 II		10000 ~ 50000	> 0.95
超稠油 III		> 50000	> 0.98

注：* 指在油层条件下黏度，无 * 指油层温度下脱气油黏度。

我国稠油特征主要体现在油藏性质和原油物性两方面。稠油油藏一般埋藏在 2000m 以浅的浅层，储层胶结疏松，物性较好，渗透率和孔隙度均较高[5]。当然也存在埋深超过 4000m 的深层稠油油藏。稠油沥青质和胶质含量较高，黏度大。黏度大导致稠油流动阻力大，需要的生产压差大，很难从地下采出。此外，稠油含气量低，饱和压力也较低，天然能量小[6]。

1.1.2 稠油水驱应用现状

注水是一种常见的二次采油技术，常应用于轻质油油藏，也广泛应用于稠油油藏。稠油注水开发的优点有：（1）快速补充地层亏空，提高地层压力，增加稠油驱动能量；（2）注水开发是目前油田最成熟、最经济和最有效的开发方式，比起热采、化学驱和注气等方式，注水开发成本低廉，易于管理[7]。

稠油注水开发主要针对普通稠油油藏。加拿大西部针对 $5.21 \times 10^8 m^3$ 的稠油储量开展了207次水驱，其中有8次水驱试验失败被放弃[8-9]。我国稠油注水应用主要集中在大港油田、渤海油田、华北油田、辽河油田、新疆油田、胜利油田等。早期，韩卓明基于19个稠油注水开发区块资料对稠油注水开发界限和开发效果进行了初步探讨，指出原油地下黏度为 20～100mPa·s 的稠油、非均质、井深大于1000m、厚度小于10m的砂泥岩薄互层层状油藏，应立足于注水，而原油地下黏度100mPa·s以上的稠油油藏，立足于注蒸汽热力采油[10]。但随着对水驱机理认识的深入以及精细注水和水平井等技术的发展，水驱应用的稠油黏度不断在增加。谢建勇等通过现场注水开发试验和室内实验，确定了地层原油黏度小于2470mPa·s的油藏均可实施注水开发，原油黏度小于500mPa·s的稠油油藏采用注水开发可取得较好的开发效果，预测采收率达到20%以上[11]。

一般稠油黏度越大，水驱采收率越低（图1.1）。表1.2总结了国内外报道的稠油油藏注水开发实例，可以发现水驱开发的稠油地层黏度最高已经达到1000mPa·s以上，采收率在10%左右。

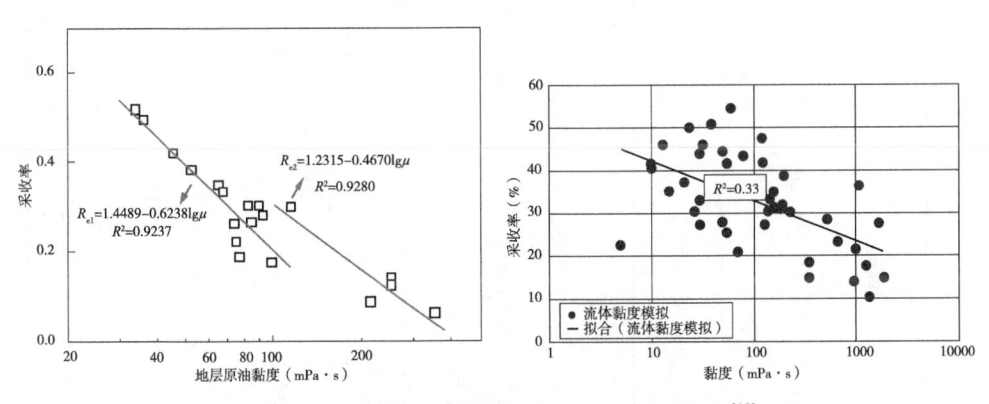

图1.1 水驱稠油油藏黏度—采收率关系曲线[12]

表 1.2 稠油油藏注水开发应用现状 [12-31]

油田		埋藏深度 (m)	渗透率 (mD)	孔隙度 (%)	地面原油密度 (g/cm³)	地层原油黏度 (mPa·s)	水驱采收率 (%)
吐哈鲁克沁油田鲁二块		2300~3700	625	27.0	0.9668	154~256	15.0
海外河油田		1390~2340	829.7	28.7	0.9409	55~216	23.0
大港油田枣35区块		1470~1695	裂缝性稠油油藏	基质:21.6~34.4 缝洞:1.18~4.42	0.9432	8617.92(地面)	5.23~5.89
大港官109-1		2015	375	24.2	0.9510	50.1	7.05(含水87.8%)
古城油田B123断块			245~1620.1	10~34.2	0.917	59.1	16.39
秦皇岛32-6油田		900~1600	3000	35		28~260	
大港羊三木油田		1188~1464	800	29.0		37~148	25.0
胜利油田渤21块		1230~1300	200~950	31.0		95	17.23
Wilmington油田		780	1500	30.0	0.9725	280	25.0
渤海湾SZ36-1	一期	1400	3287	32	0.9247	88	25.49
	二期		2306	31.5		176.3	14.56
巴4断块稠油油藏	III1组	1350	34.81	21.5	0.8659	56~110	19
	III2组		中渗	12.7			
辽河油田	冷43块	1470~1820	428.7	16.8	0.9625	57~420	16.9
	冷42块	1750~1890	1806	24.1	0.980		16.1

续表

油田		埋藏深度 (m)	渗透率 (mD)	孔隙度 (%)	地面原油密度 (g/cm³)	地层原油黏度 (mPa·s)	水驱采收率 (%)
奈曼油田		1287~1870	0.23~12.2	9.5~12.2	0.8969~0.9668	94.8~384.5	16.0
胜利孤岛油田中一区		1198	1500~2500	33.3	0.94~0.99	46.3	38.14
渤海油田	BHS36		1977			291	<26.7%
	BHQ32		3582			260	<24.3%
	BHB25南		3150			276	<24.6%
	BHL5		6406			271.5	<19.1%
	BHN35		4564			650	<4.9%
	BHL32		2793			437	<8.9%
	BHC		1710			512	<6.1%
	BHL27		2809			780	<6.5%
华北油田泽70断块		2400	300	20	0.9178~1.0104	165.6	7.77（含水50%） 9.87（含水70%）
辽河高升油田		1510~1690	1000~3000	22~25		518~605	14.7
胜利油田盘40块 Ng₃⁷油藏		1328~1380	515~1379	32.7~38.2	0.955	150	7.9
辽河油田锦90块兴1组		1080	1359~2704	29	0.9619	110	5~7
Lloydminster 油田		548	2000	32	0.9529~0.9792	400~1500	1~2

续表

油田	埋藏深度（m）	渗透率（mD）	孔隙度（%）	地面原油密度（g/cm³）	地层原油黏度（mPa·s）	水驱采收率（%）
Schrader Bluff 油藏 Milne Point 油田	820	155 ~ 330	33 ~ 36	0.9633	62	< 1
Buffalo Coulee Bakken 油藏	885	500 ~ 1000	20 ~ 28	0.9792	350	4.1
Battrum Unit 4 油藏	649	100 ~ 2500	25.0	0.9570	112	6 ~ 9
Viking–Kinsella Wainwright Sparky 油藏	1828 ~ 2072	300	29	0.9279	103	27
Chichimene 油藏	870	5 ~ 10000	18 ~ 19		350	6 ~ 10
Viking Kinsella 油田	983	2100	29	0.9279	108	36
Court Bakken 油田	305	752	22	0.9529	155	30
Taber south 油田	763	385	35	0.9396	146	10 ~ 15
Inglewood 油田			28	0.9421	65	6.6 ~ 9.5
Provost 油田	962		26	0.9100	39	15
Suffield 油田				0.9709	1094	10

1.2 稠油水驱流度控制技术研究现状

一般来说，稠油由于其黏度高，油水流度比大，加之储层物性差异，注水层间层内矛盾突出，黏性指进和舌进现象严重，易形成水窜，油井见水后含水迅速上升，水驱油效率低，采收率通常比常规油田至少低10%[32-36]。如果能经济有效的改善驱替相和被驱替相的流度比，抑制稠油水驱过程中的水窜现象，减缓生产井的含水上升速度，将大大提高稠油水驱效果，提高生产效益。目前常用的流度控制技术有聚合物驱、碱/表面活性剂驱、泡沫驱、乳状液驱等。

1.2.1 聚合物驱

聚合物主要依靠增加驱替相黏度，改善油水流度比，提高波及系数[37-39]。室内实验研究证明，聚合物驱可以用于黏度200～8400mPa·s的稠油油藏[40-42]。中国、加拿大、土耳其、阿曼、阿根廷、苏里南等均成功开展了稠油聚合物驱矿场应用。中国渤海油田地层黏度30～450mPa·s的稠油2010年开展了聚合物驱，含水同比水驱下降10%，增油效果好[43]。加拿大Pelican Lake油田黏度为800～1000mPa·s的稠油和Seal油田黏度为3000～7000mPa·s的稠油均成功进行了聚合物驱[44-45]。Eric Delamaide通过对加拿大稠油聚合物驱现场应用结果分析认为：在不考虑经济因素的情况下，聚合物驱可以应用于地层原油黏度最高10000～12000mPa·s的稠油油藏[46]。聚合物驱可以提高稠油采收率7.5%～25%[47]。

但由于稠油黏度大，聚合物浓度一般要比较高才能达到有效降低油水流度比的目的，聚合物的注入难度和化学剂成本都将大大增加。同时聚合物驱剪切降解损失大[48]，而且容易加重胶结疏松油藏的出砂。

1.2.2 碱/表面活性剂驱

表面活性剂主要依靠降低界面张力（IFT）、改善润湿性和乳化等提高稠油采收率；碱驱主要依靠注入的碱与原油中的酸性组分反应生成表面活性剂，常与表面活性剂复合使用[49-52]。有学者指出，降低界面张力对改善稠油洗油效率作用不大，主要还是依靠油水乳化形成 O/W 或 W/O 乳状液的携带和流度控制作用[53-54]。表面活性剂价格昂贵，碱虽然价格低廉，但地层中碱耗严重，容易造成注入系统和生产系统结垢，工业化推广受到制约[50]。

1.2.3　泡沫驱

泡沫驱是以表面活性剂作为发泡剂，与气体混合产生连续的泡沫驱油，被认为是流度控制和改善非均质矛盾的重要技术。泡沫视黏度远高于单纯泡沫剂或气体的黏度，泡沫流体可以降低驱替体系的流度，同时封堵高渗层，迫使液流转向，扩大波及系数。但稠油油藏单独应用泡沫驱较少，常与蒸汽复合使用，改善蒸汽窜流问题[55-57]。

1.2.4　乳状液驱

稠油适用的乳状液驱油技术主要分为乳状液驱油和自发乳化驱油。乳状液驱油指将乳化剂与原油在高速搅拌下形成的乳状液注入地层，驱替水驱后的残余油。自发乳化驱油指将乳化剂注入地层中，在多孔介质的剪切作用下，与原油乳化形成乳状液，驱替残余油。前者是地面乳化，后者是地下自发乳化，施工工艺更简单，成本更低，应用前景更广阔。

目前所提及的乳状液驱油和自发乳化驱油在大多数情况下都是形成 O/W 乳状液，主要利用 O/W 的乳化携带、乳化降黏（稠油）和液滴贾敏效应机理，而对 W/O 乳状液的研究较少[58-64]。

1966 年，Hardy 等提出了用氧化后的原油制备 W/O 乳状液用作驱替液[65]。1988 年，尉立岗和匡佩琼等进行了不同类型乳状液（O/W 和 W/O）的驱油实验，发现 W/O 乳状液驱油时，由于乳状液为油外相，与原油互溶，故界面前缘不明显，指进现象较弱，驱替界面在驱替初期时几乎是垂直于水平面；而 O/W 乳状液驱油，水为外相，由于重力之故在模型下部有明显的超前现象，但与水驱油相比，指进现象有所改善；乳状液驱油的无水采收率很高，并且 W/O 乳状液驱油的无水采收率更高，最高可达 90% 以上[66-67]。孙仁远等在不添加化学剂的情况下利用超声乳化模拟油（原油：煤油=1∶1），制成W/O乳状液进行段塞驱油实验，注入0.25PV可提高采收率11.9%[68]。曹绪龙等针对特高温油藏提出增黏型乳状液驱油，即注入表面活性剂在地下形成W/O乳状液，替代聚合物的提高驱替相流度控制作用[69]。

以上研究均是针对稀油油藏，稠油本身黏度大、流动阻力大，普遍观点是认为稠油形成W/O乳状液后黏度更大，需要更高的驱替压差，更不易被采出，所以在稠油碱驱或碱/表面活性剂驱等开发方式中更倾向于形成O/W乳状液，而避免形成W/O乳状液[49-50, 70-72]。同时，表面活性剂不是乳状液形成的必要条件，其他具有活性的物质，如固相颗粒、油中的极性组分（沥青质、有机酸碱等）也可以形成稳定的乳状液[73]。Bragg等利用亲油纳米微粒制备稳定的W/O乳状液（原油黏度325 mPa·s），并进行乳状液驱油实验，注入1PV乳状液后原油采收率几乎达到了100%，这表明W/O乳状液在岩心中的驱替类似于活塞驱替[74-76]。

通常为了减少原油的用量，乳状液中含水一般超过50%，形成的乳状液黏度远大于原油黏度。对含水60%的乳状液来说，乳状液黏度一般是原油黏度的10～50倍[12-16]。在这种情况下，乳状液黏度过大，远超过流度控制所需的黏度，同时流动阻力大大增加，需要添加气体或较轻质的组分来调节乳状液的黏度。Kaminsky等报道了一例成功的稠油油藏W/O乳状液驱矿场试验[1]。试验中所用W/O乳状液由该油藏产出的原油和水制备，另外添加了少量矿粉以增强乳状液稳定性（solids-stabilized emulsion，SSE），并通过溶解气体调整乳状液黏度与地层原油相近。在有利的流度比下，该W/O乳状液对稠油的驱替类似于混相驱和活塞驱（图1.2）。该矿场试验在某未开发的五点井网（4注1采）上进行，3年内共注入含水60%的W/O乳状液7239m³，原油产量1773m³，平均含水28%，乳状液在地层条件下很稳定。

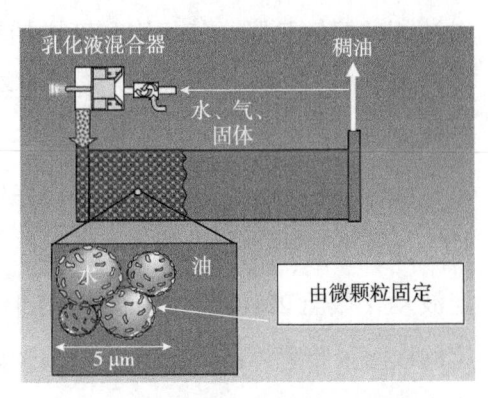

图1.2　W/O型SSE驱替示意图[1]

Fu Xuebing 等提出了用机油制备 W/O 乳状液,得到的 W/O 乳状液既环保又能提供合适的黏度[73]。他们在含水 40%～70% 的范围内制得了一系列稳定的乳状液,低剪切速率和室温下其黏度范围在 100～10000mPa·s。随后,Fu Xuebing 等又用 60% 的水和 40% 的机油制备了黏度为 2000mPa·s(室温)稳定 W/O 乳状液进行岩心驱油实验[77]。同样的,Rafael D'Elia-S 等用 30% 的 Boscan 原油（10000～150000 mPa·s）、10% 的 Boscan 精制油（15mPa·s）和 60% 的水在不外加乳化剂的情况下制备了稳定的 W/O 乳状液（82℃下黏度 2103mPa·s）,并在 82℃下进行了驱油实验[78]。实验发现,W/O 乳状液驱采收率可以达到 85%,其驱油效率与乳状液稳定性、段塞大小和流度控制能力有关。Rafael D'Elia-S 等指出,W/O 乳状液在稠油的二次和三次采油中有很大的作用,如果原油中含有足够的天然乳化剂将大大提高 W/O 乳状液驱的经济效益。最理想的状况是,在不添加任何乳化剂的情况下,仅依靠原油中天然乳化剂的作用促使油水在地层条件下形成稳定的乳状液,实现流度控制,改善水驱效果。在实际的稠油水驱现场实践中已有少量现象印证了这种想法。

在总结大量稠油水驱应用实例的基础上,Alvarez 等发现,某些稠油油藏的采收率远超过常规预测值,黏度为 2000mPa·s(油藏温度下脱气油黏度)的稠油水驱采收率超过 30%[79]。基于这一发现,Alvarez 等从三个方面归纳了稠油水驱可能存在的机制[14]:(1)非常规驱替,包括不稳定驱替和水窜通道的形成、渗吸、黏滞拉拽作用;(2)改善流度比,包括乳化（O/W 乳状液携带原油或者 W/O 乳状液堵塞水窜通道从而改变液流方向)、溶解气驱、气泡对油相的溶解膨胀、气相饱和度增加导致的水相相对渗透率降低;(3)改善油藏渗透率,包括含杂质注入水堵塞裂缝和出砂形成"蚯蚓洞"。其中,W/O 乳状液对水驱的有利作用不能忽视。

我国新疆油田 J 油藏稠油注水开发也有类似的情况。J 油藏从 2011 年 9 月开始注水,第一年综合含水 27.8%,此后 12 年综合含水在 45% 范围内稳定波动,截至 2018 年 12 月含水 41.1%,采出程度 16.6%,已经超过初始标定的极限采收率（15%）,开发效果远好于预期。同时发现注水以来,生产井稳定产出 W/O 乳状液,以此推断 W/O 乳状液在该稠油油藏注水开发中发挥了重要作用。

综上，目前关于稠油W/O乳状液驱油的研究很少，已有的研究也大多停留在室内研究阶段，并且主要针对地面乳化后注入，需要额外添加乳化剂（一般为亲油固相颗粒），同时为了保证注入性和地层下的流动性，还需要加入轻质油或气体调节黏度，操作工艺相对复杂。如果能在不额外添加乳化剂的情况下，地下自发形成W/O乳状液，这将大大减少生产成本，同时抑制稠油水驱窜流，扩大波及体积，改善稠油水驱效果。

1.3 稠油水驱过程油水乳化特性研究现状

1.3.1 乳化成因研究

油水在地层中的乳化需要两个必备条件：一是外力的作用；二是一定量的乳化剂。外力使油水破碎成液滴形式，一相均匀分散于另一相中；而乳化剂吸附于油水界面形成稳定界面膜，阻碍分散相的聚并。油水在多孔介质中流动时受到的剪切作用是外力的来源；而由于水驱过程中没有额外添加化学剂，乳化剂的来源主要依靠原油自身的活性组分。原油自身含有的对乳化有利的组分，一般可称之为天然乳化剂。

天然乳化剂对乳状液的形成和稳定作用主要体现在两方面：一是吸附在油水界面上，通过降低油水界面张力，降低乳状液体系的界面能，提高乳状液的热力学稳定性；二是通过吸附于界面形成具有一定强度的黏弹性膜，使分散相液滴在碰撞时界面膜不易破裂，提高乳状液的动力学稳定性。天然乳化剂的类型和数量均对油水界面膜有重要影响，进而影响乳状液的形成和稳定。大量学者将原油划分为饱和烃、芳香烃、胶质和沥青质四个族组分进行乳化研究，同时也涉及了酸性组分和蜡的乳化性能。

（1）沥青质。

沥青质是原油中分子量最高的极性组分[80]，被认为是原油中天然乳化剂的主要成分，国内外研究大多针对沥青质进行。沥青质在油相中的存在形式主要为：单个分子、颗粒、胶束和缔合体。单一沥青质分子以稠合芳香环为核心，周围连接若干环烷环、芳香环以及长度不一的烷基侧链。沥青质分子的稠芳环核通过 π-π 堆叠形成纳米聚集体（颗粒），聚集体可进一步缔合（图 1.3）。此外，在分子间氢键和偶极力作用下沥青质颗粒会形成胶束。

分子
（~1.5nm）

纳米聚集体
（~2nm）

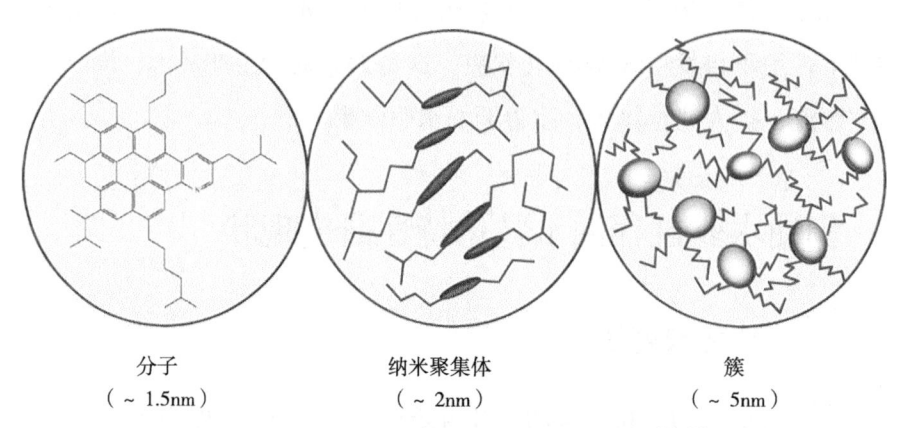

簇
（~5nm）

图 1.3　Yen-Mullins 沥青质缔合结构模型[81-82]

一方面，沥青质的乳化性能取决于自身在原油中的分散状态。当沥青质以分子或胶束状态完全分散在油相中，或以大的缔合体形式分散在油相中时，乳化作用弱；沥青质以（微粒）聚集体形式分散在油相中时才有强的乳化作用，其稳定乳状液机理如图 1.4 所示。另一方面，沥青质的乳化性能还受自身结构的影响。沥青质芳香度越高，其聚集体形成的界面膜强度高，对 W/O 乳状液稳定越有利。

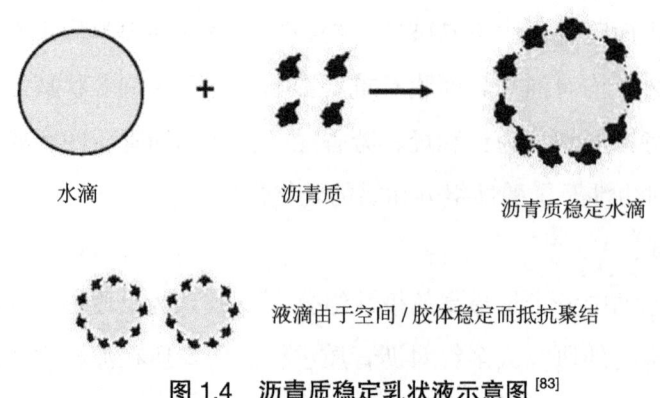

水滴　　　沥青质　　　沥青质稳定水滴

液滴由于空间/胶体稳定而抵抗聚结

图 1.4　沥青质稳定乳状液示意图[83]

（2）胶质。

胶质是原油中分子量仅次于沥青质的极性组分，组成和结构与沥青质相似。胶质的乳化作用至今没有很明确的定论。一种观点是胶质自身具有一定乳化作用。夏立新等发现胶质浓度在 1%～2% 范围时，可以阻碍水滴的聚并，促进 W/O 乳状液的稳定性，而超过 3% 后乳状液稳定性下降[84]。陈玉祥等和赵毅等的研究结果也表明，单一胶质也具有乳化作用，可以促进乳状液的形成和稳定，只是乳化作用不如沥青质[85-86]。

另一种观点认为胶质自身不是有效的乳化剂，但它和沥青质具有很强的协同乳化作用。Zaki 等研究了沥青质和胶质对含蜡的 W/O 乳状液稳定性的影响，发现胶质单独不能稳定乳状液，而与沥青质的相互作用时才可形成稳定的乳状液[87]。Ortega 等也证实了同样的观点[88]。胶质对沥青质的作用主要包括分散、吸附和取代（图 1.5）作用，何种作用占主导地位与胶质和沥青质的浓度比例密切相关。当沥青质浓度较低时，胶质以分散作用为主；当沥青质浓度较高时，低浓度的胶质主要起分散作用，而随着胶质浓度的增大，吸附

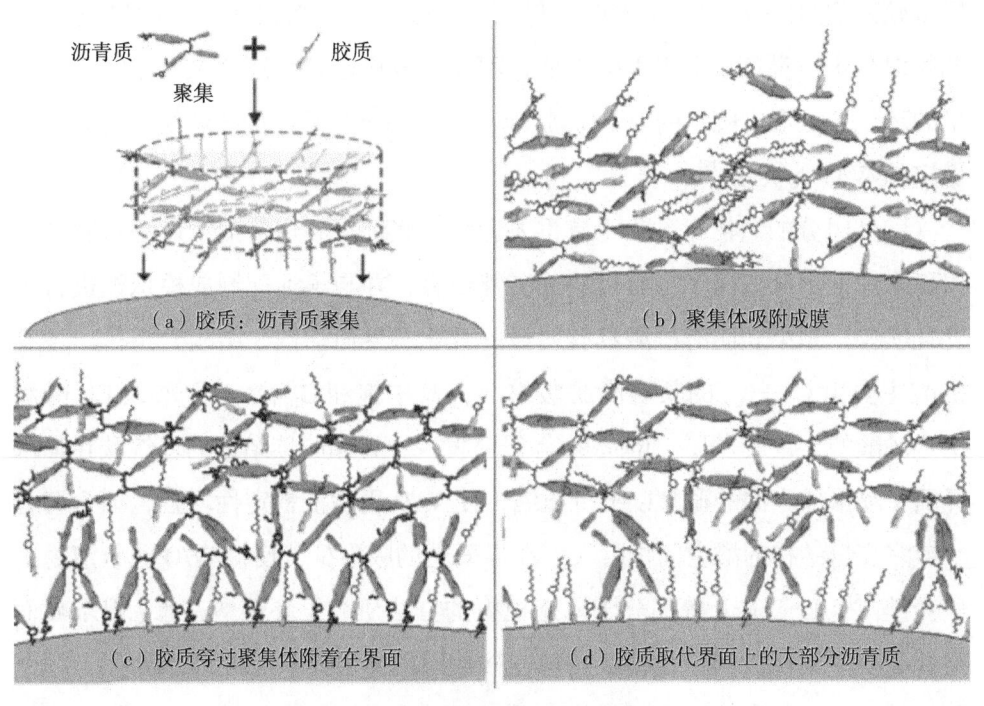

(a) 胶质:沥青质聚集

(b) 聚集体吸附成膜

(c) 胶质穿过聚集体附着在界面

(d) 胶质取代界面上的大部分沥青质

图 1.5　胶质取代沥青质在界面吸附[89]

作用大于分散作用[90]。胶质的自身结构是影响其分散作用的主要因素。胶质与沥青质在化学结构上的相似度越高，稠合芳香环含量越高，烷基侧链越多，与沥青质的极性越接近，胶质分散沥青质和稳定乳状液能力越强[91-92]。但如果胶质对沥青质过度分散，导致沥青质完全溶解于油相中，也对乳状液稳定性不利[93]。

（3）酸性组分。

酸性组分是存在于原油中的所有酸性化合物的统称，其主要成分是石油羧酸，包括脂肪酸、环烷酸和芳香酸。酸性组分 HLB 值一般小于 6，倾向于形成 W/O 乳状液。

酸性组分的分子量对乳化有重要影响。Socrates Acevedo 等从 Cerro Negro 超稠油中分离出低分子量和高分子量两种酸性组分，研究发现低分子量酸性组分脂肪族化合物含量高，主要起到降低界面张力的作用，而高分子量酸性组分主要起稳定界面膜的作用[94]。徐志成等也得出类似的结论：相对分子质量较低的酸组分（$M_n < 500$）侧链以脂肪烃为主，界面活性较强；相对分子质量较高的酸组分（$M_n > 500$），界面活性较弱[95]。而在 Arla 等的研究认为：低相对分子质量环烷酸界面活性低，不易形成稳定乳状液，中等相对分子质量的环烷酸可形成稳定的 O/W 乳状液，而高相对分子质量的环烷酸容易形成稳定的 W/O 乳状液[96]。

酸性组分的结构对乳化也有重要影响。张璐等利用溶剂萃取法从胜利油田孤东原油中分离出了含有机酸的活性组分，并与煤油配制成模拟油进行了乳化实验，结果表明有机酸具有明显的乳化和界面活性，结构分析得出该有机酸主要由 C_7—C_{22} 的长链脂肪酸组成，其中饱和 C_{16} 酸、C_{22} 酸及 C_{18} 酸和十八烯酸的含量最多[97]。Brandal 等研究发现，含脂肪族结构的环烷酸在油水界面更易形成牢固的薄膜以抵抗压缩，使 W/O 乳状液稳定性增强，而含芳香环或多支链结构的酸空间位阻大，在界面上的吸附少，使得 W/O 乳状液稳定性变差[98]。Li Chunli 等用分子动态模拟的方法研究了环烷酸在水/甲苯界面饱和吸附时乳状液的稳定性，发现连接羧酸的侧链越长，在油水界面上的迁移性越差，W/O 乳状液也就越稳定[99]。兰建义等也发现脂肪酸在油污水（O/

W）中乳化能力高于含芳香环或稠环的酸，且脂肪酸的乳化能力随着碳链的增长而逐渐增强[100]。pH 值也会影响酸性组分的结构。高 pH 值环境中，酸性组分易与碱反应生成皂类，更倾向于形成 O/W 乳状液，从而破坏 W/O 乳状液的稳定性[101]。

此外，酸性组分也会通过与其他活性组分的相互作用影响油水乳化，目前研究主要集中在与沥青质的相互作用。Song 等指出，酸性组分会降低沥青质模拟油乳状液的界面张力和界面膜强度，进而降低 W/O 乳状液的稳定性[102]，并且芳香度较高的天然羧酸降低作用更强[103]。Muller 等的研究结果得出了相反的结论：在低酸值高沥青质油中，环烷酸可以提高沥青质在油水界面吸附，增强 W/O 乳状液的稳定性。沥青质和有机酸以相反的方向修饰界面，表现出正协同作用[104]。还有一种观点认为环烷酸与沥青质之间存在一定竞争吸附。Alvarado 等认为在形成 W/O 乳状液时沥青质的界面活性比有机酸更强[105]。而 Sauerer 等通过研究沥青质和硬脂酸在界面的竞争吸附得出结论：当硬脂酸浓度较低时，沥青质对界面张力的贡献更大，而硬脂酸在高浓度下界面表现优于沥青质，完全占据界面[106]。

综上，酸性组分和沥青质之间的相互作用关系并不明确，存在正协同和负协同两种模式，根据调研结果推测，两者之间的相互作用取决于两者的浓度和比例，有待进一步研究。同时，酸性组分和胶质之间的相互作用关系也未见报道。

（4）蜡。

蜡是原油中的高分子量烷烃的混合物，在原油冷却到浊点以下时就会结晶析出。原油中蜡的物理状态对乳液的稳定性至关重要。当蜡溶解于油相时，不能在模拟油中形成稳定的乳状液，但可以与少量沥青质（其本身不足以产生乳液）发生协同作用，稳定乳液。当蜡以细小固体（蜡晶）存在时，可以聚集在水滴之间或吸附于油水界面，稳定乳液。因此，仅从蜡的角度来说，低浊点原油比高浊点原油更容易形成稳定致密的乳液，较低的温度通常会增强原油的成乳倾向。

（5）饱和烃和芳香烃。

一般认为，饱和烃和芳香烃通过影响沥青质在原油中的溶解度来影响乳状液稳定性。芳香环结构对沥青质有较好的溶解能力[107-108]。因此，芳香烃会增大沥青质在原油中的溶解度，减少其在界面的吸附，减弱 W/O 乳状液的稳定性；而饱和烃则相反，会降低沥青质的溶解度，增加其在界面的吸附量，有利于 W/O 乳状液的稳定性。

同时也有研究表明，如果饱和烃氢碳比较高，可能含有高级脂肪酸和长链脂肪醇形成的酯，在碱性环境可以水解生成长链酸，显著降低饱和烃模拟油 – 水体系的界面张力[109]。李美蓉等在进行四组分乳化实验时发现，芳香烃降低油水界面张力能力最强，形成 O/W 乳状液稳定性最好[110]。因此，饱和烃和芳香烃自身是否具有乳化性能取决于其结构和组成，不能一概而论。

综上，国内外学者在认识原油组分对乳状液的形成和稳定上取得了一定成果，但由于原油组分结构的多样性且相互作用复杂，认识还不够完善，且以往研究多集中于乳状液的稳定性，较少关注分散相液滴的形成和微观结构特征。

1.3.2　乳状液性质研究

（1）乳状液稳定性。

乳状液的稳定性主要有两种类型：液滴稳定性和分散稳定性。破坏液滴稳定性的两种机制是粗化和聚结。粗化是在拉普拉斯压力差的作用下，小分散相液滴向大液滴扩散。当大水滴从较小的水滴中接受分子时，它们会变得更大。这些较大液滴通过粗化的方式不停长大，也被称为 Ostwald 熟化。分子通过界面扩散的速率依赖于表面活性组分所形成的界面屏障[111]。聚结是当两个分散相液滴靠近时，彼此界面膜破裂而结合在一起。为防止聚结，乳化剂必须在液滴界面之间提供有效的斥力，斥力与界面乳化剂浓度有关[111]。

破坏分散稳定性的机制是絮凝、分层与沉降。絮凝是多个分散相液滴聚集在一起形成更大的聚集体，不破坏界面膜，不改变液滴大小。因为连续相和分散相的密度差异，分散相液滴会出现上浮或下沉，导致乳状液中上下层液滴浓度不同，出现分层。沉降和分层同时发生。分散相液滴在黏性介质中沉降或上升的速率 v 可用 Stokes 公式表示[112]：

$$v=\frac{2gr^2(\rho_d-\rho_c)}{9\eta_c} \quad (1.1)$$

式中　r——分散相液滴的半径，μm；

　　　η_c——连续相的黏度，mPa·s；

　　　ρ_c，ρ_d——连续相和分散相的密度，g/cm³。

两相密度差越小，连续相黏度越大，越有利于乳状液的分散稳定性。此外，分散相液滴尺寸越小，液滴的沉降速率越小，但同时会导致体系界面能的增大。液滴的聚结和絮凝会加快分层，而分层速率的增加也会促进液滴的絮凝和聚结。

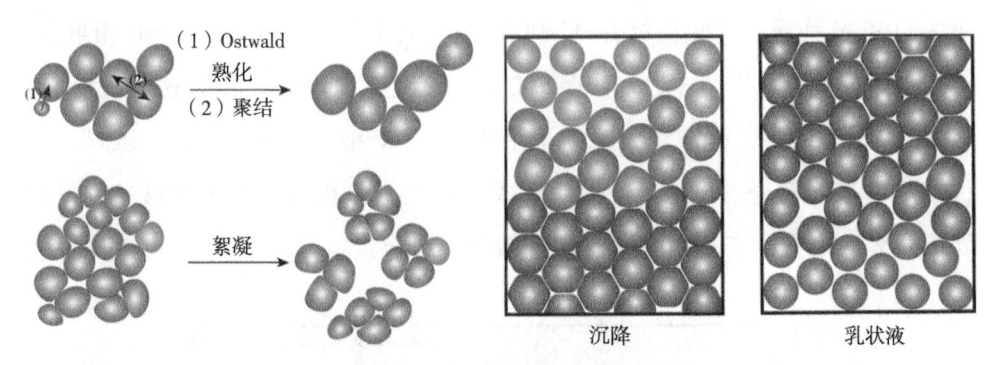

图 1.6　乳状液稳定性破坏方式[113]

絮凝和聚结等现象会导致分散相液滴尺寸增大，分层和沉降速率加快，分散相逐渐析出，最终两相完全分离。析水（油）率常作为乳状液稳定性的评价指标。

（2）乳状液类型。

乳状液的类型主要有 W/O 型、O/W 型和多重乳状液（W/O/W 或 O/W/O），随着水-油体积比（即含水）的增加，乳状液类型必然会从 W/O 向 O/W 转变，转变时的含水称为转相点。转相点的高低与水相性质、油相性质和温度等密切相关。目前，乳状液类型的理论判别方式包括如 Winsor 提出的 R 值[114]、亲油-亲水平衡值（HLB）[115]、亲水亲油偏差值（HLD）[116]等。其中，HLD

值同时考虑了乳化剂自身性质和乳化剂所处环境（溶液性质、油相性质、温度、矿化度等），其计算式如下：

$$HLD = a - EON - kACN + bS + \varphi(A) + C_T(T - T_{ref}) \quad (1.2)$$

式中　a——常数，取决于乳化剂疏水基团的结构；

EON——每个乳化剂分子的等效环氧乙烷基团的数量；

ACN——烷烃或油相中等效碳原子的数量；

S——水相矿化度，mg/L；

$\varphi(A)$——与乳化剂结构和数量有关的参数；

T——温度，K。

HLD 值与水-油体积比的关系如图 1.7 所示。HLD > 0 时，体系与原油在宽含水率范围形成 W/O 乳状液；HLD < 0 时，体系与原油在宽含水率范围形成 O/W 乳状液。转相前缘在 A⁺ 和 A⁻ 之间的水平分支线与 HLD=0 相重合，符合 Bancroft 法则[117]，即当 HLD > 0 时，乳化剂更亲油，乳状液为 W/O 型，当 HLD < 0 时，乳化剂更亲水，乳状液为 O/W 型。但在 B⁻ 和 C⁺ 区域，乳状液的类型不符合 Bancroft 法则，形成了高内相体积分数的乳状液，在此条件下，乳化剂存在于分散相中，导致液滴不稳定。

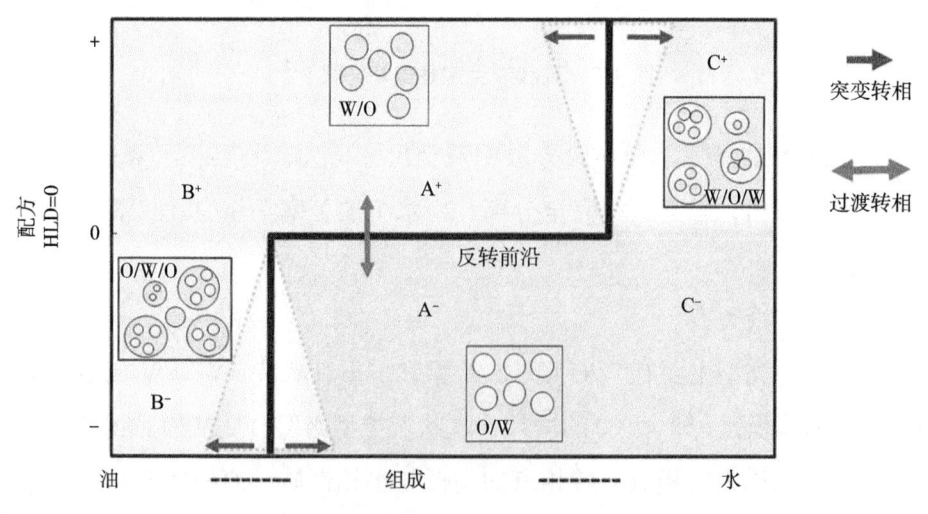

图 1.7　乳状液的配方-组成的二元相图[120]

在 A⁺ 到 C⁺ 或者 A⁻ 到 B⁻ 的转相过程中，内相体积分数（水相或者油相）的增大导致乳状液发生突变转相，HLD 的绝对值越大，突变转相点对应的内相体积分数越高，也就是说乳化剂越亲油，W/O 乳状液转相点的含水值越高。同时通过式（1.2）可以看出，水相矿化度越高，乳化温度越高，HLD 值越大，乳状液类型为 W/O 型的可能性越大。对于稠油，其本身含有的沥青质、胶质和酸性组分等天然乳化剂均属于亲油型[118]，而且黏度又大，水滴在油相中聚并频率远低于油滴在水相中的聚并频率，所以稠油油藏中更容易形成 W/O 乳状液[119]。

对于稠油来说，W/O 乳状液的黏度远高于 O/W 乳状液，其流度控制能力也强于 O/W 乳状液。因此，考虑乳状液相转变对于进一步深入认识稠油水驱规律具有重要意义。

（3）乳状液粒径。

乳状液的粒径由液滴的破裂和聚并共同决定，在形成乳状液较稳定的情况下，为了研究的方便，只考虑液滴破裂的影响。液滴的破裂过程伴随相界面的变化，需要同时克服界面能的变化和拉普拉斯压力。实验室通常通过搅拌为油水体系创造湍流环境，从而为液滴的破碎提供能量。基于 K-H 理论，湍流场分为湍流惯性区和湍流黏性区[121]（图 1.8）。在湍流惯性区，水力脉动力主导液滴变形，而毛细管压力抵制液滴变形，液滴粒径大小与界面张力和分散相黏度成正比，与能量耗散率成反比，最大稳定液滴粒径 d_c 可通过如下模型预测[122]：

$$d_c = a_4 \left[1 + a_5 \left(\frac{\rho_c}{\rho_d} \right)^{1/2} \frac{\eta_d \varepsilon^{1/3} d_c^{1/3}}{\sigma} \right]^{3/5} \varepsilon^{-2/5} \sigma^{3/5} \rho_c^{-3/5} \qquad (1.3)$$

式中　ε——能量耗散率，W/mm²；

σ——界面张力，mN/m；

η_d——分散相的黏度，mPa·s；

a_4，a_5——常数。

（a）湍流惯性区　　　　　　（b）湍流黏性区

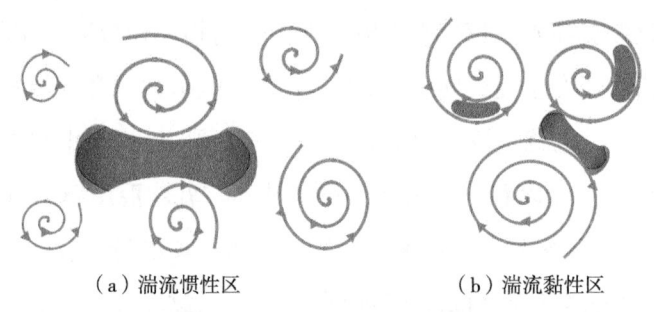

图1.8　液滴破裂示意图[123]

在湍流黏性区，作用于液滴上的黏性力主导液滴的变形，连续相黏度增加和分散相体积分数增大均会使乳状液体系由湍流惯性区进入黏性区。在湍流黏性区，乳状液滴尺寸随连续相黏度 η_c 的增加而减小，最大稳定液滴粒径 d_c 计算模型如下：

$$d_c = a_6 \varepsilon^{-1/2} \eta_c^{-1/2} \rho_c^{-1/2} \sigma \tag{1.4}$$

式中　a_6——常数。

综上，乳状液粒径主控因素包括能量耗散率、界面张力、分散相和连续相黏度、分散相体积分数，而能量耗散率与搅拌时间和搅拌速率相关。分散相液滴粒径的大小影响乳状液在多孔介质的流动特征，往往大尺寸的液滴具有更好的封堵性能。

（4）乳状液黏度。

乳状液的黏度受多种因素的综合影响，其中影响最为显著的三个因素是：分散相体积分数、剪切速率和温度。乳状液黏度随着内相体积分数的增加而增加，相关计算模型众多，其中提出最早的是 Einstein 模型[124]：

$$\eta = \eta_c (1 + 2.5\varphi) \tag{1.5}$$

式中　η——乳状液的黏度，mPa·s；

　　　φ——分散相体积分数。

但该模型仅适用于分散相浓度小于2%的牛顿流体型乳状液。在 Einstein 模型的基础上，很多学者又提出了大量改进模型。当内相浓度较低时，液滴与液滴间的相互作用可以忽略。但随着内相浓度的增加，液滴与液滴之间的距离减小，水合作用和絮凝作用增强，进而影响分散相有效体积分数。基于此，

Pal 和 Rhodes 考虑剪切速率 γ 的影响，引入水合因子 K_0 和絮凝因子 K_f，提出了以下模型[125]：

$$\eta_r=[1-K_0K_f(\gamma)\varphi]^{-2.5} \quad (1.6)$$

式中　η_r——乳状液的相对黏度，mPa·s。

另外，黏度是流体内摩擦力的表征，因此乳状液体系界面面积总和也会影响乳状液的黏度。当内相体积分数一定时，界面面积的大小与乳状液的液滴尺寸呈负相关，液滴尺寸越小，乳状液黏度越大。因此，影响乳状液液滴尺寸的因素，相应也会影响乳状液的黏度。一般的，乳状液黏度越大，其作为驱替相的流度控制能力越强，但过高的黏度也会降低其在地层的流动能力，进而影响油井的生产。

（5）乳状液流变性。

稠油一般为牛顿流体，形成乳状液后表现出非牛顿流体特征。分散相体积分数是乳状液流变性的主要影响因素之一。一般认为，分散相体积分数低于20%时，乳状液黏度基本不随剪切速率变化，依然表现为牛顿流体。当分散相体积分数较高时，黏度随剪切速率变化明显，剪切变稀特征明显。

相比于稠油，其形成的乳状液还具有一定黏弹性。乳状液中的分散相液滴对外部剪切作用有三种响应模式：（1）内循环；（2）变形和取向变化；（3）破裂和聚结，包括絮凝和解絮凝[126]。液滴的变形会导致界面面积增加（图1.9），而界面张力的存在又使得液滴有恢复球形的倾向，因此乳状液表现出弹性。

（a）乳状液体系　　　　　　　（b）单个液滴拉伸变形

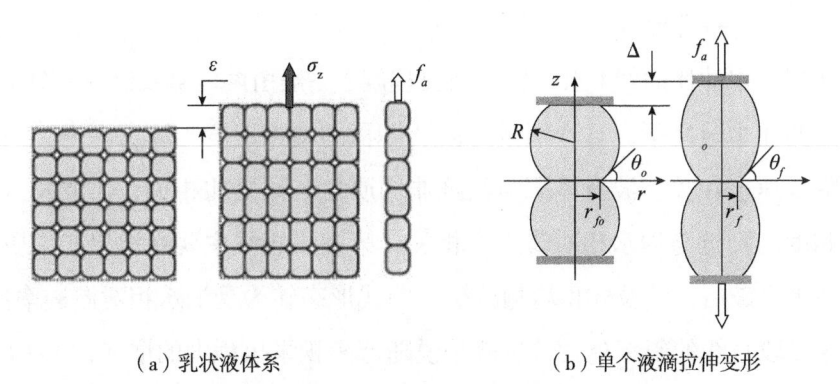

图1.9　乳状液体系和单个液滴拉伸变形示意图[127]

针对乳状液黏弹性的研究始于 20 世纪 50 年代。Batchelor 等学者[128-131]相继提出了剪切模量和分散相体积分数的理论关系，但是这些理论模型并不适用于液滴多分散状态及分散相体积分数很高的情况[132]。研究表明，高浓度乳状液的黏弹性能不仅与分散相体积分数有关，还取决于分散液滴的直径、多分散性、界面张力和液滴间相互作用等。部分研究者认为，储能模量与液滴粒径平方的倒数呈线性关系，表明乳状液的弹性由液滴的表面积决定[133]。但更多研究者认为，储能模量和分散相液滴粒径平方的倒数呈现线性关系[127, 134-136]。

以上涉及的乳状液性质均对其在多孔介质中的流动行为和驱油特性有重要影响，因此本书将基于 J 油藏的具体条件，系统研究剪切时间、剪切强度、pH 值、水相矿化度和含水对乳状液各性质的影响规律。

1.4 稠油水驱特征研究现状

目前的稠油水驱并未形成单独的理论体系，基本上沿用轻质油的水驱模型。油田的日（月、年）产水量与日（月、年）产油的比值，定义为油田的生产水油比（WOR），与采出程度 R 存在以下关系：

$$\lg(\text{WOR}) = a + bR \tag{1.7}$$

式中　WOR——水油比；

　　　R——采出程度；

　　　a，b——常数。

典型的水油比曲线（水油比—采出程度）一般由两段直线组成（图 1.10）。在一定的注水速度下，日产油量与波及体积的增加速度和波及区内含油饱和度的降低速度相关。波及体积与油藏非均质性和流度比相关，而波及区内含油饱和度的降低与油水相对渗透率相关。第一段直线主要受地层非均质性控制，注水突破后，波及体积增加减缓，曲线形态转为受油水相对渗透率控制，通常第二段直线的斜率更大，也就是说随着累积采出程度的增加，WOR 的增幅更大。

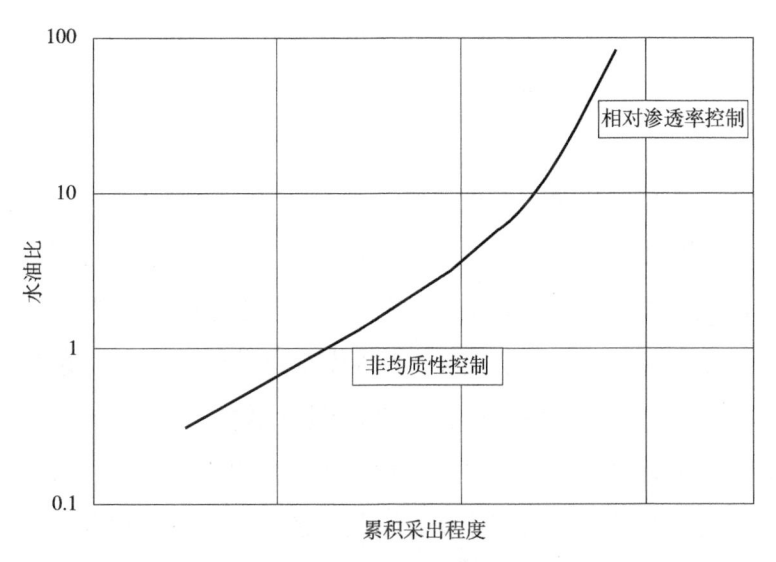

图 1.10　典型水驱 WOR 曲线 [137]

但近年来，在国外注水开发的部分稠油油藏观察到了异常的水驱特征。科威特南 Umm Gudair 油田和阿拉斯加 Kuparuk River 油田的水驱 WOR 值长时间保持在 1 左右（图 1.11）[138-139]，也就是说水油比曲线出现较长的水平段，含水一直稳定在 50%。这是完全不同于轻质油藏的水驱特征，已有的水驱模型不能解释这一特别的现象，但这种异常特征并未引起广泛关注。在国内，除了本次研究的目标 J 油藏外，类似的稠油水驱特征也未见报道。Vittoratos 将这一有趣的现象归因为稠油水驱过程中 W/O 乳状液的形成 [137]。

（a）阿拉斯加 Kuparuk River 油田 [138]　　（b）科威特南 Umm Gudair 油田 [139]

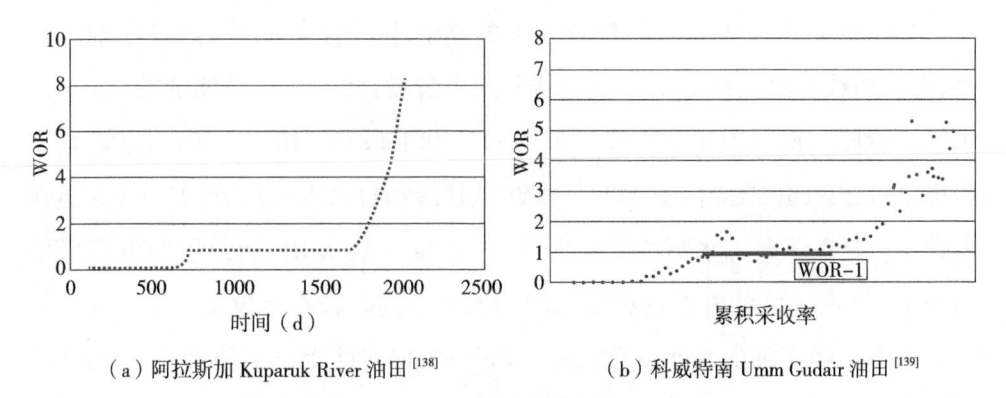

图 1.11　稠油水驱特征曲线

油水自乳化理论及在稠油注水开发中的应用

传统理论认为，水驱过程中水油两相是独立不混相的，润湿相（大部分是水）覆盖于岩石表面，而非润湿相（油和气）位于孔隙中心，在流动过程中滑过润湿相［图1.12（a）］。Leverett 在1938年发表的经典论文中，通过对达西定律的多相扩展，包括各相的相对渗透率曲线，量化了各相的相对滑移量[140]。基于此，Buckley 和 Leverett 提出的前缘推进方程（B-L方程）[141]被作为商业油藏模拟中使用的默认（通常也是唯一可用的）油藏流体流动模型。到20世纪60年代，B-L方程可用于大规模有限差分模拟后，滑移流成为一种理论。而实际上，稠油中含有较多的天然活性物质，油水在适当条件下发生乳化，油相和水相相互"嵌入"，形成单一乳状液相流动［图1.12（b）］，这种流动不同于两相间的滑移流动。因此，经典的不混溶连续相滑移理论并不适用于W/O乳状液存在下的稠油水驱过程。

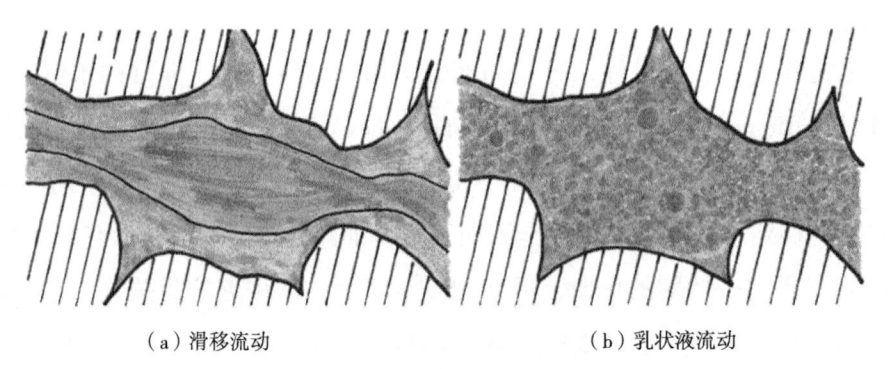

（a）滑移流动　　　　　　　　（b）乳状液流动

图1.12　多相流示意图：相互滑动和相互嵌入
（蓝色是水，绿色是油。白色平行线区域为多孔介质基体）[142]

Vittoratos 针对W/O乳状液存在下的稠油水驱油藏提出了新的水驱特征"概念"曲线（图1.13）[137]。该曲线分四个阶段：Ⅰ为无水采油阶段；Ⅱ为油水同产阶段，地层中还未形成稳定W/O乳状液段塞；Ⅲ为W/O乳状液稳定产出阶段，WOR维持在1；Ⅵ为O/W乳状液和自由水产出阶段，WOR迅速上升。但是在该概念水驱特征曲线中，Vittoratos默认Ⅲ阶段的WOR稳定值均为1，即产出乳状液的内相含水均为50%，同时转相点也是含水50%，而没有考虑油藏实际的油水乳化特性。Delamaide对此提出了质疑[143]，为什么产出乳状液含水只能在50%而不是40%或60%或者其他值？此外，为什么转相发生在含水 50%？不同油藏的油水乳化性质存在明显差异。Kokal 等发现 Berri 油田的乳状液在含水 40%～60% 之间是稳定的[144]。Alboudwarej 等研究了黏度分别为 600mPa·s 和 15000mPa·s 的两种油，并确定两种油的转相点分别为 60% 和 65%[145]。Ghloum 等发现科威特某稠油乳状液的转相点为含水 60%[146]。国内稠油的转相点也各不相同，胜利稠油转相点在 45.7%～59.1%[147]，渤海稠油转相点在 10%～50%[148]。因此，该稠油水驱特征"概念"曲线也存在一定局限性。

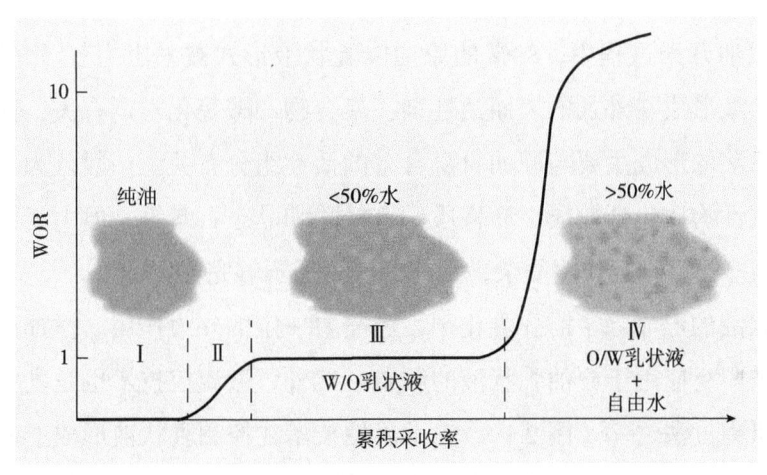

图 1.13　W/O 乳状液存在下的稠油水驱特征"概念"曲线[137]

2　原油组分对 W/O 乳状液形成的影响

在原油开采过程中，80%的原油以乳状液形式被采出[149]。化学驱过程中的乳状液形成与外加的表面活性剂、聚合物和碱等化学剂有关，而水驱过程中乳状液的形成主要与原油自身含有的活性组分有关。一般认为，原油中的主要活性物质包括胶质、沥青质、有机酸和晶态石蜡等。但由于原油活性组分结构多样且相互作用复杂，目前的认识还不够完善。

乳状液的形成除了需要乳化剂，还需要一定的外力作用。搅拌法由于操作方便被广泛应用于原油乳状液的制备。此外，微流控技术也是乳状液形成的重要研究方法之一（图2.1）。但微流控技术在控制乳状液形成上的应用常见于药物、食品、化妆品和材料科学等领域[150-152]，多用于制备多重或复杂

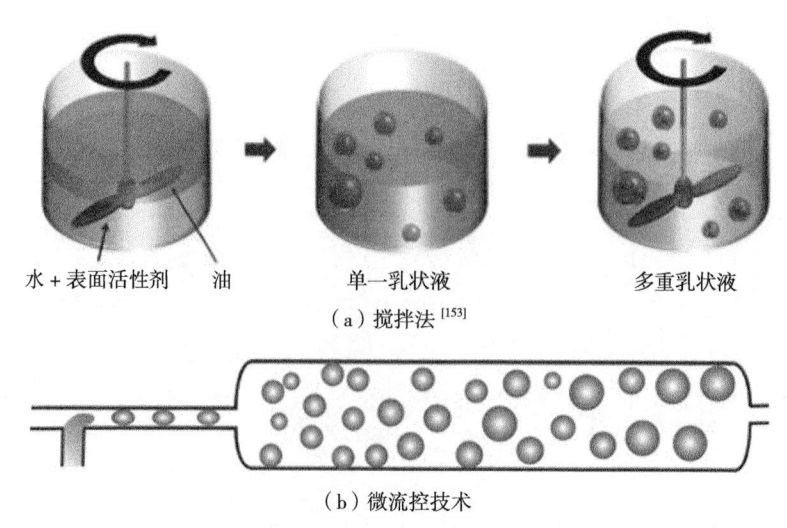

水+表面活性剂　　油　　　　单一乳状液　　　　多重乳状液
（a）搅拌法[153]

（b）微流控技术

图 2.1　原油乳状液形成的方式

乳状液以控制活性物质的封装和释放，而在原油乳状液形成上的相关应用较少。特别地，本章引入微流控技术，通过控制单个分散相液滴的生成，以研究原油活性组分对乳状液形成的影响。

新疆油田某区块 J 油藏自水驱 7 年以来连续稳定产出 W/O 乳状液，含水一直在 27.8% ~ 50.5% 范围内稳定波动，稠油水驱特征与油藏中 W/O 乳状液的形成密切相关。本章从稠油 J 中分离出可能具有乳化作用的六组分：饱和烃、芳香烃、胶质、沥青质、蜡和酸性组分，采用电动搅拌法制备乳状液，分别从乳状液稳定性和微观结构特征（包括液滴尺寸、均匀性和分散性）表征了各组分的乳化性能，同时借助微流控技术深入研究了分散相液滴的形成，此外对组分间相互作用对乳化特性的影响做了进一步研究分析，以期明确影响 J 油藏 W/O 乳状液形成和稳定的关键组分。

2.1 实验研究方法

2.1.1 原油族组分的分离

（1）主要仪器设备。

磨口三角瓶、抽提器、冷凝器、电热套、玻璃短颈漏斗、漏斗架、玻璃吸附柱、真空烘箱、恒温水浴锅、马弗炉（0℃ ~ 800℃）、干燥器、天平、量筒等。

（2）主要试剂材料。

J 油藏脱水脱气稠油（取自 P2 井），由新疆油田提供，以下简称稠油 J；正庚烷、石油醚（60 ~ 90℃），均为分析纯；甲苯、95% 乙醇，均为化学纯；中性层析氧化铝，100 ~ 200 目，比表面积大于 150m^2/g，孔体积 0.23 ~ 0.27cm^3/g，使用前需置于 500℃下活化 6h；定量滤纸，中速。

（3）实验方法。

参考行业标准 NB/SH/T 0509—2010《石油沥青四组分测定法》对稠油进行族组分分离和含量测定，实验流程如图 2.2 所示。

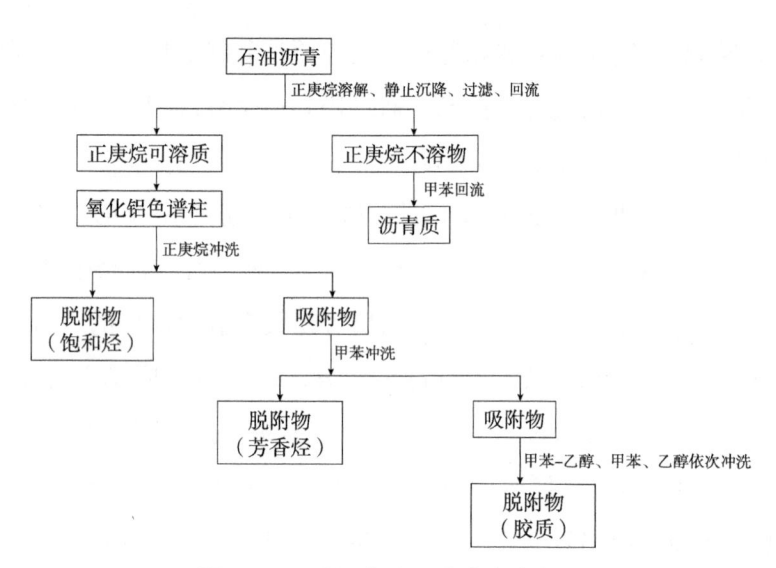

图 2.2　石油沥青族组分分离流程图

2.1.2　原油中蜡的分离

（1）主要仪器设备。

蒸馏装置（电热套、平底烧瓶、冷凝管、弯管接头等组成）、布氏漏斗、滤纸、烧杯、玻璃棒、马弗炉等。

（2）主要试剂材料。

稠油 J；正戊烷，分析纯；硅胶，100～120 目，试剂级。

（3）实验方法。

①将硅胶放于马弗炉中，在 110℃下活化 10h，放入干燥箱中冷却待用。

②称取脱水原油 100g，按原油与正戊烷体积比 1∶30 加入正戊烷，用玻璃棒搅拌 20min 后再放于室温下静置 3d，用带滤纸的布氏漏斗过滤原油与正戊烷的混合液，并用正戊烷多次洗涤滤纸，直至滤液无色。

③将活化后的硅胶加入到滤液中，原油与硅胶质量比为 1∶20，硅胶的加入采用少量多次的原则，每次搅拌吸附 3d，然后重新加入新的硅胶，直到混合液的颜色为无色，把此无色混合液用蒸馏装置蒸发至只有少量溶剂，然后放入 50℃烘箱中抽真空直至恒定质量，得到蜡。

2.1.3　原油中酸性组分的分离

(1) 主要仪器设备。

蒸馏/减压蒸馏装置、圆底烧瓶、圆底平口分液漏斗、分液漏斗、烧杯、玻璃棒、超声波发生器（用于加快破乳和碱醇液分层）、恒温真空烘箱等。

(2) 主要试剂材料。

稠油J；正己烷，氢氧化钠，无水乙醇，盐酸，二氯甲烷，硝酸银，均为分析纯；蒸馏水等。

(3) 实验方法。

①取原油样品500g于烧杯中，加入500mL正己烷将其溶解后置于分液漏斗中，加入1000mL 1.5%氢氧化钠/乙醇溶液（体积比3∶7）萃取，分离出下层碱醇液，上层有机相再用碱醇液萃取，共萃取4次。

②合并4次萃取液，用正己烷萃取3次，再合并正己烷萃取液，蒸馏除去溶剂，得到去酸油。

③将碱醇液蒸馏浓缩至约200mL，用1mol/L盐酸酸化至pH=2～3，用200mL二氯甲烷萃取，萃取三次至水相无色。

④合并二氯甲烷萃取液，用蒸馏水多次洗涤至无氯离子（用硝酸银检测），蒸馏除去二氯甲烷，然后用真空烘箱烘干至恒重，即得原油中的酸性组分。

2.1.4　原油及其组分基本性质测定

(1) 原油密度测定。

实验仪器：DMA HPA高温高压密度仪。

实验试剂与材料：稠油J。

实验方法：设定测试温度20℃，压力常压，将2mL稠油样品注入测量池，按下测量按钮，待读数稳定后读取结果。

(2) 原油黏度及流变性测定。

实验仪器：MCR 302流变仪。

实验试剂与材料：稠油 J。

实验方法：采用锥板系统，锥板角度 1°，锥板直径 50mm，锥板与样品台间距 0.099mm；加样，设定测试温度 55℃，剪切速率 0.1～1000s^{-1}，测定其黏度和剪切应力。

（3）原油及组分分子量测定。

实验仪器：waters1525 PL-GPC 220 凝胶渗透色谱仪。

实验试剂与材料：稠油 J 及其分离得到的组分（酸性组分除外）；聚苯乙烯、氯仿，均为分析纯；Agilent PLgel 5μm MIXED-C 色谱柱。

实验原理和方法：凝胶渗透色谱法是根据体积大小不同的分子通过凝胶柱的时间不同对样品进行分离，获得淋洗曲线，并通过与标准工作曲线的对比，得到样品的分子量分布。本实验中设定淋洗液流速为 1.0mL/min，柱温和检测温度为 35℃，以聚苯乙烯为标样对仪器进行标定，获得标准工作曲线。以氯仿为流动相，分别将原油和组分溶液进样，得到淋洗曲线，采用分析软件对数据进行处理，得到分子量数据。

（4）原油及组分元素分析。

实验仪器：Vario MICRO cube 元素分析仪。

实验试剂与材料：稠油 J 及其分离得到的组分（酸性组分除外），纯度 99.995% 的氦气和氧气。

实验原理和方法：主要利用高温燃烧法测定原理来分析样品中常规有机元素含量。有机物在高温有氧条件下燃烧，其中的有机元素 C、H、N、S 等分别转化为相应稳定形态，如 CO_2、H_2O、N_2、SO_2 等，在样品质量已知的前提下，通过测定样品完全燃烧后生成气态产物的多少，并进行换算即可求得试样中各元素的含量。本次实验采用 CHNS 模式，将 20mg 样品直接放置于 950～1150℃ 的石英燃烧管中，在定量氧的作用下燃烧，在稳定的高纯氦气流下，产生的混合气体经过催化剂及金属铜后完成定量转化，燃烧后的混合气体通过色谱柱分离流出，由检测器输出信号并储存至计算机中，由信号的峰面积计算得到 C、H、N、S 的质量分数，O 元素的含量采用差减法获得。

（5）原油及组分红外光谱测定。

实验仪器：Nicolet 6700 傅里叶变换红外光谱仪，FW-4A 型 12 吨压片机，研钵，红外灯，玻璃棒。

实验试剂与材料：稠油 J 及其分离得到的组分（酸性组分除外）；溴化钾，光谱纯。

实验方法：固体采用溴化钾压片法，将样品和溴化钾按 1:20 的质量比混合研磨，研磨至颗粒粒径小于 2.5μm，然后置于红外灯下烘烤半小时以上，样品完全干燥后均匀铺洒在干净的压模内，使用压片机制成透明或半透明的薄片（压力 20MPa，时间 1min），最后将薄片插入红外光谱仪样品池，从 4400～400cm^{-1} 进行波数扫描，得到吸收光谱。液体采用涂膜法制片，即压制纯溴化钾薄片，然后用玻璃棒蘸取少量样品，均匀涂抹在薄片上，然后进行波数扫描，获得吸光谱图。

（6）核磁共振波谱分析。

^{1}H NMR 表征：使用 Bruker avance neo400M 型核磁共振波谱仪测定活性组分的氢谱，分析谱图并根据所测得的数据，结合改进的布朗兰德（Brown-Ladner，B-L）算法计算各活性组分的平均结构参数。测试条件为室温，溶剂为氘代氯仿，内标物为 TMS。

（7）酸性组分组成测定。

实验仪器：APEX-Ultra 型傅里叶变换离子回旋共振质谱仪（FT-ICR MS），磁场强度 9.4T，电喷雾电离源（ESI）。

实验试剂与材料：稠油 J 分离得到的酸性组分；甲醇，甲苯，氨水，均为分析纯。

实验方法：取 2mg 分离得到的酸性组分溶于甲醇-甲苯（体积比 3:1）混合溶剂中，样品浓度稀释至 0.1mg/mL，取 1mL 样品并加入 15μL 氨水作为待测液。负离子模式 FT-ICR MS 主要参数如下：进样流速 180μL/h，极化电压 3500V；毛细管入口电压 4000V，毛细管出口电压 -320V；采样质量范围为 150～900Da，采样频率为 4MHz，扫描谱图叠加 64 次以提高信噪比。

2.1.5 原油组分乳化实验

(1)主要仪器设备。

DM2700M 徕卡显微镜,JJ-1B 型电动搅拌机,恒温水浴锅,恒温烘箱,玻璃仪器若干。

(2)主要试剂材料。

稠油 J 以及分离得到的六组分;航空煤油;二甲苯,分析纯;J 油藏地层水(离子组成见表 2.1)。

表 2.1 J 油藏地层水离子组成

水样	离子含量(mg/L)						总矿化度
	HCO_3^-	Cl^-	SO_4^{2-}	Ca^{2+}	Mg^{2+}	Na^++K^+	(mg/L)
地层水	806.98	6728.59	31.28	68.34	15.07	4577.71	12227.96

(3)实验方法。

①油相和水相的制备。

以煤油/二甲苯(体积比 1∶1)为溶剂,以蜡、饱和烃、芳香烃、胶质、沥青质和酸性组分为溶质,根据具体需要配制一系列不同质量浓度不同组成的模拟油。水相采用 J 油藏地层水。

②乳状液的配制。

将 20mL 的模拟油和地层水混合液(体积比 6.5∶3.5,即含水 35%)预热至 55℃,然后将油水混合液置于 55℃水浴锅中,用电动搅拌器在 8000r/min 下搅拌 1min,配制成乳状液。此外,按照相同方法配制煤油/二甲苯和水的乳状液,用于对比实验。

③乳状液稳定性测试。

将配制好的乳状液放置于 55℃恒温烘箱中进行观察,记录乳状液在不同时间点析出的水/油量。这里采用析水/油率定量描述乳状液稳定性,析水/油率是某一时刻,乳状液析出的水/油量占乳状液原始水/油量的百分比。析水/油率越高,乳状液稳定性越差。

④乳状液粒径与分布。

取少量搅拌好的乳状液置于载玻片上，放置于显微镜下，观察其微观结构，并将获取的显微图片用 ImageJ 软件处理，获得乳状液粒径分布和累积分布曲线。

2.1.6 乳状液液滴形成实验

采用微流控技术控制单个分散相液滴在微通道的形成，通过统计分析液滴的生成频次和尺寸，研究不同原油组分对乳状液液滴形成的影响。

（1）实验仪器。

雷弗 TDY02 微量注射泵；微量注射器；高速显微摄像系统；自主设计的微流控模型（通道宽 100μm，深 30μm，观察室宽 500μm）。

（2）实验方法。

按照 2.1.5 的方法配制不同组分模拟油（浓度固定 0.7%）。分散相液滴在微通道中的形成实验流程图如图 2.3 所示，实物图如图 2.4 所示。模拟油为连续相，地层水为分散相。每次实验前需先将模型饱和煤油，浸泡 2h 以上，然后烘干，以保证微通道的亲油性，避免分散相液滴完全沿着通道壁面运移而聚并成流，不能保持较稳定的液滴状态。具体实验步骤如下：

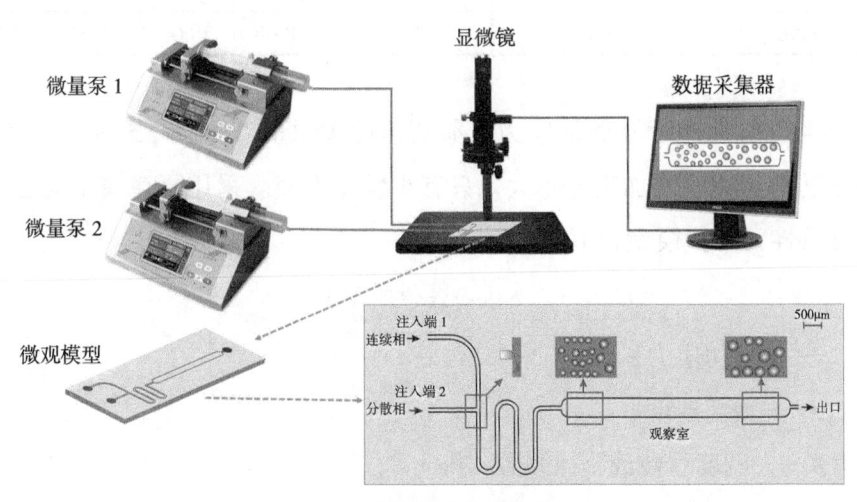

图 2.3 微流控实验流程图

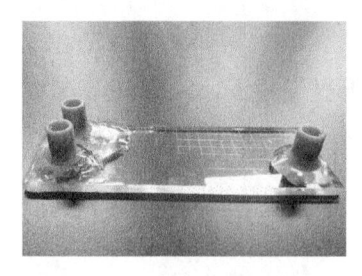

图 2.4 微流控模型实物图

① 将模型充满煤油,浸泡 2h 以上,烘干;
② 采用微量泵 1 以 50μL/min 的速度向模型中泵入模拟油,连续驱替一段时间,保证微通道中完全充满模拟油,无气泡滞留;
③ 采用微量泵 1 和 2 分别以设定速度同时注入连续相和分散相,实时监控观察室中分散相液滴的生成情况,获取液滴生成稳定时的图像;
④ 实验结束后,采用煤油冲洗模型,直至模型中无水相残留。

2.2 原油及其组分性质分析

2.2.1 原油基本性质及族组分含量

稠油 J 的基本性质见表 2.2,由密度和黏度数据可以看出稠油 J 属于普通稠油。该稠油胶质含量高达 37.56%,沥青质含量很少,只有 5.70%。

表 2.2 稠油 J 基本性质及族组分含量

密度 @20℃ (g/cm³)	黏度（mPa·s）		族组分含量（%）			
	55℃（油藏温度）	50℃	饱和烃	芳香烃	胶质	沥青质
0.9356	998	1680	28.68	28.06	37.56	5.70

黏度-剪切速度及剪切应力-剪切速度关系曲线如图 2.5 所示。稠油 J 的黏度随剪切速率增加变化不大,只有小幅度下降。采用幂律模型描述该稠油流变特性,幂律模型如下:

$$\tau = K\gamma^n \tag{2.1}$$

式中 τ——剪切应力,Pa;

γ——剪切速度,s^{-1};

K——稠度系数或幂律系数,$Pa \cdot s^n$;

n——流动性指数或幂律指数。

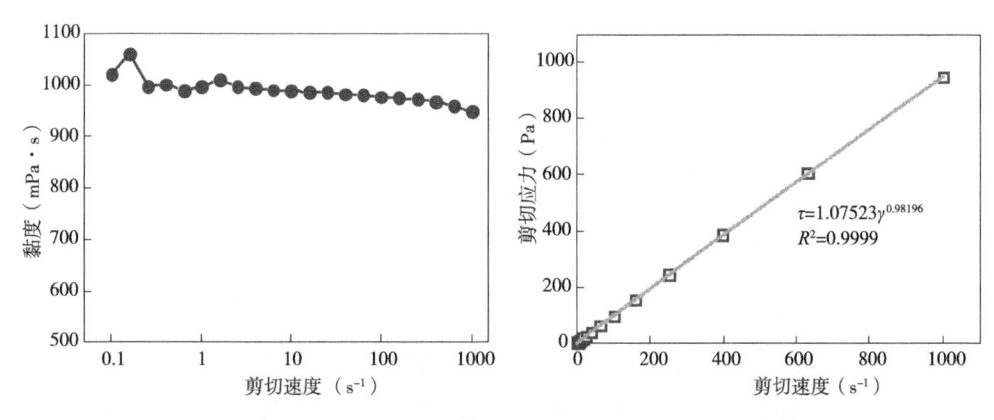

图 2.5 稠油 J 黏度 – 剪切速度及剪切应力 – 剪切速度关系曲线

K 值是黏度的度量，但不等于黏度值，而黏度越高，K 值也越高。当 $n < 1$ 时为假塑性流体，当 $n=1$ 时为牛顿流体，当 $n > 1$ 时为膨胀流体。对稠油 J 使用幂律模型进行回归得到流变性参数，见表 2.3，幂律指数为 0.98196，近似牛顿流体。

表 2.3 稠油 J 流变性参数

K	n	线性相关系数 R^2
1.07523	0.98196	0.99990

2.2.2 原油及其组分分子量

由表 2.4 可知，稠油 J 及其各组分分子量的大小顺序是：沥青质＞胶质＞稠油＞芳香烃＞饱和烃＞蜡。相比于其他稠油[154]，胶质和沥青质的摩尔质量相差较小，同时 M_w/M_n 也很接近，说明两者结构相似程度高。

表 2.4 稠油 J 及其组分分子量

样品	原油	蜡	饱和烃	芳香烃	胶质	沥青质
重均摩尔质量 M_w（g/mol）	1569	453	662	936	3306	4508
数均摩尔质量 M_n（g/mol）	947	421	592	813	1292	1759
M_w/M_n	1.66	1.08	1.12	1.15	2.55	2.56

2.2.3 原油及其组分元素组成

由表 2.5 可知，稠油 J 及其各组分碳元素的含量由高到低为：蜡、芳香烃、饱和烃、稠油、胶质和沥青质。对于不同的烃类结构，分子中含有环状结构会使氢碳原子数比（N_H/N_C）下降，如果含有多环芳香结构，N_H/N_C 则更小。N_H/N_C 可以表征分子中所含环状结构的多少。稠油 J 及其组分 N_H/N_C 由小到大的顺序为：沥青质、胶质、芳香烃、稠油、蜡、饱和烃。这说明沥青质所含环状结构最多，其次是胶质和芳香烃，最后是饱和烃和蜡。原油中的界面活性物质主要是含有杂原子的极性化合物[155]。稠油 J 及其各组分硫含量顺序是：沥青质＞胶质＞稠油；氮含量顺序为：沥青质＞胶质＞稠油＞芳香烃；氧含量顺序为：沥青质＞胶质＞稠油＞芳香烃＞饱和烃＞蜡。所以稠油 J 中的 S、N、O 化合物主要集中在沥青质中，其次是胶质，这也说明沥青质和胶质含有较多的芳香环及杂环结构，极性最强。同时，饱和烃和芳香烃也含有少量 O 元素，说明饱和烃和芳香烃也含有少量极性基团，具有一定活性。

表 2.5　稠油 J 及其组分元素组成

样品	质量分数（%）					N_H/N_C
	C	H	N	S	O	
稠油 J	85.52	13.06	0.92	0.08	0.42	1.83
蜡	86.56	13.42	—	—	0.02	1.87
饱和烃	85.81	14.12	—	—	0.07	1.97
芳香烃	86.42	12.87	0.43	—	0.28	1.79
胶质	84.62	11.19	1.29	0.11	2.79	1.59
沥青质	83.70	8.77	2.08	0.14	5.31	1.26

2.2.4 原油及其组分红外光谱

稠油 J 及其组分红外光谱图如图 2.6 所示，红外光谱特征吸收峰归属见表 2.6。蜡没有显示出—OH、—COOH 和 NH₂ 的吸收峰，饱和烃和芳香烃显示了弱至中等的吸收峰，而胶质和沥青质显示了较强的吸收峰，这说明酸性物质和碱性氮化合物均主要存在于胶质和沥青质中，少量存在于饱和烃和芳香烃中，不存在于蜡中。此外，胶质和沥青质分子分别在 1737-1494cm^{-1} 和 1789-1492cm^{-1} 之间有较强的吸收峰，可能存在的官能团有 COOH、COOR、芳香环、杂环和 NHR 等，这表明胶质和沥青质分子中复杂芳香化合物和杂环化合物的存在。同时，胶质和沥青质在红外光谱图 4000cm^{-1}-3000cm^{-1} 之间均出现土丘状峰，这是缔合状态（即形成了氢键的羟基或胺基）的吸收峰，表明稠油 J 中的胶质和沥青质极性都很强。

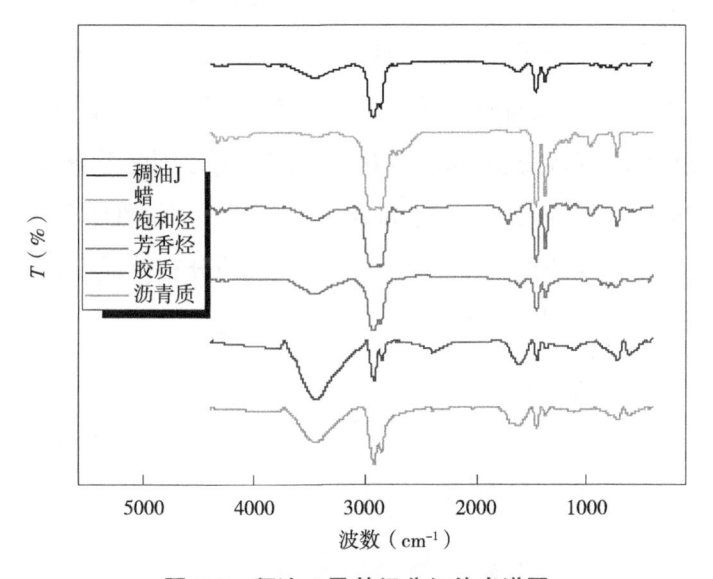

图 2.6 稠油 J 及其组分红外光谱图

表 2.6 稠油 J 及其组分红外光谱特征吸收峰归属

蜡	饱和烃	芳香烃	胶质	沥青质	归属	可能的官能团
—	3700-3253（弱）	3700-3100（中等）	3726-3000（宽，强）	3700-3100（宽，强）	vOH, vNH	—OH，—COOH，NH$_2$
3118-2757（强）	3083-2757（强）	3099-2750（强）	2994-2780（强）	3016-2740（强）	vCH	—CH$_3$，—CH$_2$
—	1841-1533（弱）	1666-1571（弱）	1737-1494（强）	1789-1492（强）	vC=O, vC=C, βNH	—COOH，—COOR，芳香环，杂环，—NH$_2$
1461（强）	1461（强）	1459（中等）	1448（弱）	1455（弱）	δ(σ)CH$_2$	—CH$_2$—

续表

蜡	饱和烃	芳香烃	胶质	沥青质	归属	可能的官能团
1377（强）	1373（强）	1371（弱）	1374（弱）	1369（弱）	$\delta\,CH_3$	—CH_3
973（弱）	1031（弱）	1024（弱）	986（弱）	1027（弱）	$\nu C—O$, $\nu C—N$	R—OH,Ar—O—R, RCH_2-NH_2
730（弱）	725（弱）	736（弱）	728（弱）	719（弱）	$\rho\,CH_2$	—CH_2—

核磁共振表征的胶质、饱和分、芳香分和沥青质如图 2.7 所示。

从一维氢谱带的分配情况可以看出，化学位移在 6.5～9.5ppm 范围内为芳香族氢，在 2.14～4.5ppm 范围内为芳香族侧链的 α 氢，在 1.1～2.1ppm 范围内的是芳香族侧链的 β 氢，而 0.5～1.1ppm 范围是芳香族侧链的 γ 位和其他氢（包括脂肪族氢）。采用 MestReNova 软件对活性组分的核磁数据进行处理分析，得到相应结构中的氢含量（氢核的分布情况是由 ^{1}HNMR 的积分面积比值求得的），计算结果见表 2.7。

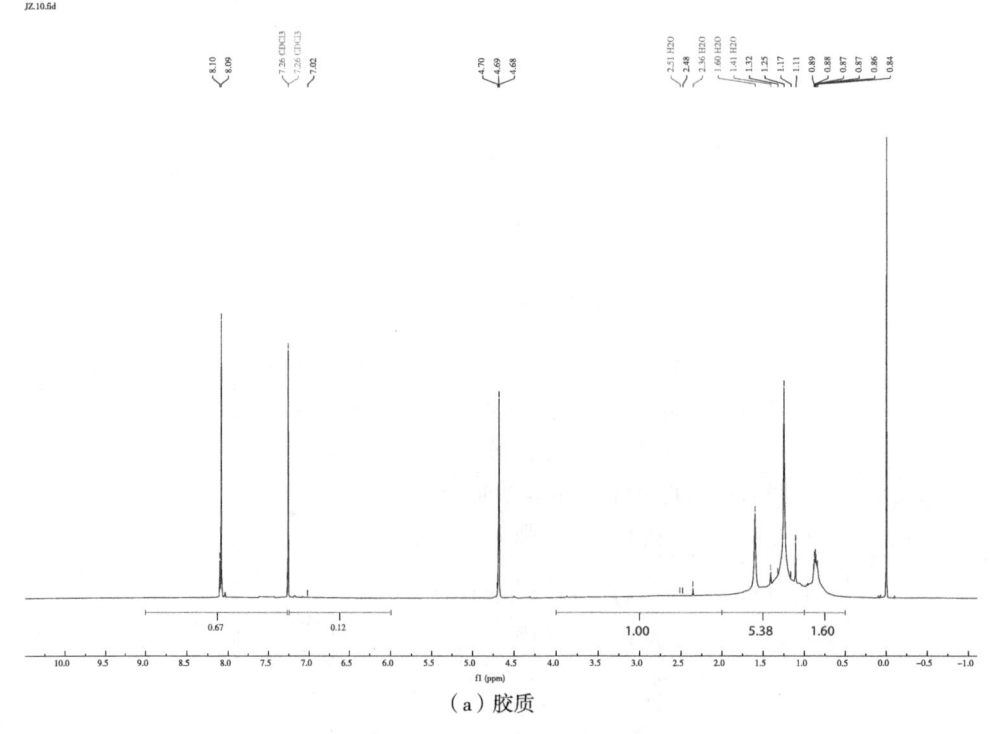

（a）胶质

图 2.7 原油四组分的核磁共振谱图（一）

(b) 饱和分

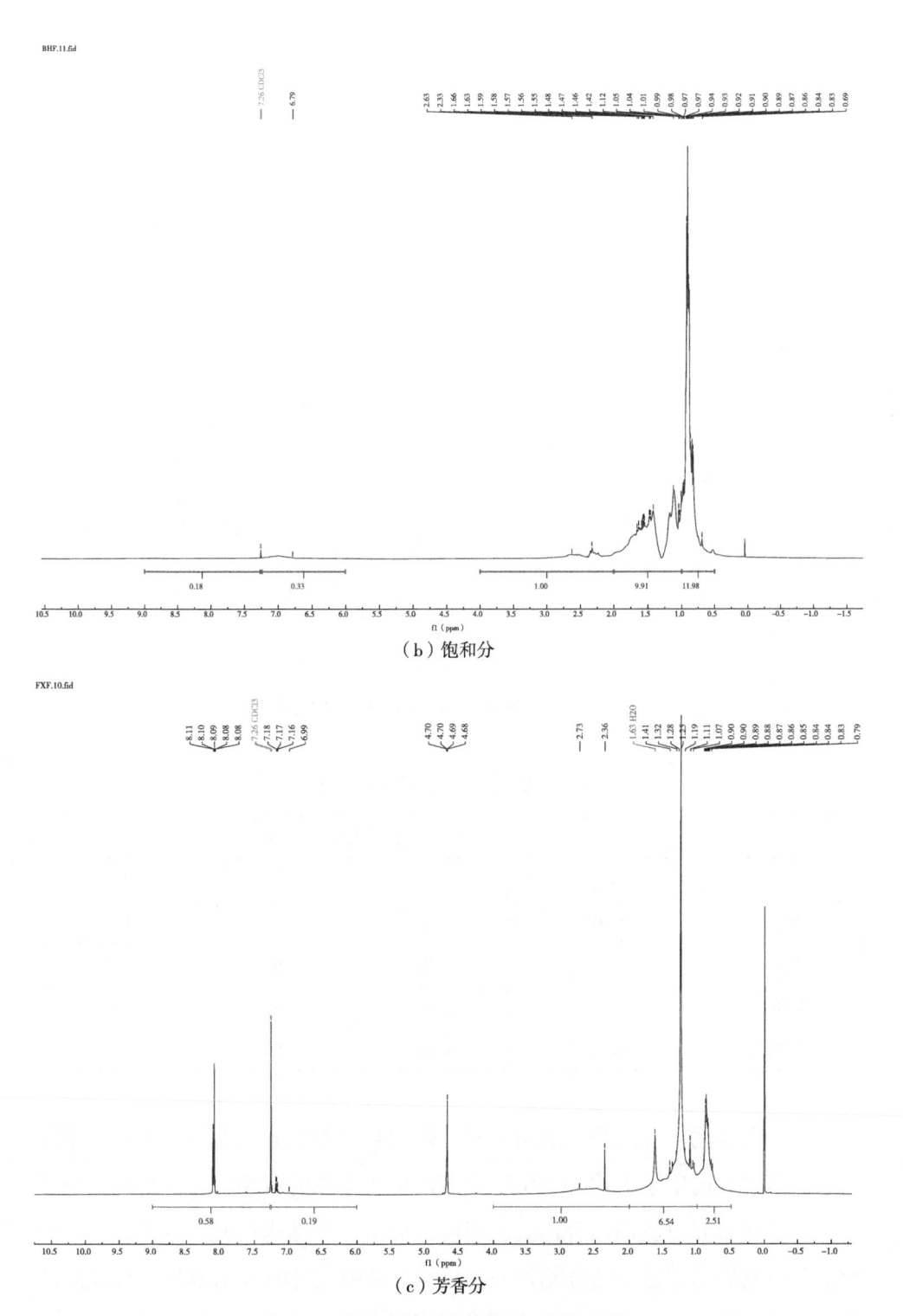

(c) 芳香分

图 2.7 原油四组分的核磁共振谱图（二）

（d）沥青质

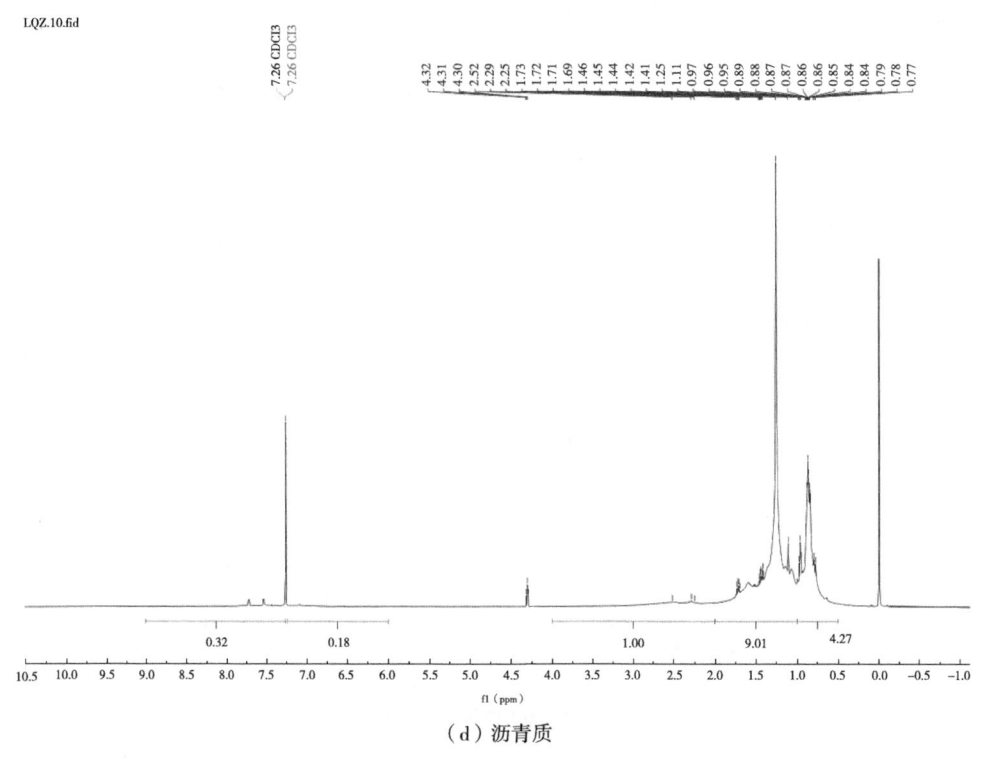

图 2.7　原油四组分的核磁共振谱图（三）

表 2.7　原油各活性组分的氢分布

活性组分	各类氢原子分布（%）			
	H_A	H_α	H_β	H_γ
胶质	0.79	1.00	5.38	1.60
饱和分	0.51	1.00	9.91	11.98
芳香分	0.77	1.00	6.54	2.51
沥青质	0.50	1.00	9.01	4.27

结构复杂的活性成分一般由烷基、环烷基和芳香族基团等多个结构单元组成。本文只确定了平均分子中每个结构单元存在的概率，而没有确定分子中各种结构单元组成的结合形式。活性成分由三个结构单元、芳香核心、环烷基和烷基侧链组成。结合元素分析数据，采用改进的 B-L 算法计算相应的结构参数，见表 2.8，下面是一些重要的结构参数公式：

$$f_A = \frac{C_T/H_T - (H_\alpha + H_\beta + H_\gamma)/2H_T}{C_T/H_T} \quad (2.2)$$

$$H_{AU}/C_A = \frac{H_A/H_T + H_\alpha/2H_T}{C_T/H_T - (H_\alpha + H_\beta + H_\gamma)/2H_T} \quad (2.3)$$

$$\sigma = \frac{H_\alpha/2}{H_A + H_\alpha/2} \quad (2.4)$$

$$C_A = C_T \times f_A \quad (2.5)$$

$$C_S = C_T - C_A \quad (2.6)$$

$$C_\alpha = H_\alpha/2 \quad (2.7)$$

$$C_I = C_A - (H_A + H_\alpha/2) \quad (2.8)$$

$$R_A = C_T/2 + 1 \quad (2.9)$$

$$R_T = C_T + 1 - H_T/2 - C_A/2 \quad (2.10)$$

$$R_N = R_T - R_A \quad (2.11)$$

$$C_N = 4R_N/3R_N \quad (2.12)$$

$$C_P = C_S - C_N \quad (2.13)$$

$$f_N = C_N/C_T \quad (2.14)$$

$$f_P = C_P/C_T \quad (2.15)$$

式中 f_A——芳香碳率，分子中芳香碳原子数与总碳原子数之比；

C_T——分子中总碳数；

H_T——分子中总氢数；

H_{AU}/C_A——芳香环缩合度；

H_A——与芳香碳直接相连的氢原子数；

σ——芳香环系周边氢取代率；

C_A——分子中芳香碳数；

C_S——分子中环烷碳数和烷基碳数之和；

C_α——芳香环系的α碳原子数；

C_I——芳香环系内碳原子数；

R_A——分子中的芳香环数；

R_T——分子中总环数；

R_N——分子中环烷环数；

C_N——分子中的环烷碳数；

H_α——芳族侧链的 α 氢；

H_β——芳族侧链的 β 氢；

H_γ——芳族侧链的 γ 位和其他氢；

C_P——分子中的烷基碳数；

f_N——环烷碳率；

f_P——烷基碳率。

从表 2.8 中可以看出，芳香碳率 f_A：芳香分＞胶质＞沥青质＞饱和分；环烷环数 R_N：沥青质＞胶质＞芳香分＞饱和分；烷基碳率 f_P：饱和分＞胶质＞沥青质＞芳香分。活性组分的分子结构单元以稠合芳环为中心，外围连接有环烷环、杂环和带有或不带有杂原子的烷基侧链。大多数情况下，活性分子的 H/C 越小，芳香碳比越高，芳香环数量越多，稠环越多，越容易形成共轭 π 键体系，促进沥青质分子缔合。但由于活性成分分子具有支链，所以并不是严格线性相关，还与支链的支化程度有关。综合以上多种测试仪器的分析结果，结合计算出的分子结构参数，以化学性质为基础而不考虑具体烷基链结构的连接方式，模拟并绘制活性组分的平均结构模型及亚组分结构见表 2.9。从表 2.9 可知道四组分对应了结构不完全相同的亚组分结构，其中胶质可能有两种亚组分结构，并且含有 N、O 杂原子。饱和分有三种可能的亚组分，不含有杂原子但有部分环烷烃。芳香分可能有两种亚组分，并且含有杂原子。沥青质的结构比较复杂，这里给出了三种可能的亚组分，包括群岛型、大陆型。通过多种测试和表征获得的四组分及亚组分的分子结构具有相当的准确度，例如获得的三种沥青质亚组分结构与其他文献报道的沥青质可能结构相似[92]。沥青质中杂原子包括了 N、S、O 等元素，这些元素增强了沥青质的亲水性能，使得沥青质表现出与其他组分相比更高的界面活性。

表 2.8　原油各活性组分的结构参数

参数	胶质	饱和分	芳香分	沥青质
H_S	7.98	22.89	10.05	14.28
C_T	68.00	26.00	30.00	103.00
H_T	101.00	45.00	43.00	144.00
S_T	0.23	0.03	0.05	0.31
N_T	1.19	0.09	0.41	1.47
O_T	0.90	0.05	0.09	1.31
平均分子结构	$C_{68}H_{101}S_{0.23}N_{1.19}O_{0.9}$	$C_{26}H_{46}S_{0.03}N_{0.09}O_{0.05}$	$C_{30}H_{43}S_{0.05}N_{0.41}O_{0.09}$	$C_{103}H_{144}S_{0.31}N_{1.47}O_{1.31}$
f_A	0.32	0.16	0.33	0.34
C_A	20.00	4.00	10.00	35
H_{AU}/C_A	0.02	0.07	0.05	0.01
σ	0.56	0.66	0.56	0.67
C_S	48.00	22.00	20.00	68.00
C_α	0.50	0.50	0.50	0.50
C_I	18.71	2.99	8.73	34.00
C_F	23.42	7.98	13.46	39.00
R_A	5.00	0.00	2.00	10.00
R_T	8.00	2.00	5.00	14.00
R_N	3.00	2.00	3.00	4.00
C_N	9.00	6.00	9.00	12.00
C_P	39.00	16.00	11.00	56.00
f_N	0.13	0.23	0.30	0.12
f_p	0.57	0.62	0.37	0.54

表 2.9　原油四组分对应可能的分子结构

组分	可能的分子结构
胶质	

续表

组分	可能的分子结构		
饱和分			
芳香分			
沥青质			

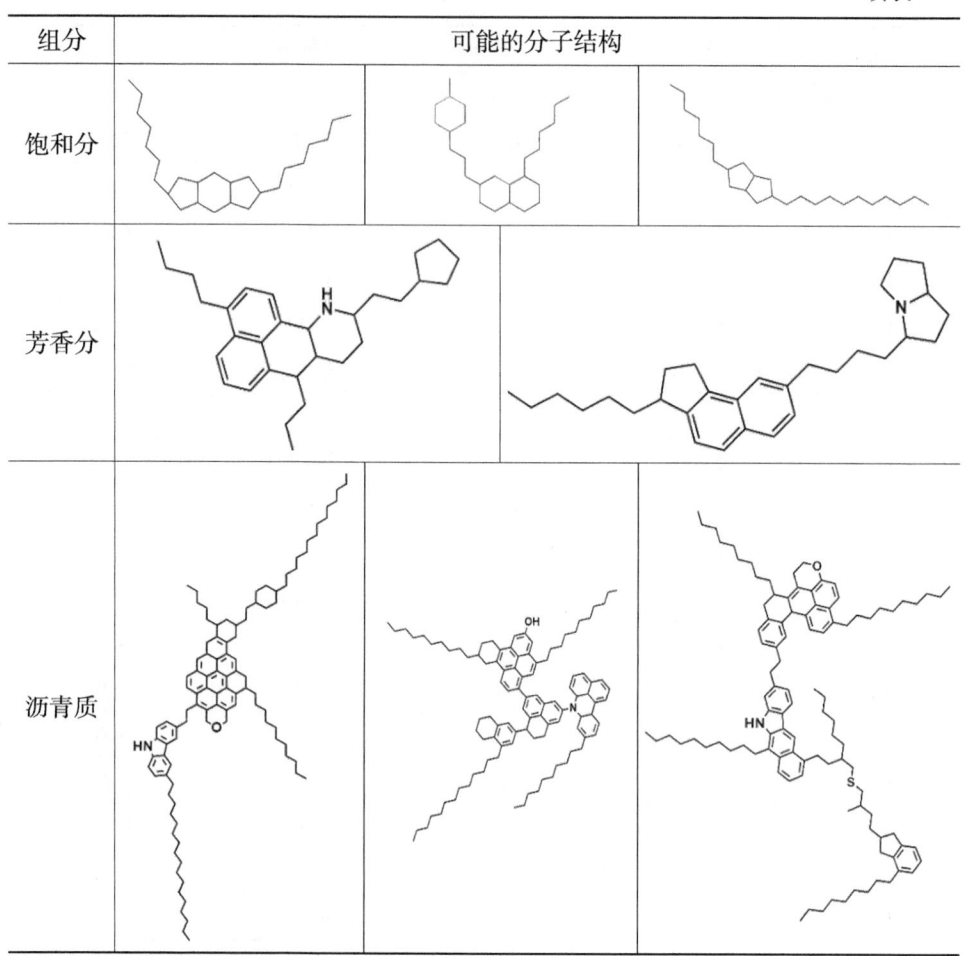

2.2.5 酸性组分含量及组成分析

稠油 J 分离得到的酸性组分含量为 0.76%，其 FT-ICR MS 谱图如图 2.8 所示。对获得的谱图进行分析，得到中性氮化合物（N_1）、酚类（O_1）、酸类（O_2）和非碱性氮吡咯基团的环烷酸化合物或含碱性氮吡啶基团的酚类化合物（N_1O_2）的等价双键数（DBE）- 碳数分布，如图 2.9 所示。各类化合物的丰度和含量分别如图 2.10 所示，图中不同的颜色代表不同的饱和度，对应化合物有以下规则：

$$DBE = 不饱和度 = 缩合度 = 失氢数 /2$$

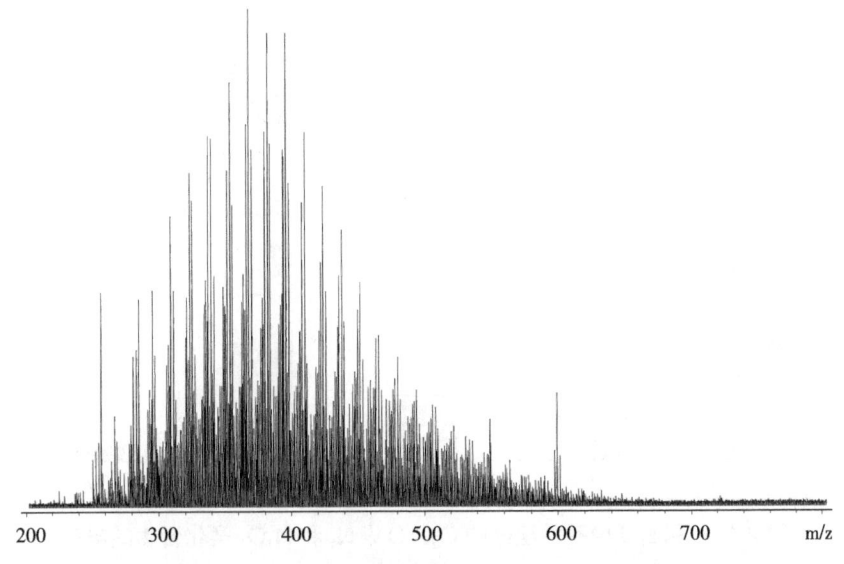

图 2.8　稠油 J 中酸性组分的 FT-ICR MS 谱图

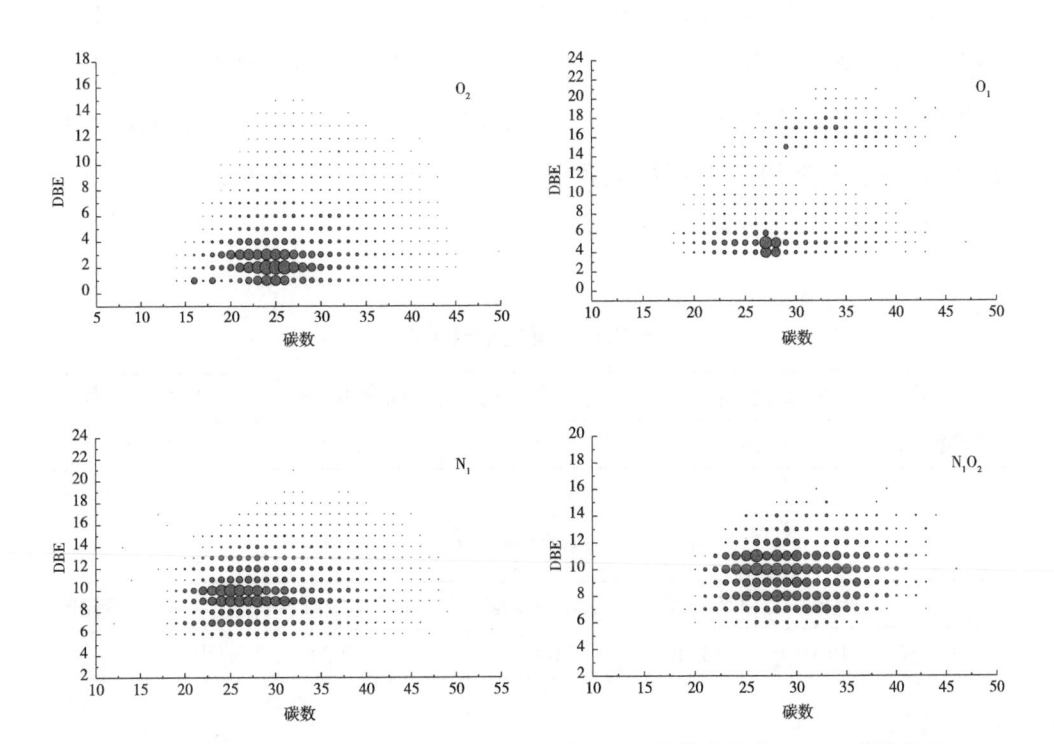

图 2.9　稠油 J 中酸性组分的 O_2、O_1、N_1 和 N_1O_2 类化合物的 DBE- 碳数分布

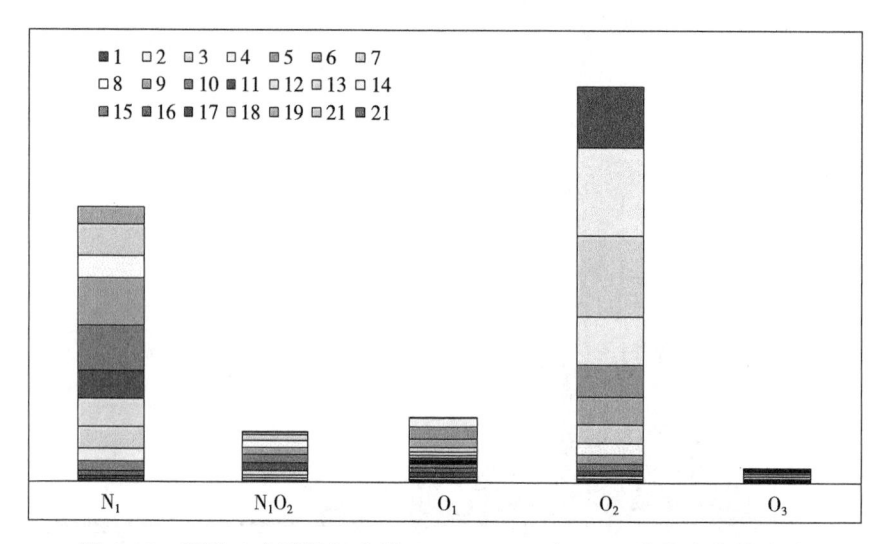

图 2.10　稠油 J 中酸性组分的 O_2、O_1、N_1 和 N_1O_2 类化合物的丰度

以 O_2 类化合物为例，DBE 为 1 的是脂肪酸，DBE 为 2 是单环环烷酸，DBE 为 3 的是双环环烷酸。DBE 为 4 时，O_2 类化合物的结构有环烷酸和芳香酸两种可能，而当 DBE 大于等于 5 后，O_2 类化合物的可能结构更偏向于芳香酸。由表 2.10 和表 2.11 可知，稠油 J 的酸性组分中 O_2 类含量最高，有 50.76%。而 O_2 类物质中环烷酸含量最大，占比大于 43.03%，脂肪酸只占 15.19%，剩余的是芳香酸。

表 2.10　酸性组分组成

类型	N_1 类化合物	N_1O_2 类化合物	O_1 类化合物	O_2 类化合物
含量（%）	35.14	6.22	7.88	50.76

表 2.11　酸类物质（O_2）组成

类型	脂肪酸	单环环烷酸	双环环烷酸	三环环烷酸或芳香酸	偏向芳香酸
含量（%）	15.19	22.36	20.67	12.24	29.54

2.3 原油组分对油水乳状液稳定性的影响

原油组分由于其结构性质不同,对原油自身乳化的贡献也不同。油水两相乳化后形成的乳状液体系在热力学上不稳定,油和水均会随时间析出。由于含水比较低(35%),以及原油组分均亲油,经过确认本实验中形成的乳状液均为 W/O 型,这里采用析水率来表征乳状液的稳定性。

不同原油组分模拟油的乳状液析水率随时间的变化如图 2.11 所示。不添加任何组分的煤油和水相基本不发生乳化,停止搅拌后油水在 30s 内快速分层。蜡的加入对油相的乳化无促进作用,油水两相在 30s 内也完全分层。饱和烃和芳香烃对乳状液有一定稳定作用,可以延缓乳状液中水相的析出。而胶质、沥青质和酸性组分的加入使乳状液的稳定性大幅增加。胶质和酸性组分浓度分别在达到 0.3% 和 0.5% 后才观察到乳状液析水明显减缓,稳定性大幅增加。而沥青质浓度为 0.1% 时的乳状液稳定性就很强。对同一组分的模拟油来说,随着组分浓度增大,乳状液稳定性均增加。模拟油中的饱和烃、芳香烃、胶质、沥青质和酸性组分浓度为 0.9% 时,乳状液析水率达到 70% 所用时间分别为 3min、2.5min、15min、75min 和 100min。总的来说,原油单组分稳定乳状液作用由大到小为:沥青质>酸性组分>胶质>(饱和烃≈芳香烃)>蜡。

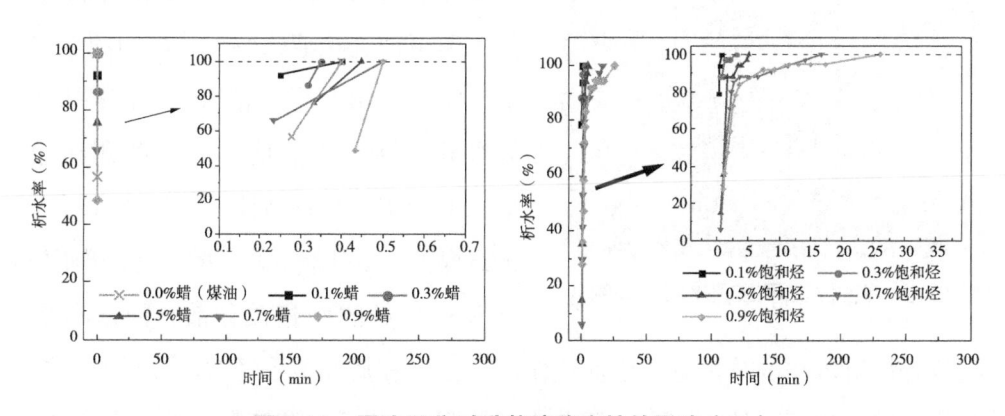

图 2.11 原油组分对乳状液稳定性的影响(一)

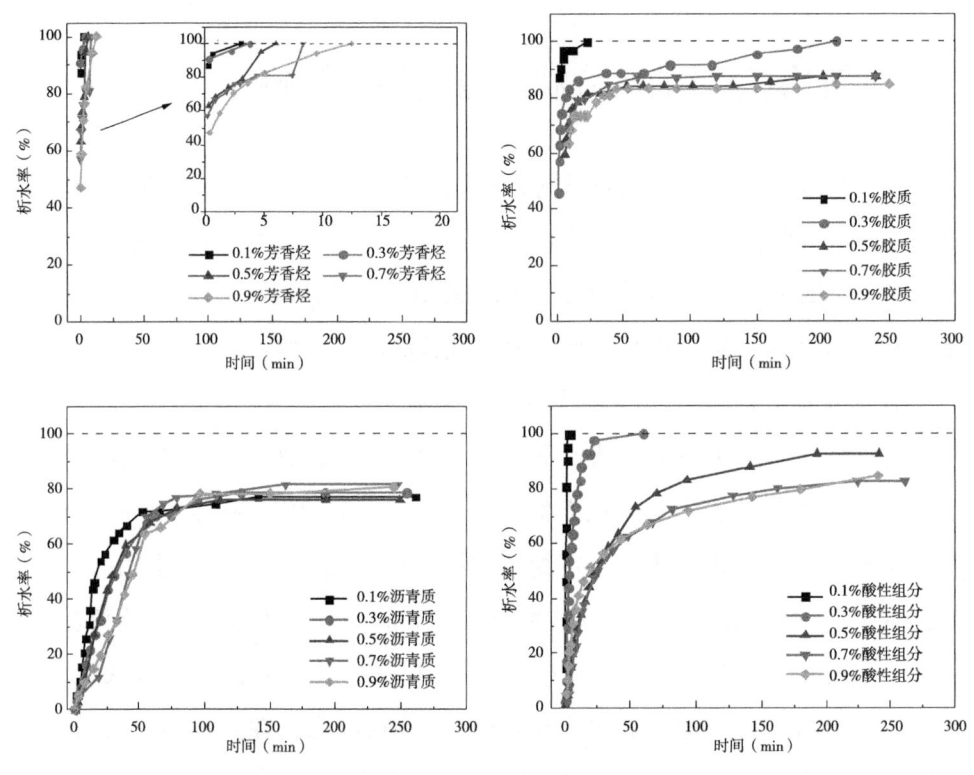

图 2.11　原油组分对乳状液稳定性的影响（二）

2.4　原油组分对油水乳状液微观结构的影响

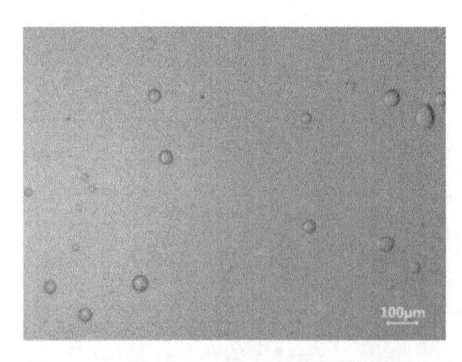

图 2.12　煤油/二甲苯乳化后微观图片

煤油/二甲苯与水相乳化后的微观结构如图 2.12 所示，添加不同原油组分后模拟油乳状液的微观结构如图 2.13 示。实验结果表明：煤油/二甲苯基本无乳化作用，不能使水相分散在油相中。由于蜡不具备活性，蜡的加入对水相在煤油/二甲苯中的分散无促进作用，只有极少量的水相被分散。而饱和烃和芳香烃对水相的分散有一定促进作用。当饱和烃和芳香烃浓度较低时，被乳化分散在油相中的水滴少，两者浓度达到 0.7% 后，液滴数量大幅度增加。

胶质、沥青质和酸性组分对水相的分散具有很强的促进作用。当胶质和酸性组分浓度低至0.1%时，分散相液滴尺寸较大，数量较少。随着组分浓度的增加，分散相液滴尺寸逐渐变小，数量大幅增加。

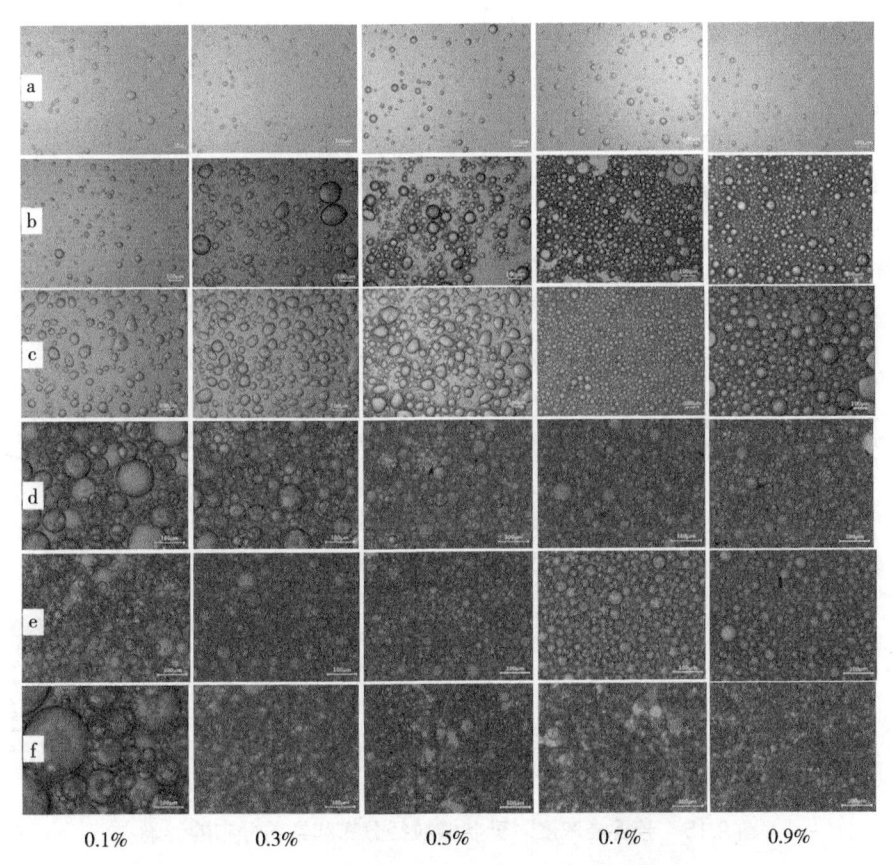

图 2.13　原油组分对乳状液微观结构的影响
（a 至 f 依次为：蜡、饱和烃、芳香烃、胶质、沥青质和酸性组分）

基于乳状液微观图，对除蜡以外各组分模拟油形成的乳状液液滴尺寸进行了统计，绘制了粒径分布曲线和累积分布曲线（图 2.14 至图 2.18）。由结果可以看出，饱和烃和芳香烃模拟油形成的乳状液粒径分布范围广，分布曲线以多峰态为主，粒径大小变化无明显规律性。胶质、沥青质和酸性组分模拟油乳状液的粒径分布范围相对集中。胶质和酸性组分在低浓度（≤0.3%）时乳状液粒径分布曲线呈多峰状，随着浓度增加转变为单峰分布，峰变窄且向左移动。而沥青质模拟油的乳状液粒径在整个实验浓度范围内均呈单峰分布，但相比于酸性组分，其峰较宽。

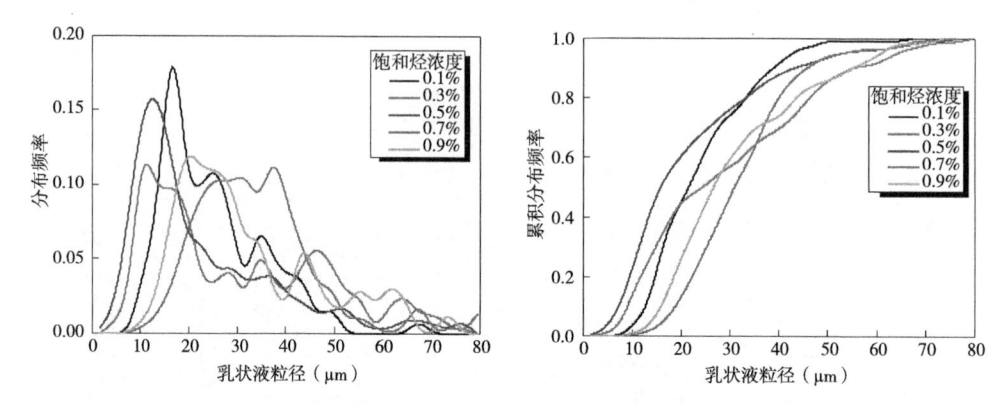

图 2.14 饱和烃浓度对乳状液粒径分布和累积分布的影响

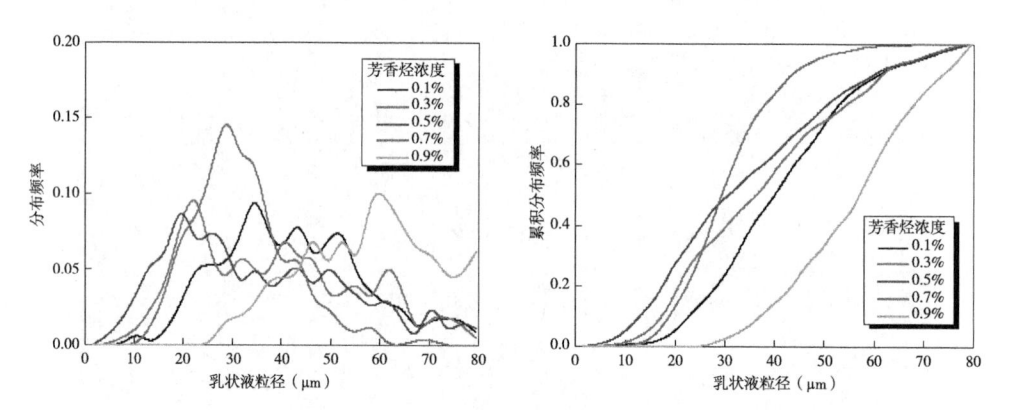

图 2.15 芳香烃浓度对乳状液粒径分布和累积分布的影响

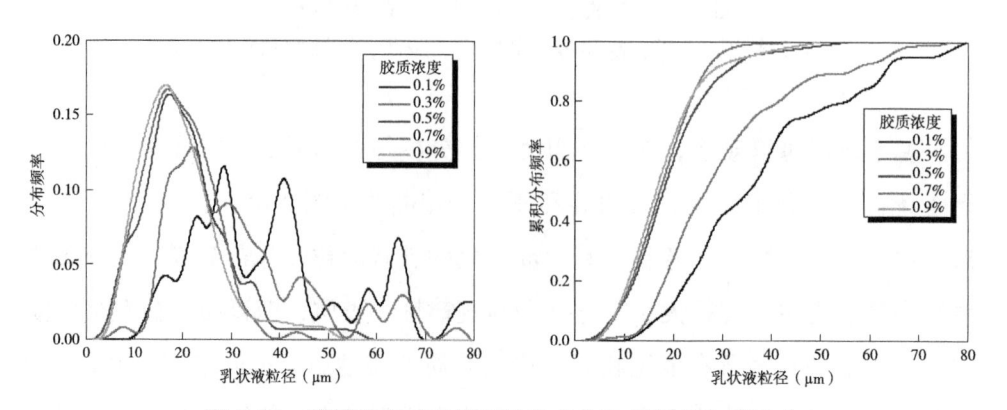

图 2.16 胶质浓度对乳状液粒径分布和累积分布的影响

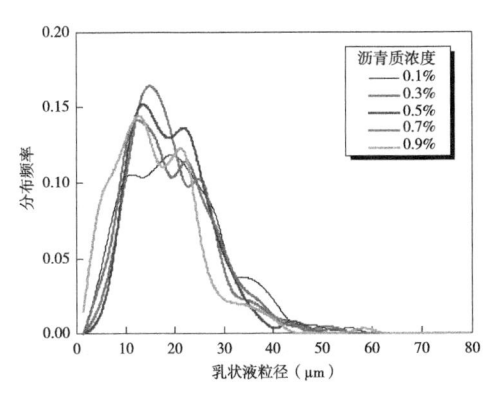

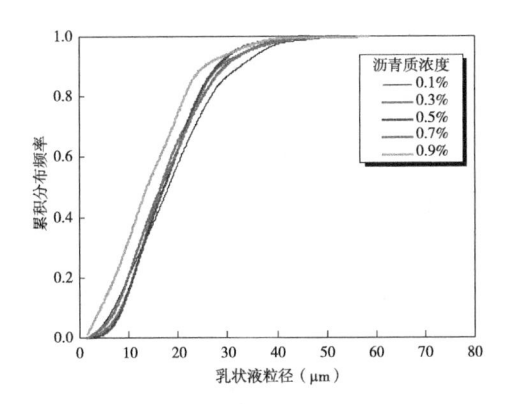

图 2.17 沥青质浓度对乳状液粒径分布和累积分布的影响

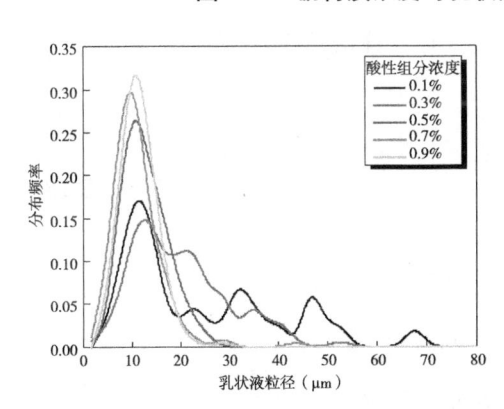

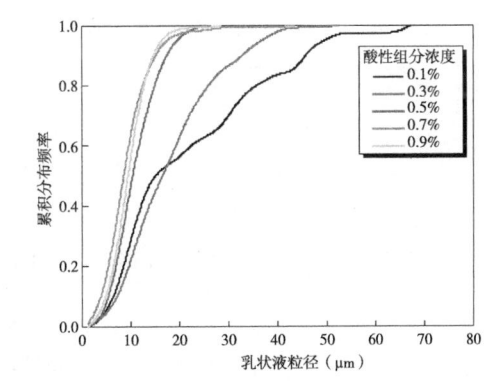

图 2.18 酸性组分浓度对乳状液粒径分布和累积分布的影响

为了更好地量化乳状液的微观结构特征，引入分散相平均直径（$d_{1,0}$）和粒径中值（d_{50}）、比表面积（SA）、多分散度（PDI）及分选系数（S）来分别表征和对比不同乳状液体系的粒径大小、分散性与分选性。

2.4.1 分散相的大小

分散相的大小可以用液滴平均直径和粒径中值来表征。粒径中值是分散相液滴累积粒径分布百分数达到 50% 时所对应的粒径。液滴平均直径（数均直径）表达式如下：

$$d_{1,0} = \frac{\sum n_i d_i}{\sum n_i} \tag{2.16}$$

式中 d_i——液滴直径，μm；

n_i——直径为 d_i 的液滴个数。

2.4.2 分散性

分散性采用比表面积来表征。比表面积是单位体积的分散相所具有的表面积。比表面积越大，表示分散相的分散程度越大。

$$\mathrm{SA} = \frac{6\sum n_i d_i^2}{\sum n_i d_i^3} \tag{2.17}$$

2.4.3 分选性

分选性即乳状液体系的不均匀性，采用多分散度和分选系数来进行表征。多分散度采用下式计算：

$$\mathrm{PDI} = \frac{d_{2,1}}{d_{1,0}} \tag{2.18}$$

$d_{2,1}$为乳状液体系的面均直径，采用下式计算：

$$d_{2,1} = \frac{\sum n_i d_i^2}{\sum n_i d_i} \tag{2.19}$$

分选系数采用下式计算：

$$S = \sqrt{\frac{d_{75}}{d_{25}}} \tag{2.20}$$

式中　d_{25}——累积分布曲线上25%处所对应的分散相直径，μm；

　　　d_{75}——累积分布曲线上75%处所对应的分散相直径，μm。

多分散度和分选系数越大，表示乳状液粒径分布范围越宽，不均匀性越强。按特拉斯克约定：$S=1\sim2.5$为分选好；$S=2.5\sim4.5$为分选中等；$S>4.5$为分选差。

蜡、饱和烃和芳香烃模拟油由于在实验浓度范围内形成的乳状液液滴分布不完全连续，计算获得的特征参数缺少对比意义，故这里主要针对乳化性能较好的另外三种组分进行对比分析。由图2.19可知，仅在浓度为0.1%时，酸性组分乳状液体系的粒径中值大于胶质和沥青质，浓度大于0.3%，分散相平均直径：酸性组分＜沥青质＜胶质。胶质模拟油的乳状液体系粒径中值最大，酸性组分在浓度0.1%条件下高于沥青质，其他浓度条件下与沥青质基本相同。同时，随着三种组分浓度的增加，乳状液的尺寸逐渐减小。这是因为随着活性组分浓度的增加，更多的活性组分分子可以吸附在油水界面上形成更大的界面膜，所以乳状液尺寸减小，而乳状液体系总的界面膜面积增大，这也是比表面积随组分浓度增加而增大的原因（图2.20）。一般来说，体系分散相尺寸越小，比表面积越大，分散性越好。同样在低浓度（0.1%）下，酸性组分乳状液体系的比表面积小于胶质和沥青质，分散性最差。其他浓度下，酸性组分乳状液体系的分散性最好，其次是沥青质，最后是胶质。相比之下，不同组分模拟油形成的乳状液体系多分散度和分选系数相差不大，只有0.1%的酸性组分乳状液体系表现出较大的不均匀性（图2.21）。胶质、沥青质和酸性组分浓度在0.1%～0.9%之间形成的乳状液体系的分选系数均小于2.5，分选性较好，并随着组分浓度的增加，分选系数下降，乳状液体系均匀性更好。

总的来说，原油中单独的胶质、沥青质和酸性组分均会明显促进水相在油相中的分散，是促使乳状液形成的重要组分。沥青质在整个实验浓度范围内均表现出较好的液滴分散性，而酸性组分在低浓度（≤0.1%）时对液滴的分散性不好，浓度≥0.5%后其分散作用显著强于胶质和沥青质。相比之下，胶质的乳化性能弱于沥青质和酸性组分。

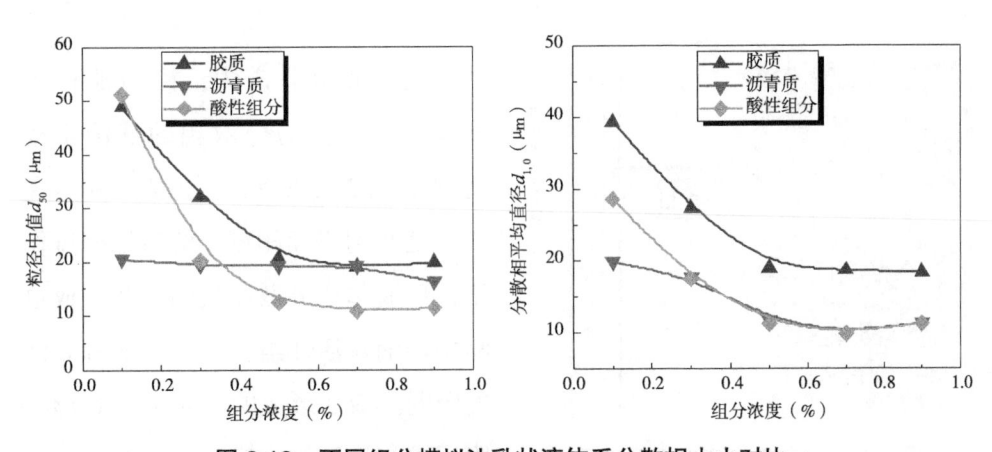

图2.19 不同组分模拟油乳状液体系分散相大小对比

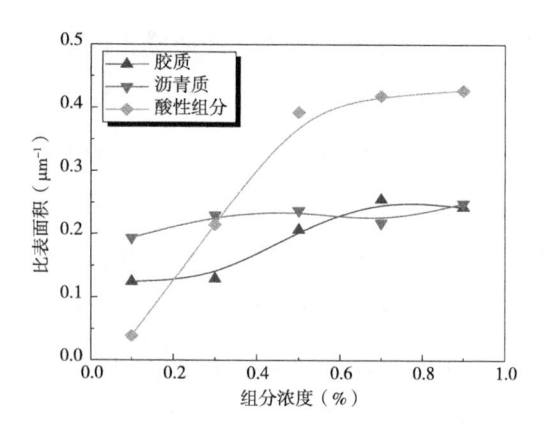

图 2.20 不同组分模拟油乳状液体系分散性对比

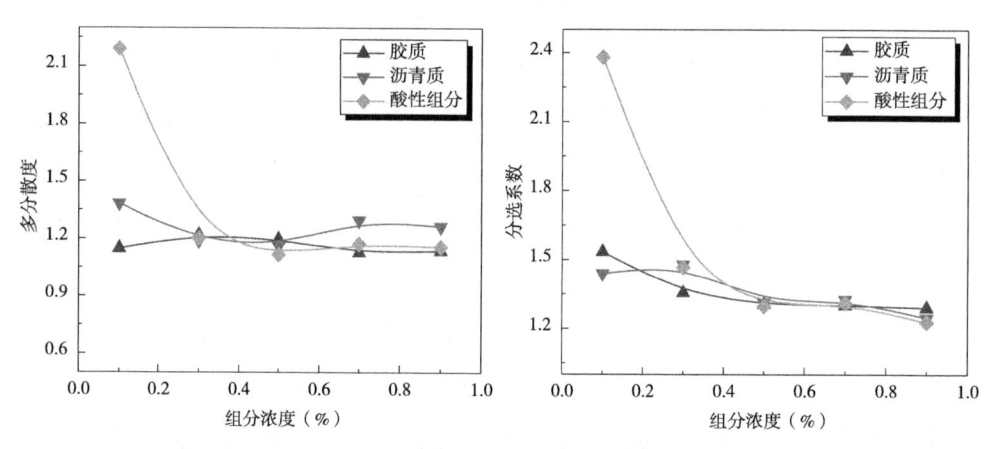

图 2.21 不同组分模拟油乳状液体系分选性对比

2.5 原油组分对乳状液液滴形成的影响

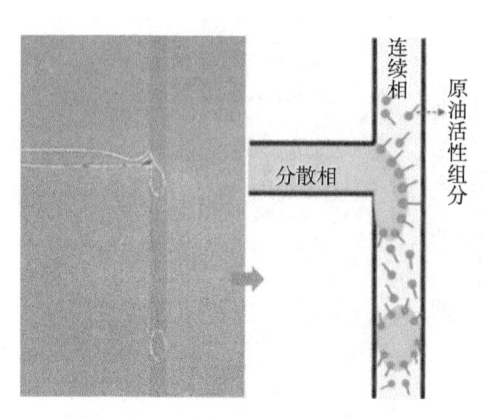

图 2.22 分散相液滴生成示意图

在 T 形微通道内，模拟油作为连续相，水作为分散相的液滴生成情况如图 2.22 所示。分散相流体在"T"处受到连续相流体的剪切挤压作用，形成单个分散相液滴，在生成过程中伴随着活性组分分子在液滴表面的吸附。剪切形成的液滴经过 U 形吸附通道汇聚到观察室，不同原油组分模拟油作为连续相时的液滴形成情况如图 2.23 所示。为了更好地对比液滴的生成情况,对液滴的生成频率和尺寸进行了统计(图 2.24)。由于模型尺寸的限制,微通道内形成的液滴是略呈扁平的圆盘状,而非球形,这里通过式(2.21)换算得到液滴的等效直径 $d_h^{[156]}$:

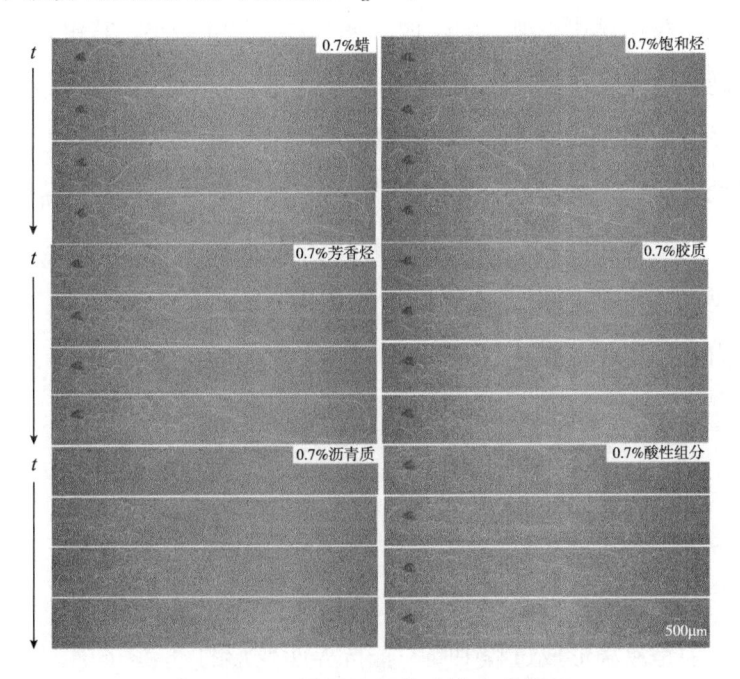

图 2.23 不同原油组分液滴生成情况

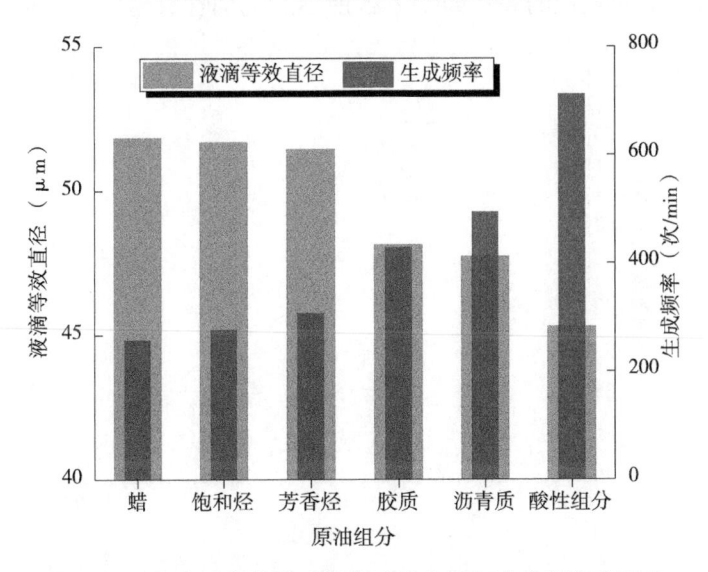

图 2.24 原油组分类型对新生液滴直径和生成频率的影响

$$d_h = \frac{4h[d_d-(1-\pi/4)h]}{[\pi h+2(d_d-h)]} \quad (2.21)$$

式中 d_d——盘状液滴直径，μm；

h——微通道深度，μm。

酸性组分模拟油中，液滴的生成频率最高，尺寸最小，其次是沥青质、胶质、芳香烃、饱和烃和蜡。液滴形成的差异与其在微通道中的受力情况相关。

通常认为，液滴在微通道内受到两类力的作用：一类是阻止液滴形成的力，如界面张力；一类是促进液滴形成的力，如重力、浮力、黏性剪切力和惯性力。T形微通道内，在重力、浮力和惯性力可忽略的情况下，液滴的生成是黏性剪切力和界面张力共同作用的结果[157]，可用毛细管数Ca（黏性力与界面张力之比）进行描述：

$$Ca = \frac{\eta_c v_c}{\sigma} \quad (2.22)$$

式中 η_c——连续相的黏度，mPa·s；

v_c——连续相的流速，m/s；

σ——界面张力，mN/m。

界面张力是液滴形成过程中唯一抵抗界面变形的力。不同原油组分模拟油的毛细管数和液滴直径的关系如图2.25所示。毛细管数越低，形成的分散相液

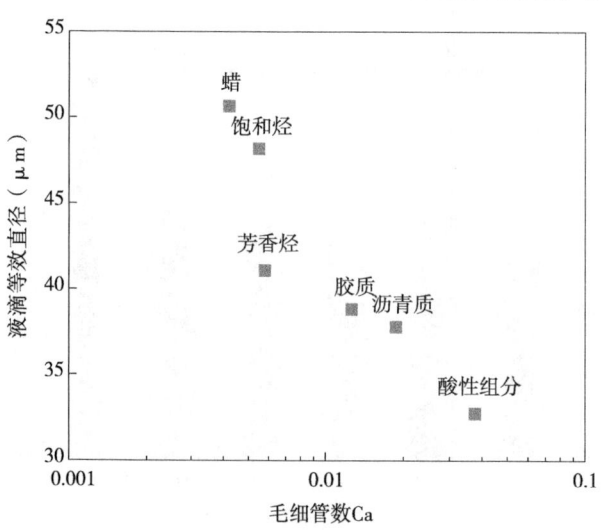

图2.25 不同毛细管数下分散相液滴直径变化

滴尺寸越小。酸性组分模拟油最有利于分散相液滴的形成，主要归因于其毛细管数最高。而酸性组分的高毛细管数主要由其低界面张力导致（第3章详细介绍）。

2.6 原油组分间的相互作用对油水乳化特性的影响

基于不同原油组分模拟油和水形成的乳状液体系的稳定性和微观结构，从广义来说，饱和烃、芳香烃、胶质、沥青质和酸性组分均可被称为天然乳化剂，它们的加入在不同程度上均促进了模拟油的乳化。其中，胶质、沥青质和酸性组分是促使乳状液形成和稳定的关键组分，下面将进一步研究三者间的相互作用对乳状液形成和性质的影响。

2.6.1 沥青质和酸性组分的相互作用

模拟油中沥青质浓度固定为0.3%，考察不同沥青质/酸性组分（以下简写为 AS/A）比例对乳状液稳定性和微观结构特征的影响（图2.26）。

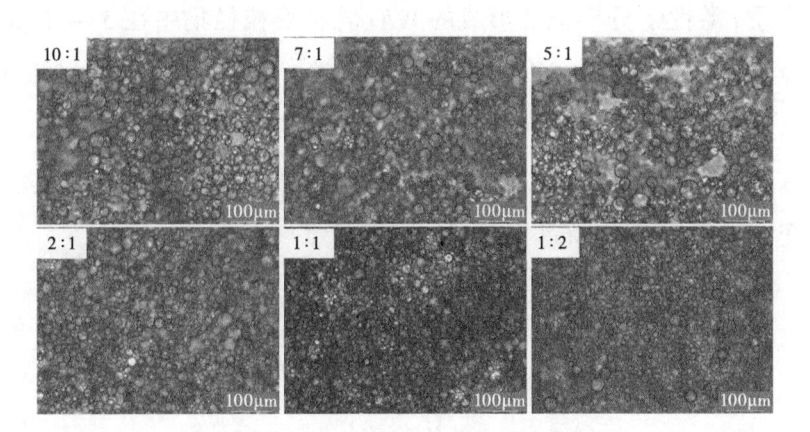

图 2.26 不同 AS/A 下乳状液显微图片

（1）乳状液稳定性。

乳状液析水率如图2.27所示。酸性组分与沥青质间相互作用对乳状液稳定性的影响规律与两者的浓度比例有关。当酸性组分浓度小于等于0.04%（AS/A ≥ 7）时，酸性组分的加入可以提高沥青质模拟油的乳化稳定性，当酸性组分浓度大于等于0.06%（AS/A ≤ 5）时，酸性组分会降低沥青质模拟油的乳化稳定性，并且降稳作用随着酸性组分浓度的增加而增强。这与酸性组分对沥青质模拟油－水界面性质的改变有关，具体机制将在第3章详细讨论。

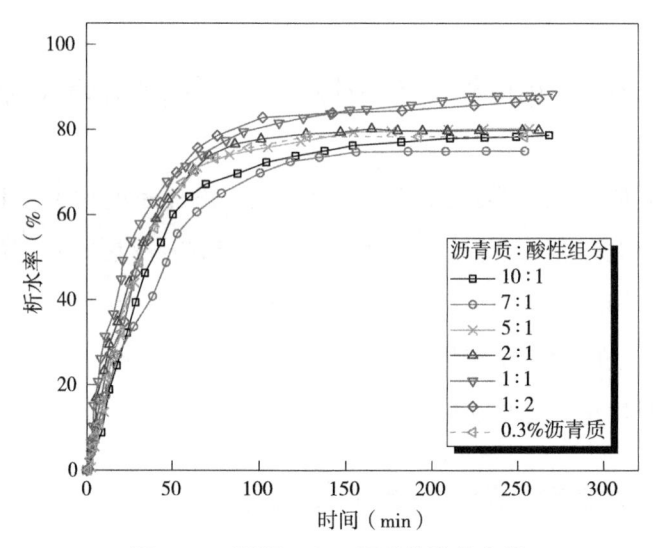

图2.27 不同AS/A下乳状液稳定性

（2）乳状液微观结构特征。

沥青质／酸性组分模拟油形成的W/O乳状液粒径集中在5～40μm。当酸性组分浓度小于等于0.06%，即AS/A ≥ 5时，模拟油形成的乳状液粒径分布曲线峰宽且平，粒径分布范围广。当酸性组分浓度大于等于0.15%，即AS/A ≤ 2后，乳状液粒径分布曲线随着酸性组分浓度的增加不断向左边推移，同时峰变尖变窄，粒径分布集中（图2.28）。

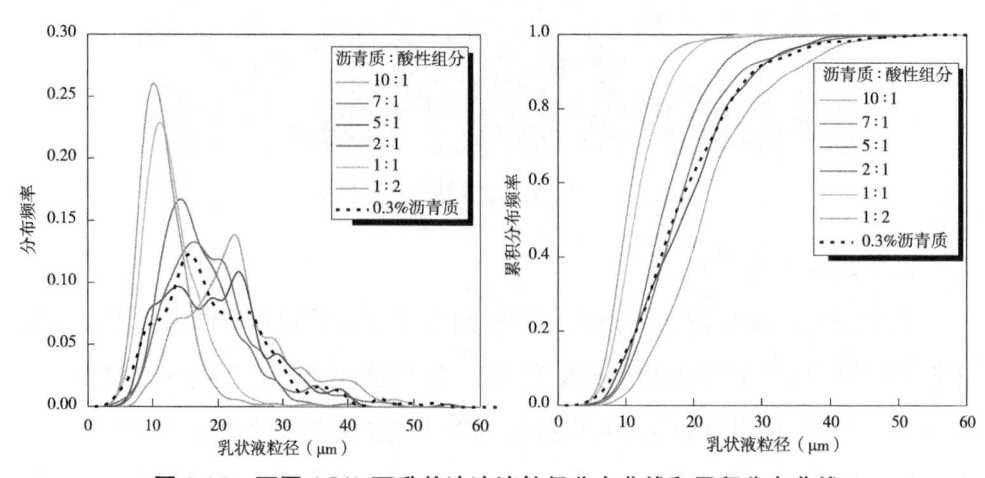

图2.28 不同AS/A下乳状液液滴粒径分布曲线和累积分布曲线

通过对乳状液粒径的处理分析，得到不同条件下乳状液微观结构特征参数如图 2.29 所示。乳状液的平均粒径和粒径中值均随着酸性组分比例的增加而下降，最大值分别为 23.20μm 和 21.14μm，最小值分别为 11.57μm 和 9.97μm。酸性组分比例增加导致乳状液体系的比表面积增加，液滴分散程度增大。沥青质/酸性组分模拟油形成的乳状液的多分散度和分选系数随着酸性组分的加入呈先升后降趋势，总体上均低于沥青质模拟油体系。这表明酸性组分的加入可以增加沥青质模拟油乳状液体系的均匀性。

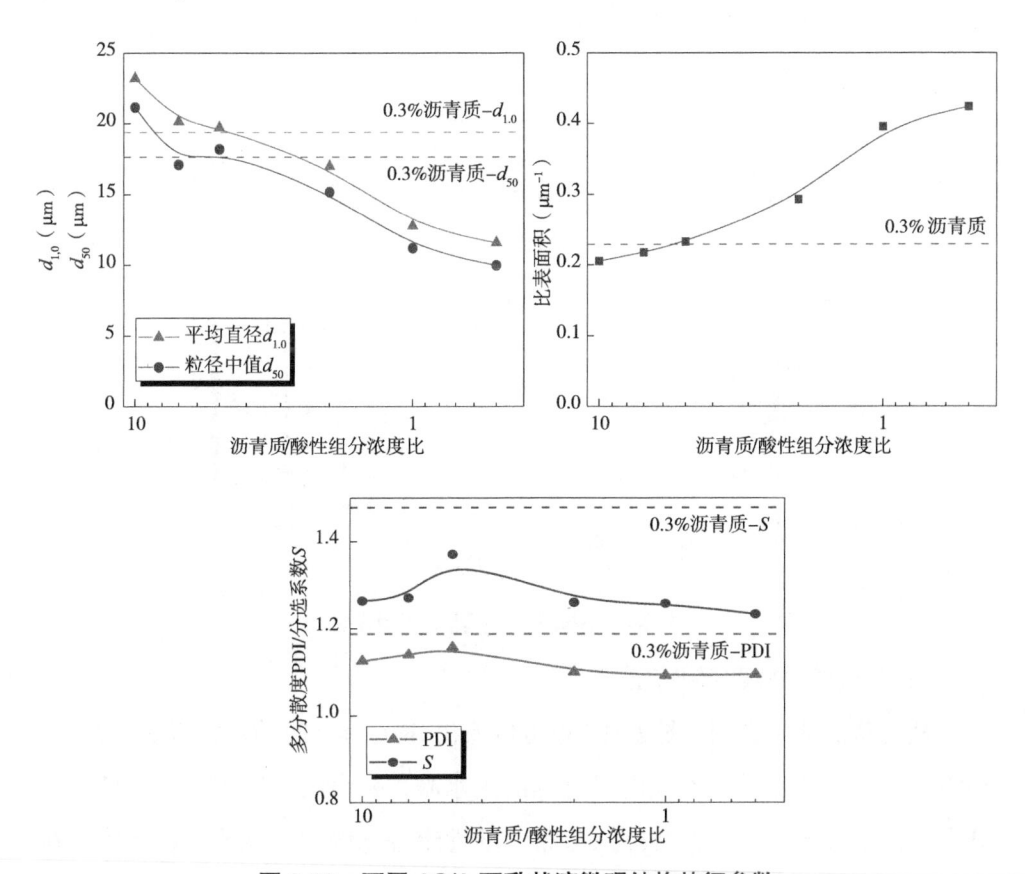

图 2.29 不同 AS/A 下乳状液微观结构特征参数

2.6.2 胶质和酸性组分的相互作用

模拟油中胶质浓度固定为 0.3%，考察不同胶质/酸性组分（以下简写为 R/A）比例对乳状液稳定性和微观结构特征的影响。

（1）乳状液稳定性。

乳状液析水率如图2.30所示。酸性组分浓度低于0.15%，即R/A ≥ 2时，形成的乳状液极不稳定，油水很快完全分层，酸性组分的加入很大程度上减弱了胶质模拟油的乳化稳定性，两者之间出现负的协同乳化作用。当酸性组分浓度大于等于0.3%，即R/A ≤ 1时，模拟油的乳化稳定性有所增强。通过单组分模拟油乳化实验可知，酸性组分浓度低于0.1%时不能形成稳定乳状液，浓度达到0.3%后形成的乳状液才相对稳定，而胶质/酸性组分模拟油的乳化稳定性也表现出相同的变化规律，这表明酸性组分主导了胶质/酸性组分模拟油的乳化稳定性。

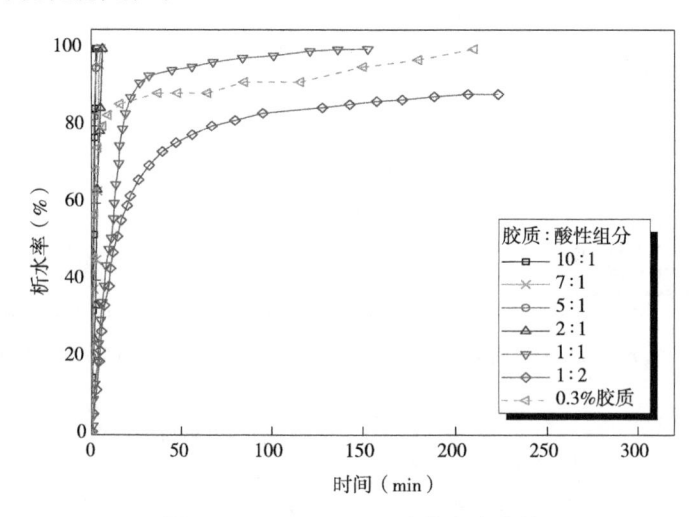

图2.30 不同R/A下乳状液稳定性

（2）乳状液微观结构特征。

从乳状液的微观图（图2.31）也可以看出，R/A ≥ 2时的乳状液极不稳定，小液滴之间很快聚并，形成肉眼可见的大水滴，剩余的小液滴呈"孤岛"状分布。而R/A ≤ 1时，液滴连片分布，酸性组分比例增加导致乳状液体系粒径分布曲线向左移动，曲线形态由多峰向单峰发展，并且峰变窄变高，液滴粒径分布更加集中（图2.32）。

此外，从乳状液微观结构特征参数（图2.33）来看，酸性组分的加入同样可以降低胶质模拟油乳状液体系的液滴尺寸，增加其均匀性和分散性，但这仅限于酸性组分比例达到一定值之后。结合乳状液稳定性实验结果可以推测，这并非两者的协同乳化作用导致，而是酸性组分对胶质／酸性组分模拟油乳化性质的绝对控制造成的。

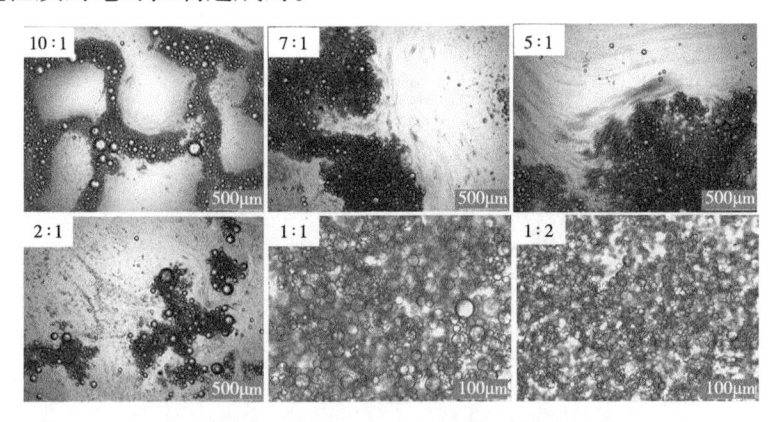

图 2.31 不同 R/A 下乳状液显微图片

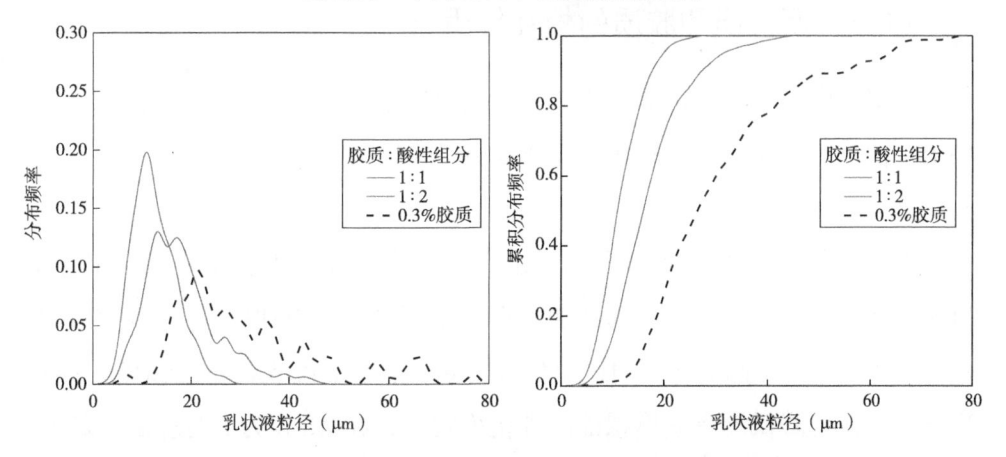

图 2.32 不同 R/A 下乳状液液滴粒径分布曲线和累积分布曲线

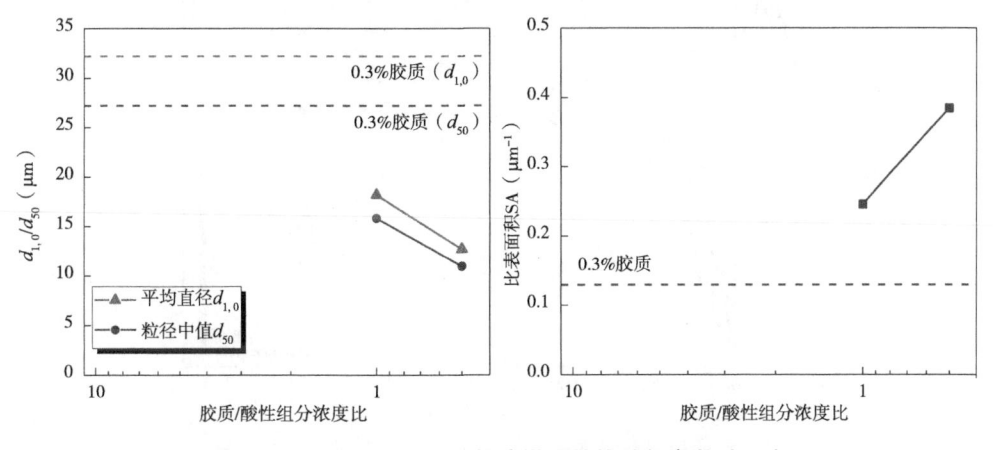

图 2.33 不同 R/A 下乳状液微观结构特征参数（一）

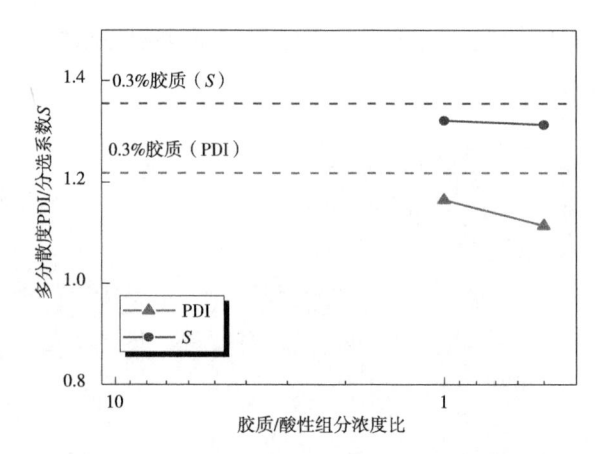

图2.33 不同R/A下乳状液微观结构特征参数（二）

2.6.3 沥青质和胶质的相互作用

模拟油中沥青质浓度固定为0.3%，考察不同沥青质／胶质（以下简写为AS/R）比例对乳状液稳定性和微观结构特征的影响。

（1）乳状液稳定性。

乳状液析水率如图2.34所示。由实验结果可知，当胶质浓度小于等于0.06%，即AS/R≥5时，胶质的加入有利于沥青质模拟油的乳化稳定性，两者之间产生正的协同乳化作用；而胶质浓度大于等于0.15%，即AS/R≤2时，胶质的存在会降低沥青质模拟油的乳化稳定性，在AS/R为2时稳定性最差，

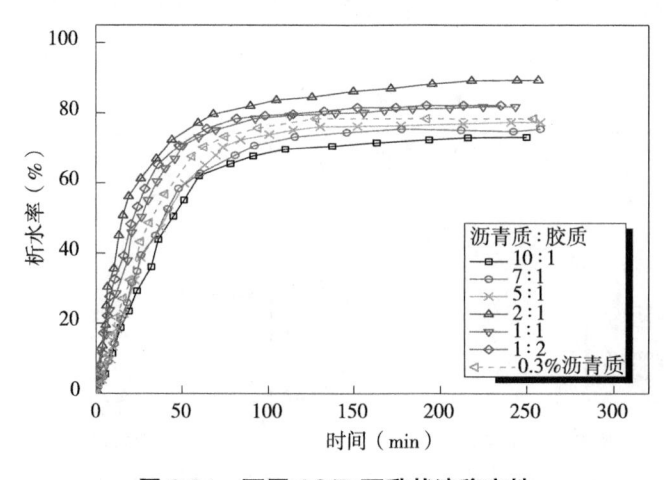

图2.34 不同AS/R下乳状液稳定性

2 原油组分对W/O乳状液形成的影响

该情况下胶质与沥青质之间产生了负的乳化协同作用。与沥青质和酸性组分类似,沥青质和胶质的相互作用对乳化的影响也受两者浓度比例的控制。不同 AS/R 下乳状液微观图如图 2.35 所示。

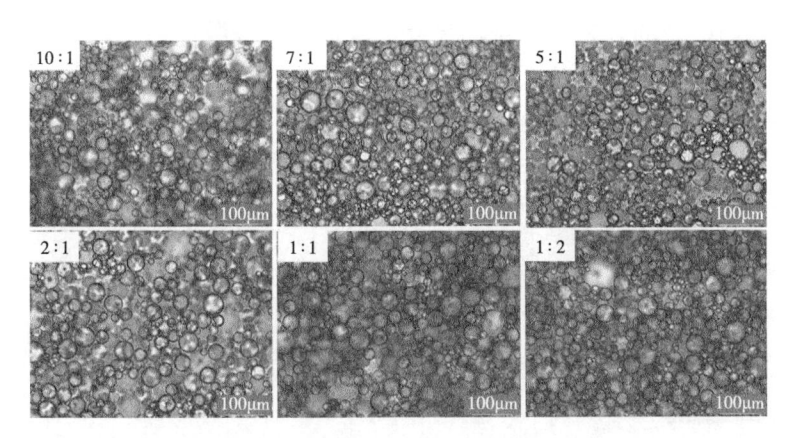

图 2.35 不同 AS/R 下乳状液显微图片

(2)乳状液微观结构特征。

不同于酸性组分,胶质对沥青质模拟油的乳状液粒径分布曲线形态影响不大,分布曲线大多具有多峰,峰宽且低,粒径分布范围广,均匀性相对较差(图 2.36)。

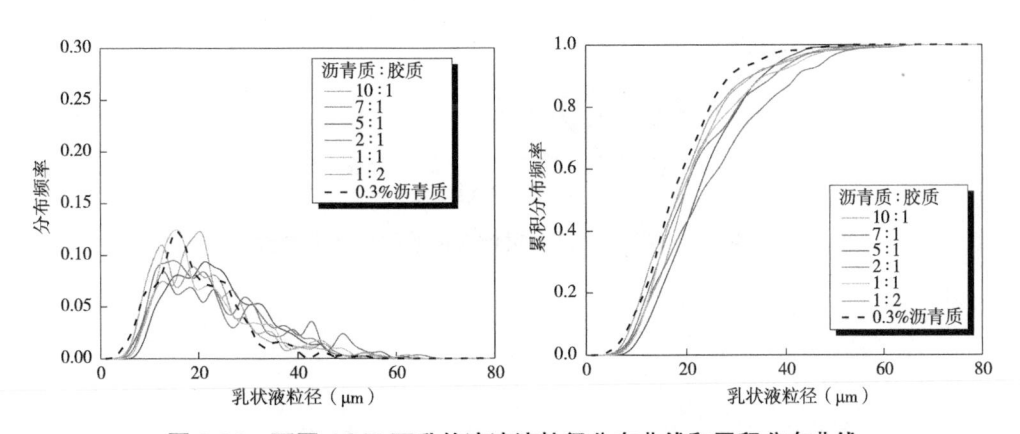

图 2.36 不同 AS/R 下乳状液液滴粒径分布曲线和累积分布曲线

从微观结构特征参数(图 2.37)来看,胶质比例增加,乳状液的液滴尺寸先增加后降低,在 AS/R 为 2 时有最大值,最大平均直径和粒径中值分别为 25.66μm 和 22.53μm。多分散度 PDI 和分选系数 S 也表现出相同的变化趋势,而比表面积变化趋势相反，同样在 AS/R 为 2 时有最小值。这表明，在该 AS/R 比例下，模拟油形成的乳状液体系具备最差的分散度和均匀性，也与乳状液稳定性最差相对应。从整体上看，与单一沥青质模拟油对比，胶质的加入增加了沥青质模拟油乳状液的液滴尺寸，降低了其分散性。

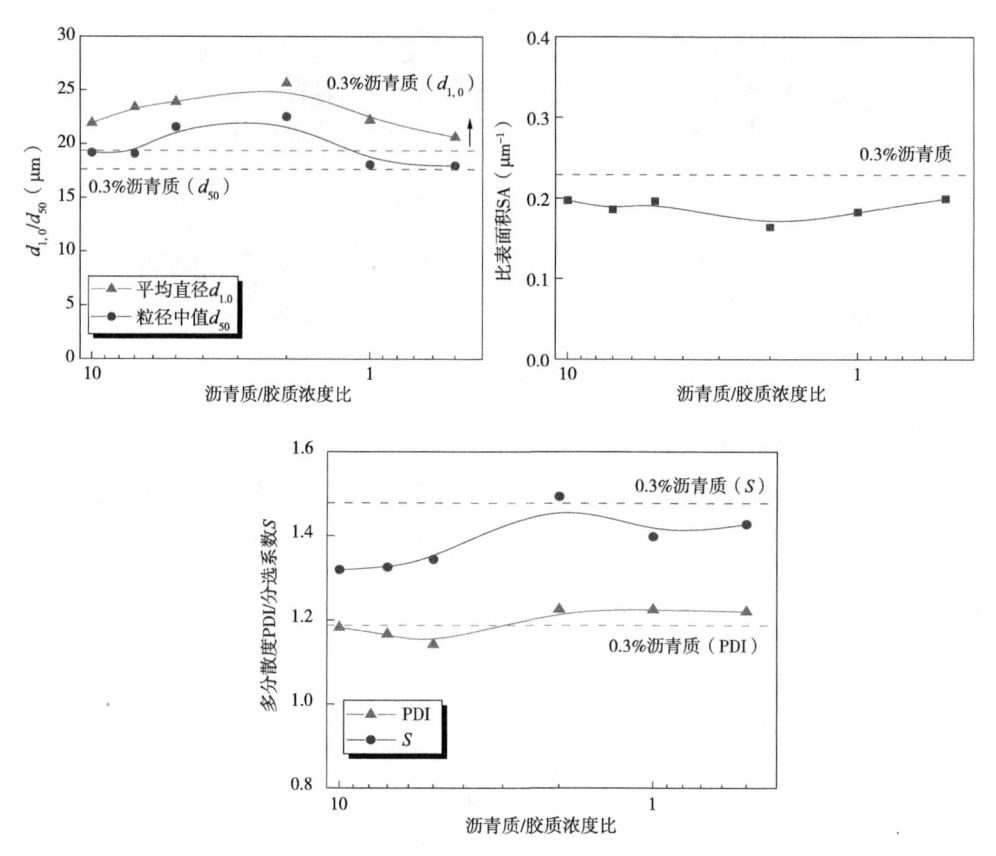

图 2.37　不同 AS/R 下乳状液微观结构特征参数

3　W/O 乳状液的形成和稳定机制

油水形成的乳状液由于具有较大的界面积，在热力学和动力学上均是不稳定的体系。而原油中的活性组分通过在界面吸附，降低界面能，增加界面膜强度，从而促使乳状液的形成和稳定。通过第 2 章研究结果可知，不同原油组分对乳状液的形成和稳定影响不同，其主要原因就是各组分对油水界面性质的影响差异。

因而，本章从界面性质入手，进一步探究了原油组分及其相互作用对油水界面张力和界面膜强度的影响规律，在此基础上阐述了原油活性组分稳定的 W/O 乳状液的形成和稳定机制。

3.1　实验研究方法

3.1.1　实验试剂与材料

稠油 J 以及分离得到的六组分；航空煤油；二甲苯，分析纯；地层水。

3.1.2　主要仪器设备

SVT20 旋转界面张力仪；微量进样器；烧杯、玻璃棒、量筒等玻璃仪器若干。

3.1.3 实验方法

（1）油相和水相的制备。

按 2.1.5 所述方法配制不同组成的模拟油作为油相，水相采用地层水。

（2）动态界面张力测试。

本次界面张力测试采用旋转滴法，即在一定转速下使液－液体系旋转，通过增加离心力场使液滴改变形状，通过测定液滴形状稳定时的长度、宽度以及两相液体密度差和旋转速度，计算界面张力，公式如下：

$$\sigma = \frac{1000\Delta\rho\left(\dfrac{\omega}{60}\right)^2\left(\dfrac{D}{1000n}\right)^3 f\left(\dfrac{L}{D}\right)}{4} \quad (3.1)$$

式中　$\Delta\rho$——两相液体密度差，g/cm^3；

ω——旋转速度，r/min；

D——液滴的直径，cm；

L——液滴的长度，cm；

n——外相折射率，默认值 1；

$f(L/D)$——校正因子，当 $L/D \geq 4$ 时，$f(L/D) = 1$；当 $L/D < 4$ 时，取值按校正因子表执行。

测试温度 55℃，恒定转速 6000r/min，每 30s 读数一次，根据实验要求测定不同原油组分模拟油－水体系的动态界面张力。

（3）界面扩张模量测试。

当界面受到周期性压缩和扩张时，界面张力也随之发生周期性变化，扩张模量定义为界面张力变化与相对界面面积变化的比值，即

$$\varepsilon = \frac{d\sigma}{d\ln A} \quad (3.2)$$

式中　ε——扩张模量，mN/m；

σ——界面张力，mN/m；

A——界面面积，m^2。

对于黏弹性界面，界面张力的周期性变化与界面面积周期性变化之间存在一定的相位差 θ，称为扩张模量的相角。扩张模量可写作复数形式：

$$\varepsilon = \varepsilon_d + i\omega\eta_d \tag{3.3}$$

式中　ε_d——扩张弹性，mN/m；

　　　η_d——扩张黏度，mN/m；

　　　ω——界面面积正弦变化频率，Hz。

实数部分和虚数部分也分别称作存储模量和损耗模量，分别反映了黏弹性界面的弹性部分和黏性部分的贡献，一般也用 E' 和 E'' 表示。扩张模量和相角间存在如下转换关系：

$$\varepsilon_d = |\varepsilon|\cos\theta \tag{3.4}$$

$$\eta_d = \frac{|\varepsilon|}{\omega}\sin\theta \tag{3.5}$$

$$\theta = \arctan\left(\frac{\omega\eta_d}{\varepsilon_d}\right) \tag{3.6}$$

本实验中的界面扩张模量测试同样采用旋转滴法，通过转速振荡对液滴进行周期扰动，记录扰动过程中界面面积和界面张力的动态值，通过软件计算获得界面扩张流变性质参数。设定测试温度55℃，振荡幅度500r/min，分别测定不同振荡频率（0.01Hz、0.03Hz、0.05Hz、0.07Hz和0.1Hz）下不同原油组分模拟油–水体系的界面扩张模量。

3.2　原油组分对油水界面张力的影响研究

乳状液的形成和稳定与油水两相的界面张力密切相关。乳状液具有较大的界面能，在热力学上是一个不稳定的系统。在保持界面面积不变的情况下，油水两相界面张力的降低有助于降低乳状液体系的界面能，维持乳状液的稳定。不同原油组分模拟油–水界面张力随时间的变化如图3.1所示。

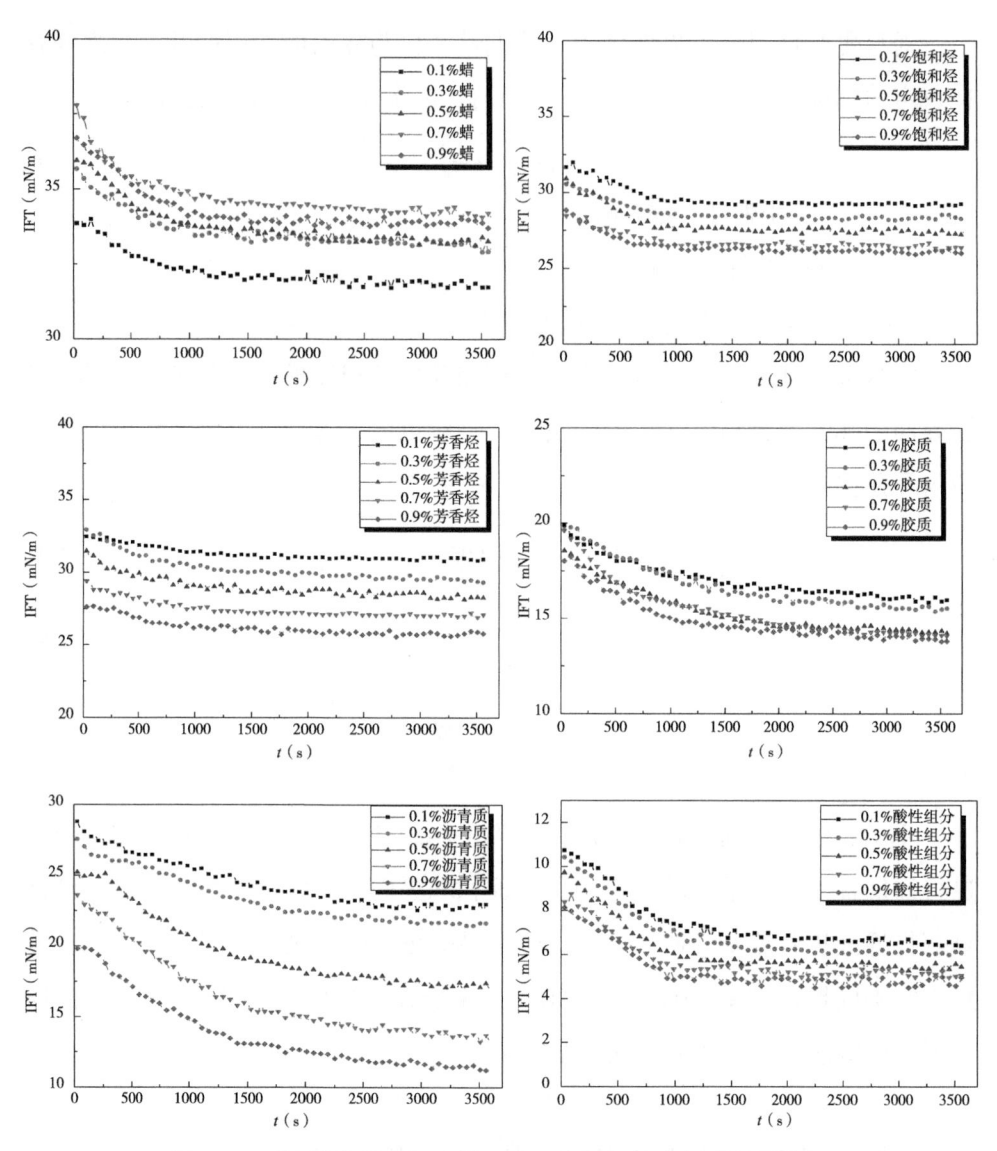

图 3.1 不同浓度原油组分模拟油-水界面张力随时间的变化

IFT 的动态变化是活性组分在油水界面吸附的结果[158-159]。而活性分子在油水界面的吸附动力学主要受分子在体相内的运移和分子从溶液状态向吸附状态的转移控制[158-160]。一般来说，活性分子在界面的吸附和解吸以及在两种液体内部的扩散运动受多种参数控制[161-163]。Lankveld 和 Lyklema[164]提出，如果吸附受到活化能势垒的控制，IFT 的变化趋势符合简单的指数衰减，如下[165-166]：

$$\sigma_t = \sigma_e + (\sigma_0 - \gamma\sigma_e) e^{-t/\tau} \tag{3.7}$$

式中 σ_t——t 时刻的界面张力，mN/m；

σ_e——界面张力平衡值，mN/m；

σ_0——界面张力初始值，mN/m；

t——时间，s；

τ——吸附特征时间，s。

该模型已被很多学者用来模拟沥青质 – 水[105] 和原油 – 水体系的动态 IFT[80, 101, 167-169]，并且模拟效果较好。通过该模型对动态界面张力进行回归，可以获得不同组分模拟油和水的界面张力平衡值 γ_e 和吸附特征时间 τ，如图 3.2 和图 3.3 所示。

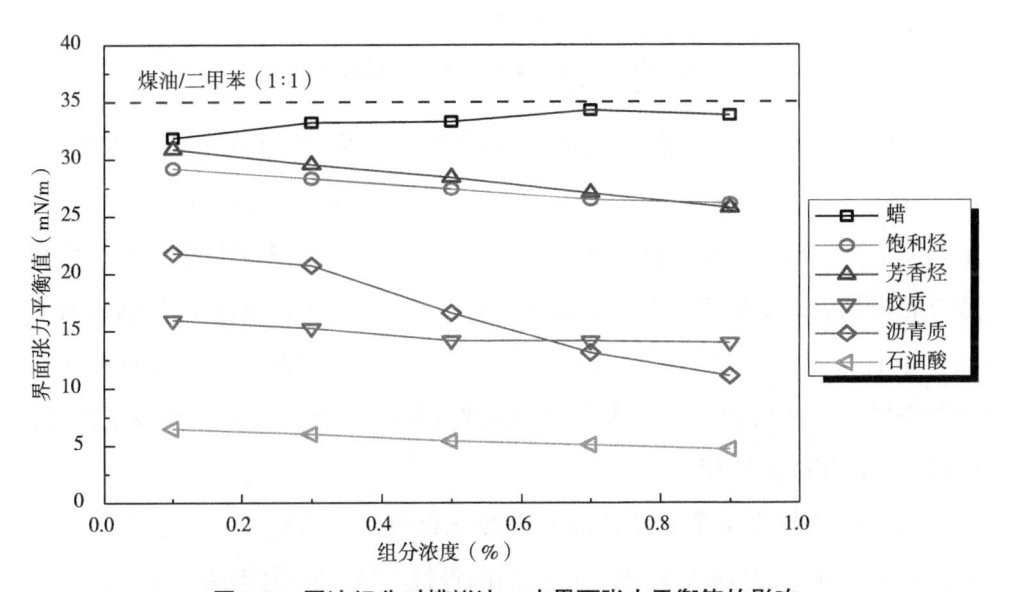

图 3.2 原油组分对模拟油 – 水界面张力平衡值的影响

煤油 / 二甲苯和水的界面张力为 35mN/m，加入不同浓度的原油组分后界面张力均有不同程度的下降。原油组分主要从以下两个方面影响油水界面张力：一是改变原油极性；二是吸附在油水界面，直接参与成膜过程[170]。不同原油组分模拟油 – 水体系界面张力大小依次为：酸性组分＜沥青质＜胶质＜芳香烃＜饱和烃＜蜡。通过界面张力降低程度的不同，可以将六种组分分为四个等级：蜡、饱和烃和芳香烃、胶质和沥青质、酸性组分。

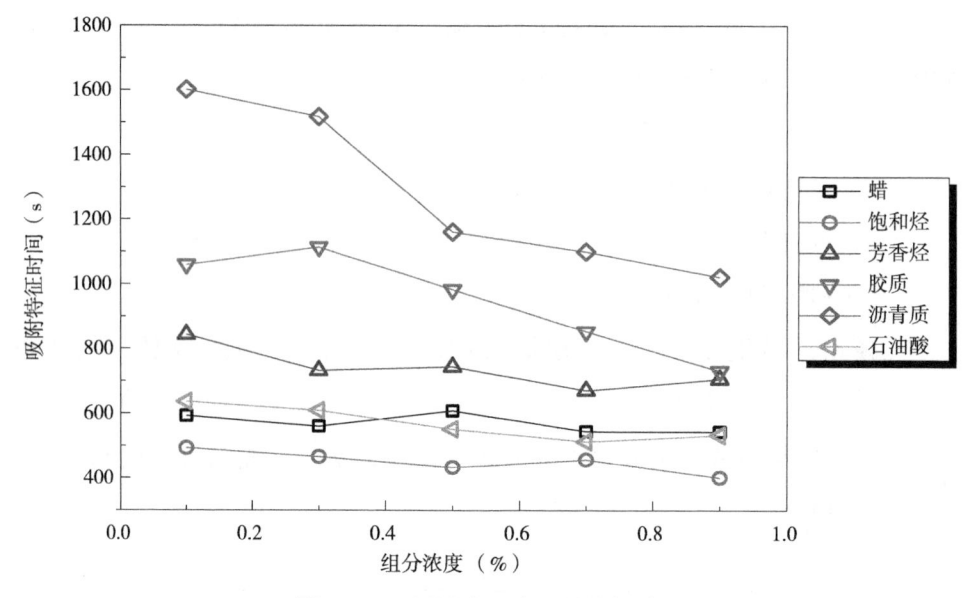

油水自乳化理论及在稠油注水开发中的应用

图3.3 不同原油组分吸附特征时间

蜡组分模拟油与水相的界面张力和煤油/二甲苯与水的界面张力接近，在31.86~34.27mN/m之间波动，且随蜡组分含量的增加界面张力平衡值有小幅度上升，说明蜡是惰性物质，对油-水界面张力基本无影响。饱和烃和芳香烃模拟油的平衡界面张力值接近，且变化趋势相同。两者的界面张力值低于煤油/二甲苯-水体系，在25.75~30.87mN/m之间变化。随着饱和烃和芳香烃浓度的增加，界面张力有小幅度下降，这与其含有少量极性基团，可以增加油相的极性相关。

沥青质和胶质属于复杂稠环芳香烃化合物，含有羟基、氨基等亲水基团，溶于煤油/二甲苯后增加了模拟油的极性，同时吸附于油-水界面，从而降低界面张力。随着沥青质浓度增加，界面张力显著下降，浓度低于0.7%时界面张力高于胶质，而浓度达到0.7%后，界面张力低于胶质。沥青质浓度0.9%时，模拟油与水的界面张力平衡值为13.08mN/m，低于胶质的14.12mN/m。总的来说，胶质和沥青质的界面活性较强，而沥青质高浓度时强于胶质。酸性组分界面活性最强，在整个实验浓度范围内（0.1%~0.9%）均将油水界面张力由10^1数量级降至10^0数量级，并且随着酸性组分含量增加，模拟油-

水界面张力下降,0.9%时界面张力平衡值为4.68mN/m。这是因为高浓度下,酸性组分分子在油水界面吸附排列更紧密。

此外,原油各组分的吸附特征时间 τ 也表现出明显差异,从大到小依次为:沥青质＞胶质＞芳香烃＞蜡＞酸性组分＞饱和烃。吸附特征时间反映活性分子在界面和体相间的扩散交换以及在界面的吸附－脱附、重排和聚集等微观弛豫过程的整体快慢,与活性组分的分子结构和分子量密切相关[161-171],同时也与组分的活性大小有关。沥青质和胶质的分子量最大,结构最为复杂,吸附特征时间最长。同时,随着组分浓度增加,分子扩散速度加快,吸附特征时间缩短。当浓度从0.1%增加至0.9%,沥青质的吸附特征时间从1601s缩短至1022s,胶质的吸附特征时间从1060s缩短至731s。饱和烃、芳香烃和蜡的分子量相对较低,实验浓度内的吸附特征时间分别在401～494s、706～844s、544～593s之间。酸性组分由于具有很强的活性,初始油水界面张力即低至8.12～10.74mN/m,活性分子在液滴形成之初就大量吸附于油水界面上[106],其吸附特征时间也较短,在533～637s之间,并随着浓度的增加而缩短。

除蜡外,原油中其他各组分均有一定活性,具备降低油水界面张力的能力。其中,胶质、沥青质和酸性组分的界面活性相对更强,对乳状液的热力学稳定贡献更大,而酸性组分由于降低界面张力性能最强,是促使乳状液形成的关键,这很好对应了第2章中各组分的乳化实验结果。

3.3 原油组分对油水界面膜强度的影响研究

原油活性组分吸附于油水界面形成界面膜,膜的强度是影响乳状液稳定性的关键因素。界面扩张流变性是油水界面膜的重要性质之一,可以表征界面抗形变能力。具有一定强度的界面膜可以使分散相液滴在碰撞时不易聚并,有利于乳状液体系的动力学稳定(图3.4)。

界面扩张模量是界面张力梯度变化对界面面积变化的比值,是界面膜强度的重要表征参数。其中,扩张弹性与界面膜上分子之间的相互作用相关,

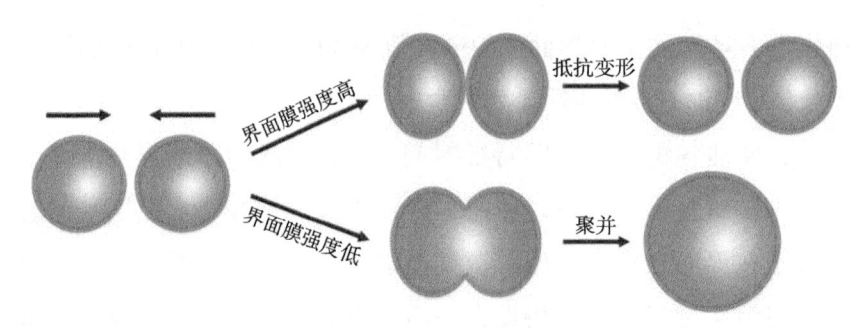

图 3.4 界面膜强度对分散相液滴聚并影响示意图

反映界面膜抵抗形变的能力；扩张黏性与界面上及界面附近的各种微观弛豫过程相关，反映界面膜阻滞形变的能力，扩张黏性越大，界面分子向液相扩散的阻力越大。

3.3.1 振荡频率的影响

不同原油组分模拟油 – 水体系界面扩张模量随振动频率的变化如图 3.5 所示。对于不同浓度的原油组分来说，随着振荡频率的增加，界面扩张模量均增大。振荡频率较低时，界面形变小且形变速率慢，油水界面的活性组分分子有充足的时间向新生成界面扩散吸附，修复界面面积变化产生的界面张力梯度，界面张力变化小，所以体系的界面扩张模量小。当振荡频率较高时，界面膜变形大且形变速率快，活性组分分子没有足够的时间恢复界面膜形变，产生的界面张力梯度大，扩张模量大。

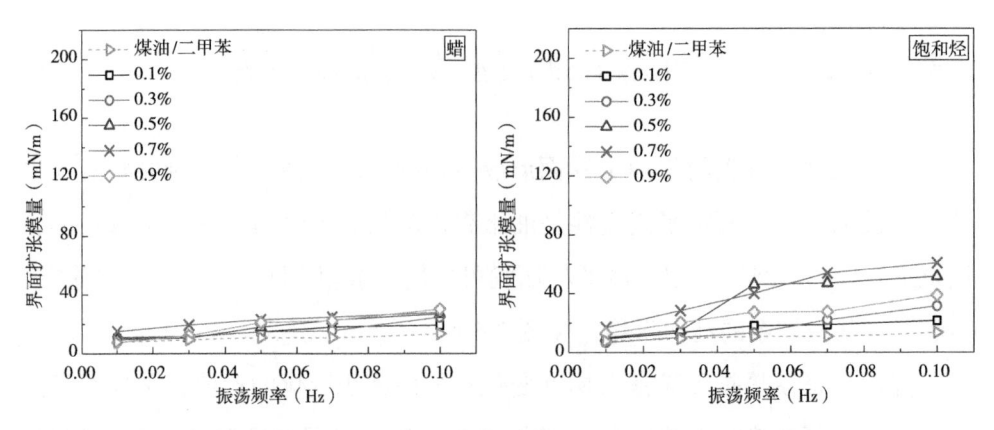

图 3.5 不同浓度原油组分模拟油 – 水体系界面扩张模量随振荡频率的变化（一）

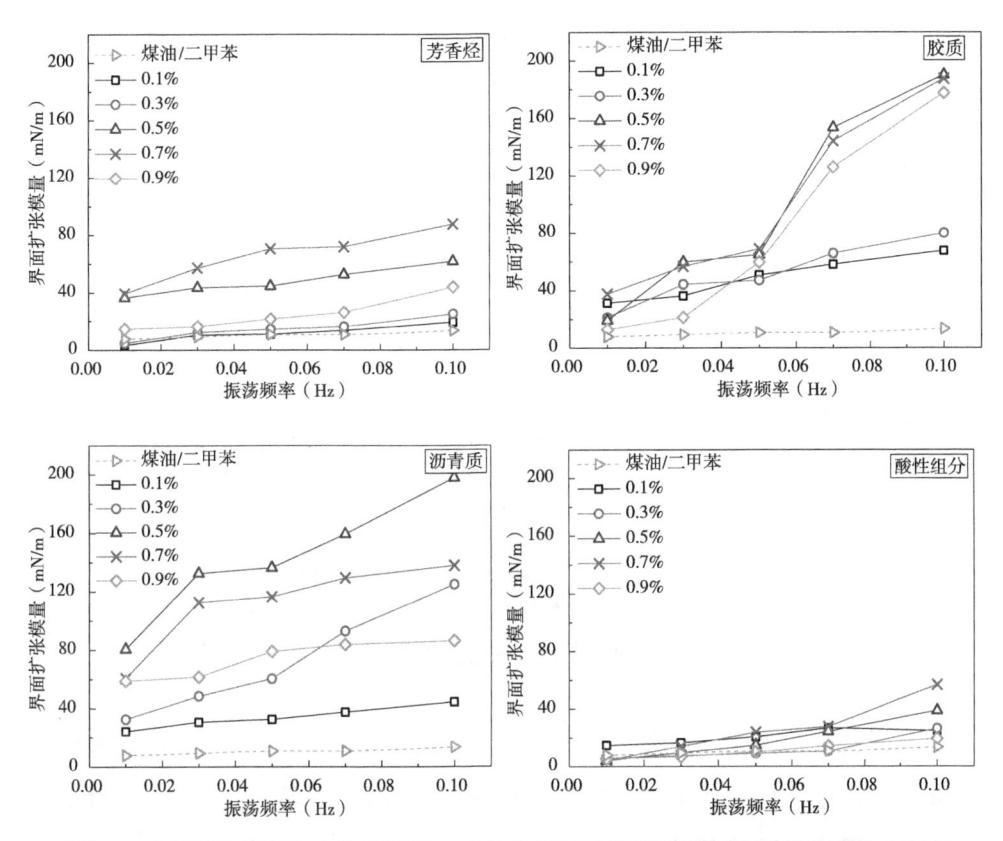

图 3.5　不同浓度原油组分模拟油－水体系界面扩张模量随振荡频率的变化（二）

3.3.2　组分浓度的影响

相同振荡频率（0.1Hz）下的不同组分模拟油－水体系界面扩张模量对比如图 3.6 所示。除蜡以外，其他组分的界面扩张模量随着浓度的增加呈先上升后下降趋势，存在一个最大值。胶质和沥青质在浓度为 0.5% 的时候达到最大值，而其他组分在 0.7% 的时候达到最大值，两者之间的差异与胶质和沥青质在油－水界面上成膜时有更长的特征弛豫时间相关。原油活性组分主要通过两方面影响界面扩张模量。当原油活性组分浓度低时，界面膜主要依靠成膜分子间的相互作用来抵消界面张力梯度，随原油活性组分浓度增加，界面发生形变时的界面张力梯度更大，界面扩张模量增加；当原油活性组分浓度增加至一定值时，体相中的活性组分分子浓度也增加，活性组分分子在体相与界面的交换加快，可以很快抵消界面形变产生的界面张力梯度，扩张模量下降[172]。

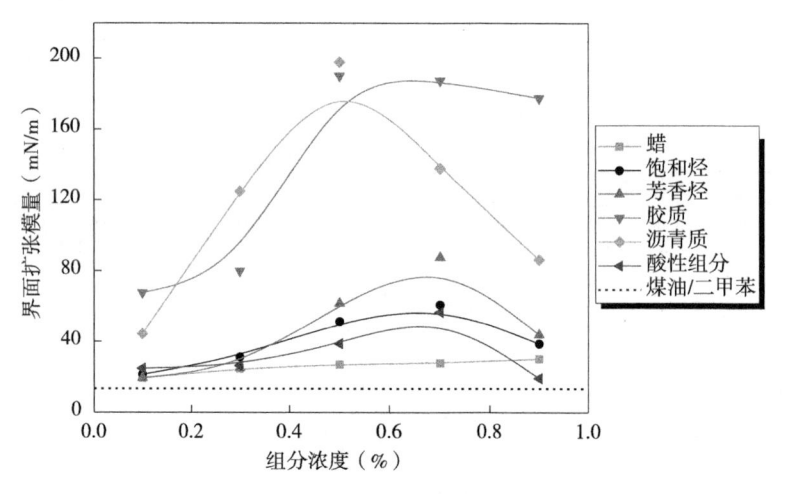

图 3.6　原油组分对油水界面扩张模量的影响（振荡频率 0.1Hz）

不同组分的油 - 水体系界面扩张模量大小可以分为三个等级：蜡和酸性组分最小，中间的是饱和烃和芳香烃，胶质和沥青质最大。煤油/二甲苯 - 水体系的界面扩张模量为 13.44mN/m。加入蜡组分后，模拟油 - 水体系的界面扩张模量增幅最小，接近煤油/二甲苯，且基本不随蜡浓度的改变而改变，结合界面张力实验结果可以推测，蜡几乎不参与成膜过程。胶质和沥青质模拟油 - 水体系的界面扩张模量远大于其他组分，表明胶质和沥青质形成的界面膜强度最大，浓度为 0.5% 时的界面扩张模量最大值分别为 190.07mN/m 和 197.76mN/m。这是因为胶质和沥青质以芳香共轭结构为主，这些复杂的化合物分子吸附在油 - 水界面上，依靠羟基、氨基等官能团间强烈的氢键作用形成牢固的刚性膜结构，抗形变能力强。各组分界面扩张模量相角（图 3.7）的不同也证实了这一点。胶质和沥青质的扩张相角小于 45 度，在 10 度~25 度之间，扩张弹性远大于黏性，表现出固态膜的特征。这也是胶质和沥青质稳定乳状液的另一个重要原因。而其他组分的界面扩张模量相角在 50 度~60 度之间，形成的界面膜以黏性为主。同时，扩张相角随组分浓度的增加而增加。活性组分浓度较低时，界面膜主要依靠界面上分子间的相互作用抵抗形变，扩散交换等弛豫过程的贡献比例较小，相角较低；随着浓度增加，分子在界面和体相间的扩散交换作用加强，黏性部分的贡献逐渐增加，相角增大。

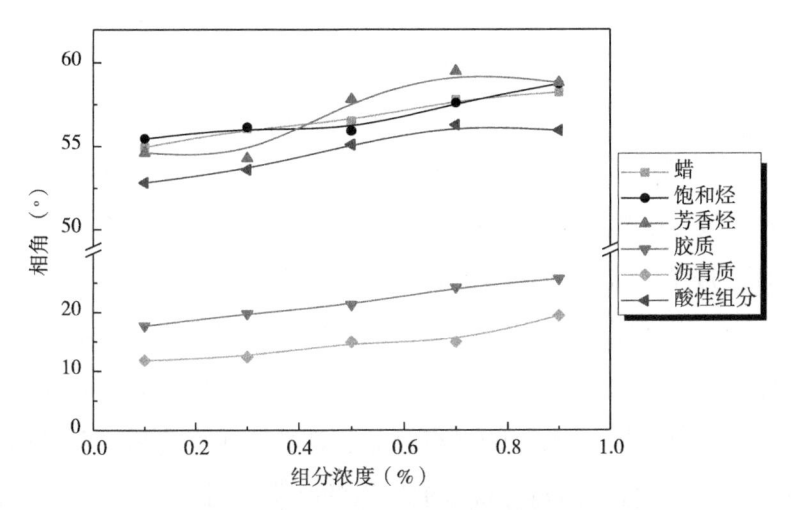

图 3.7　原油组分对相角的影响（振荡频率 0.1Hz）

因此，沥青质和胶质对乳状液稳定的促进作用主要归因于其可以在界面形成强度很大的刚性膜结构，阻碍乳状液液滴的聚并。

3.4　原油组分间相互作用对油水界面性质的影响研究

乳状液的稳定性是多种界面现象共同作用的结果[165]。通过上述研究分析可知，酸性组分活性最强，最易吸附于油水界面降低界面张力，增强乳状液的热力学稳定性，而胶质和沥青质活性稍弱，但其吸附于油水界面可以大大增加界面膜的强度，增强乳状液的动力学稳定性。原油中多种组分共存，组分与组分之间在界面上必定存在相互作用。

3.4.1　沥青质和酸性组分的相互作用

模拟油中沥青质浓度固定为 0.3%，考察沥青质 / 酸性组分比例（AS/A=10，7，5，2，1，0.5）对油水界面膜性质的影响，实验结果如图 3.8 所示。因为酸性组分的加入，混合模拟油 - 水体系的界面张力和界面扩张模量均低于0.3%沥青质模拟油－水体系。随着AS/A降低，即酸性组分浓度增加，界面张力逐渐下降，而界面扩张模量先增加后降低，在AS/A为7时有最大值，这是沥青质和酸性组分在界面的共吸附和竞争吸附导致的。当AS/A比例为10和7的时候，酸性组分浓度低，与沥青质在油水界面上共吸附[168]，形成稳定的混合膜结构［图3.9（a）］，此时界面扩张相角小于45°，界面膜依然受沥青质控制，表现为刚性。同时，对于低酸高沥青质的油相，环烷酸可以提高沥青质在油水界面的吸附[80]。这主要是因为酸性组分可以通过羧基和沥青质中的碱性基团发生酸碱作用[173-174]，提高沥青质的分散性。这很好地解释了2.6.1节中低浓度酸性组分有利于沥青质模拟油乳状液稳定性的实验结果。当酸性组分浓度继续增加，沥青质和酸性组分开始出现竞争吸附[105]。由于酸性组分界面活性高于沥青质，并且弛豫时间短，将很快到达界面，阻碍并抑制沥青质的吸附［图3.9（b）］，界面膜从沥青质控制转变为酸性组分控制，膜强度降低，扩张相角增大，刚性减弱，对乳状液的动力学稳定作用减弱。但由于酸性组分降低界面张力作用强，界面膜热力学稳定性增加，形成的乳状液稳定性依然较强，如2.6.1节的结果所示。

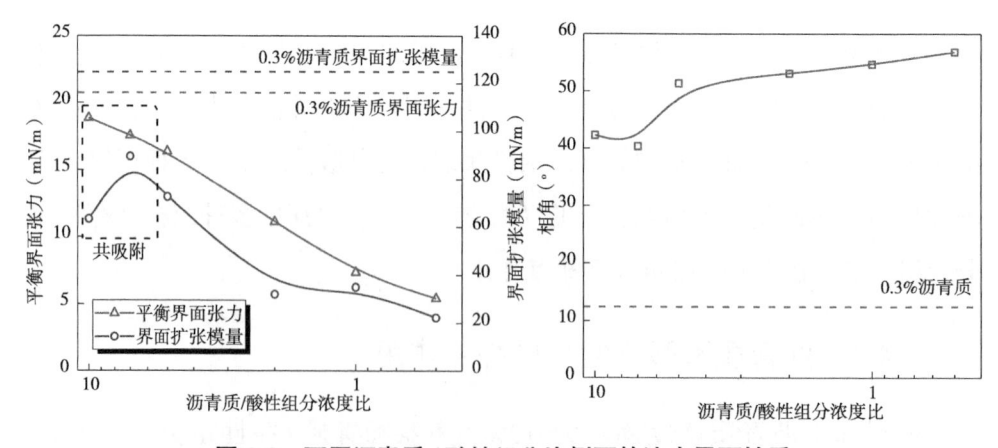

图3.8 不同沥青质／酸性组分比例下的油水界面性质

（a）共吸附　　　　　　　　　　（b）竞争吸附

图 3.9　沥青质与酸性组分界面吸附示意图

3.4.2　胶质和酸性组分的相互作用

模拟油中胶质浓度固定为 0.3%，考察胶质/酸性组分比例（R/A=10，7，5，2，1，0.5）对油水界面膜性质的影响，实验结果如图 3.10 所示。模拟油-水体系的界面张力和界面扩张模量均随着酸性组分浓度的增加而下降，而相角变化趋势相反。结合 2.6.2 节中的实验结果可以推测，酸性组分取代了界面膜上胶质的吸附，乳状液的稳定性完全由酸性组分控制。这不同于沥青质可以在酸性组分浓度较低时与其共吸附于界面。酸性组分即使在浓度很低时也会阻碍并隔离胶质在油水界面的吸附[167]。另外，从扩张相角的变化也可以证实这一点，0.3% 胶质模拟油形成的界面膜为刚性膜，相角为 19.80°，而加入 0.03% 的酸性组分后，相角增加至 52.12°，并且随着酸性组分比例的增加，相角不断增加，界面膜刚性减弱，酸性组分在界面的吸附占主导地位（图 3.11）。

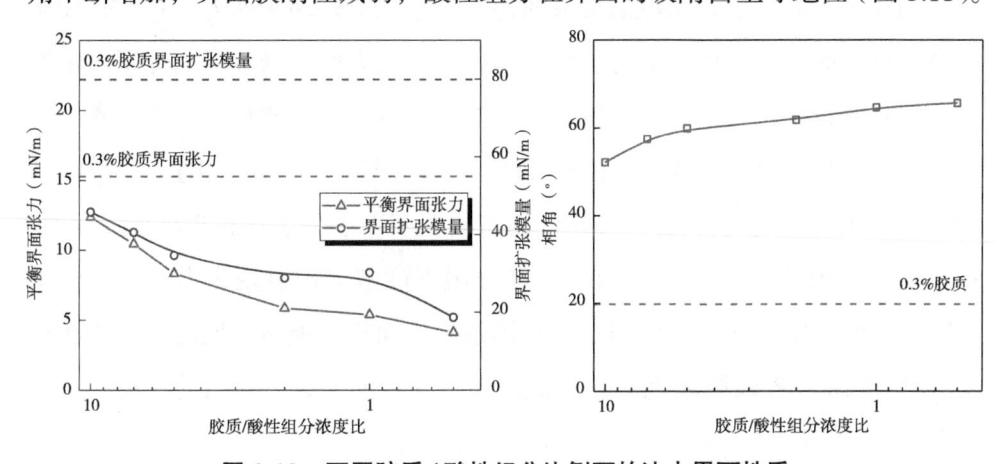

图 3.10　不同胶质/酸性组分比例下的油水界面性质

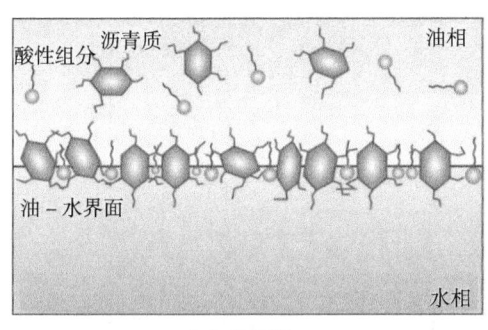

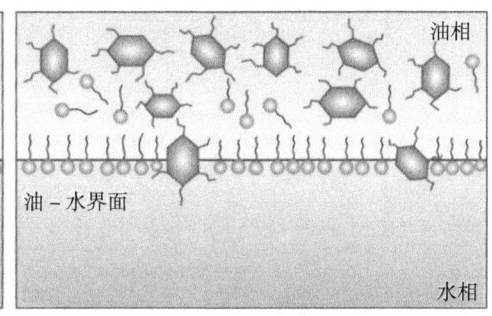

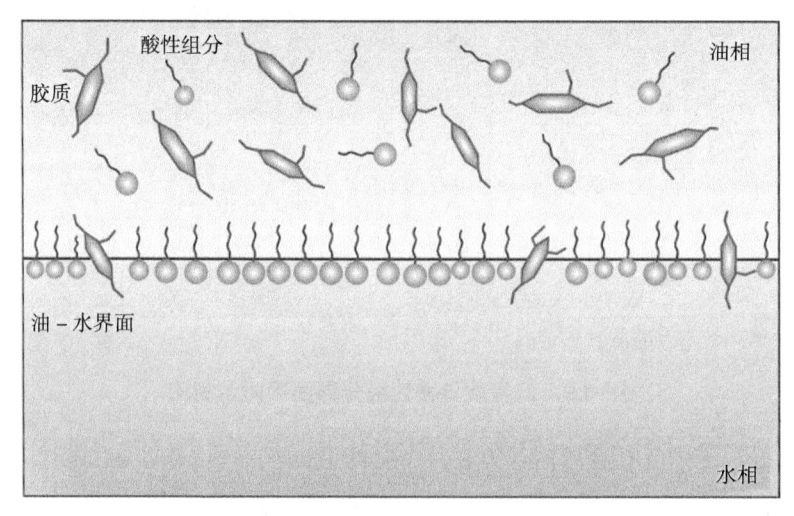

图 3.11　胶质与酸性组分在界面的竞争吸附

3.4.3　沥青质和胶质的相互作用

模拟油中沥青质浓度固定为 0.3%，考察沥青质/胶质比例（AS/R=10，7，5，2，1，0.5）对油水界面膜性质的影响。从图 3.12 可以看出，随着胶质浓度的增加，模拟油-水体系的界面张力和界面扩张模量均先下降再上升，在 AS/R 为 2 时有最小值，而扩张相角先上升后下降，同样在 AS/R 为 2 时有最大值。当 AS/R＞2 时，沥青质/胶质模拟油-水体系的界面扩张模量高于单一沥青质模拟油，而界面张力低于单一沥青质模拟油，沥青质和胶质表现出正协同作用，有利于乳状液的形成和稳定。这主要归因于两方面：一是胶质本身具有界面活性，可与沥青质共同吸附于油水界面，增加界面分子的密度和界面膜的强度；另一方面，胶质对沥青质有很好的分散作用，使沥青质以较小的缔合体存在，更容易吸附于油水界面［图 3.13（a）］。随着胶质浓度增加（AS/R=2），胶质的分散作用使沥青质更多以小分子状态溶解于油相中，在界面的吸附减少［图 3.13（b）］，界面膜强度减弱，表现为界面扩张模量下降，且低于单一沥青质模拟油-水体系的界面扩张模量。同时，扩张相角增大至 59.14°，界面膜刚性大大降低，固态膜特征消失，导致乳状液稳定性最差。

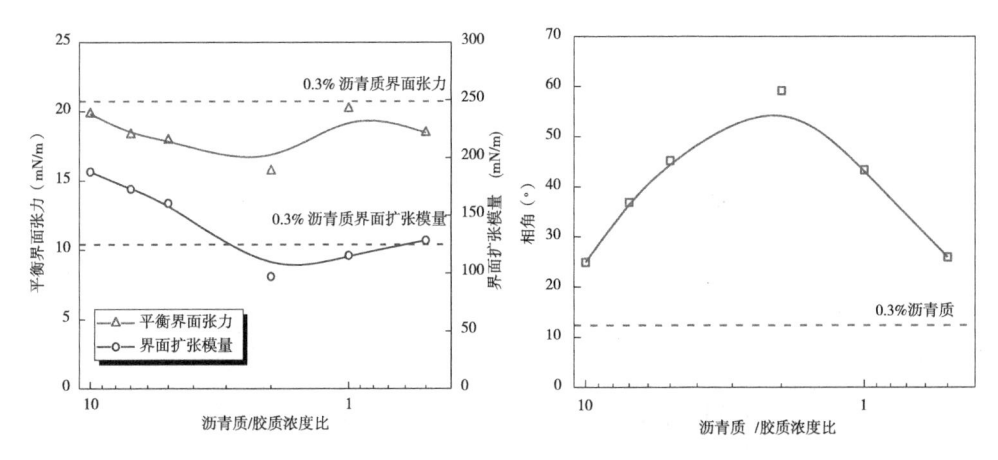

图 3.12　不同沥青质/胶质比例下的油水界面性质

当胶质浓度进一步增加（AS/R＜2），胶质和沥青质在界面发生动态吸附-置换，胶质取代沥青质成为吸附层主要组成部分[图3.13（c）]，界面扩张模量增加，相角重新降低至45°以下，界面膜刚性增强，乳状液稳定性有所增加。

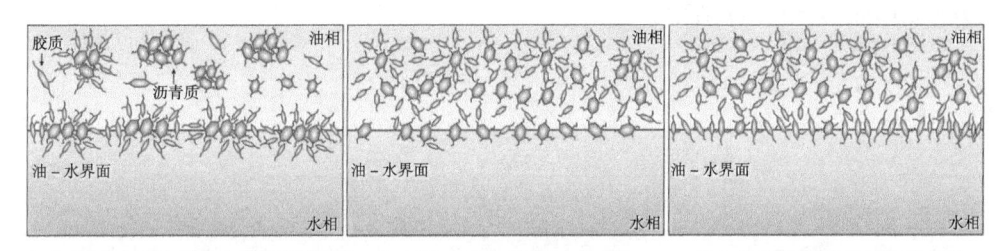

（a）胶质-沥青质聚集体吸附成膜　　（b）沥青质大量溶解于油相　　（c）胶质取代界面上的沥青质

图 3.13　沥青质与胶质界面吸附示意图

3.5　原油组分乳化行为的构效关系

耗散粒子动力学（Dissipative particle dynamics，DPD）是一种粗粒化分子动力学模拟手段，通过粗粒化珠子代替特定基团或分子簇，构建乳液中的各组分。与以原子为基本结构单元的全原子分子动力学模拟相比，其结构单元数量显著减少；采用耗散力、随机力和保守力等三种非键作用力和弹性力描述分子运动过程，作用力种类少于全原子分子动力学模拟所涉及的力。因此DPD模拟可以用于在更大时间/空间尺度上模拟复杂流体的行为。与全原子分子动力学模拟相比，DPD更适合模拟乳液的形成和转变过程。在前人的研究中，已有将其用于乳液转变过程模拟，其计算量要求和结果的准确性足够支撑对油水体系乳化行为的系统研究。本研究采用DPD研究了不同结构原油组分对乳液形成的影响，以探索原油组分乳化行为的构效关系。

3.5.1 四组分模型

（1）四组分亚组分结构。

采用的四组分结构是对某油田原油样品分离后，通过实验手段分析获取。如图3.14所示。每种组分均有两到三种可能的亚组分结构。其中所有三种沥青质亚组分均与经典的Yen-Mullins模型有所不同。Yen-Mullins模型认为沥青质为一芳稠环结构核心，周围存在若干取代基，属于大陆型（Continent）结构，而三种沥青质亚组分为多个芳稠环结构通过单链连接，芳稠环结构间存在一定旋转自由度，整体上属于大陆型（Continent）和列岛型（Archipelago）的复合结构。

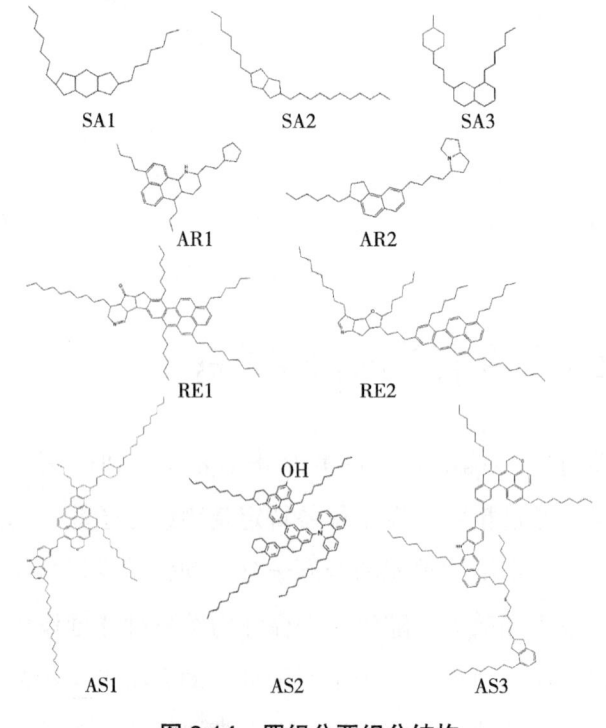

图3.14 四组分亚组分结构

将四组分分别进行粗粒化,得到粗粒化分子模型,如图3.15所示。同时,通过对沥青质AS3进行修改,得到了两种变体,分别标记为AS3-2和AS3-3。不同珠子间的排斥力参数见表3.1。

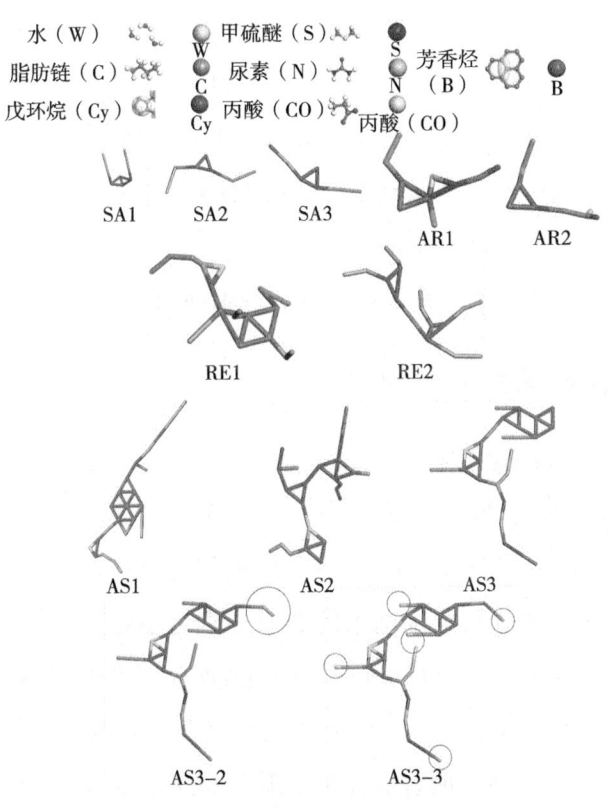

图3.15 四组分亚组分的粗粒化模型

表3.1 不同珠子间的排斥力参数

a_{ij}	W	C	B	N	CO	Cy	S
W	78.00						
C	163.47	78.00					
B	158.40	79.70	78.00				
N	95.94	104.80	97.30	78.00			
CO	78.68	215.64	203.93	112.72	78.00		
Cy	107.39	83.16	79.80	78.00	157.60	78.00	
S	122.00	86.80	81.70	83.56	123.50	79.00	78.00

注:a_{ij}为排斥力参数;W代表水;C代表脂链;B代表芳香烃;N代表尿素;CO代表丙酸;Cy代表戊环烷;S代表甲硫醚。

(2)模型的构建。

根据实验测得的四组分组成比,构建含水率为70%的原油-水模型,各模型中的四组分均选取一种亚组分,总共构建了36个模型,并利用各亚组分编号在下文中用一个四位数代号标记。所有组分最初随机填入周期性盒子,用于构建DPD模型的初始模型。所有模型均模拟了10^6步,并重复3次。在3次模拟中只要有一次呈现为高内相乳液,即认为结果呈阳性。为了探明分子结构特征对高内相乳液形成的影响,采用DFT计算了分子的轨道能级和电荷分布性质,包括最高占据轨道HOMO、最低未占据轨道LUMO和偶极矩,并采用全原子分子动力学计算了各组分的内聚能密度CED。

3.5.2 构效关系分子模拟

(1)四组分-水模型模拟结果。

36个模型中,有29个模型在三次重复模拟中形成了高内相乳液(表3.2)。分别统计各亚组分存在的模型中得到阳性结果的模型数量(表3.3),结果表明,三种饱和分呈阳性结果的数量分别为10、10、9,表明饱和分结构影响不显著;两种芳香分得到阳性结果的数量分别为13和16,有一定差异;沥青质含量虽然最低,但三种沥青质性能存在较为显著的区别,阳性结果数量分别为12、9、8;两种胶质的乳化性能差异最大,分别呈现11个和18个阳性结果。

表3.2 模拟中形成了高内相乳液重复性

1111	1112	1113	1121	1122	1123	1211	1212	1213	1221	1222	1223
+			+	+	+	+	+	+	+	+	+
2111	2112	2113	2121	2122	2123	2211	2212	2213	2221	2222	2223
+	+		+	+	+	+	+		+	+	+
3111	3112	3113	3121	3122	3123	3211	3212	3213	3221	3222	3223
+			+	+	+			+	+	+	

表 3.3　模拟中阳性结果的模型数量

SA1	SA2	SA3	AR1	AR2
10/12	10/12	9/12	13/18	16/18
RE1	RE2	AS1	AS2	AS3
11/18	18/18	12/12	9/12	8/12

通常认为沥青质是对原油乳化影响最大的天然乳化剂，然而本实验中，胶质的影响也非常突出。

（2）改进的沥青质模拟结果。

模拟结果显示，AS3 在沥青质中具有中等的乳化性能，因此以其为基础进行改性，以更好地讨论分子结构特征的影响。两种改进模型中，AS3-2 是为了比较烷基侧链数量的影响，AS3-3 是为了讨论侧链上的杂原子的影响。将 AS3 分别替代为 AS3-2 和 AS3-3 的模拟结果见表 3.4。

表 3.4　AS3-2 和 AS3-3 的模拟结果

AS3-2				AS3-3			
111-32	112-32	121-32	122-32	111-33	112-33	121-33	122-33
+	+	+	+	+	+	+	+
211-32	212-32	221-32	222-32	211-33	212-33	221-33	222-33
+	+	+	+	+	+	+	+
311-32	312-32	321-32	322-32	311-33	312-33	321-33	322-33
+	+	+	+	+	+	+	+
11/12				12/12			

AS3-2 中增加的烷基侧链有效提高了阳性结果（9 次增至 11 次），AS3-3 让所有模型均形成了高内相乳液。值得注意的是，AS3-3 几乎每一次模拟均呈现阳性结果，表明其乳化性能较 AS3-2 又有明显增强。该结果与 Varadaraj 等的研究结果吻合，即杂原子的含量与乳液稳定性明显呈相关趋势。

（3）胶质沥青质的界面分散行为。

通常认为，四组分中沥青质通过 π-π 堆积形成由数个分子形成的纳米颗粒，纳米颗粒被胶质包裹和分散，稳定分布于油水界面。而在目前的研究中，由于含水率高达70%，胶质和沥青质均保持较高的分散度，从而充分占据油水界面。然而RE1和RE2的分散行为有所区别。RE1更多地占据了油水界面，而将沥青质挤到油相体相。RE2更多靠近油相体相，使沥青质更多占据了界面。在模型1113形成的O/W乳状液中，RE1占据了大部分界面，只给AS3留下了少量空间。而在模型111-32和111-33的高内相W/O乳状液中，胶质RE1代替沥青质起到了桥接油滴的作用。而在包含胶质RE2的模型3223、322-32和322-33中，沥青质起到了桥接和连接油相的作用（图3.16）。用径向分布函数RDF表征各组分的聚集度也可以看到，RE2在各模型中的RDF曲线峰强均大于RE1，表明其分布更集中。除AS3-3外，其他沥青质的分布均受RE1影响。而AS3-3由于杂原子含量高，极性更大，因此与RE1在界面的竞争吸附能力更强（图3.17）。

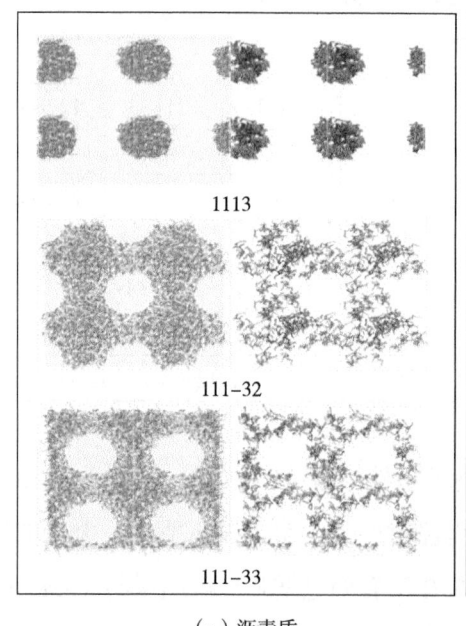

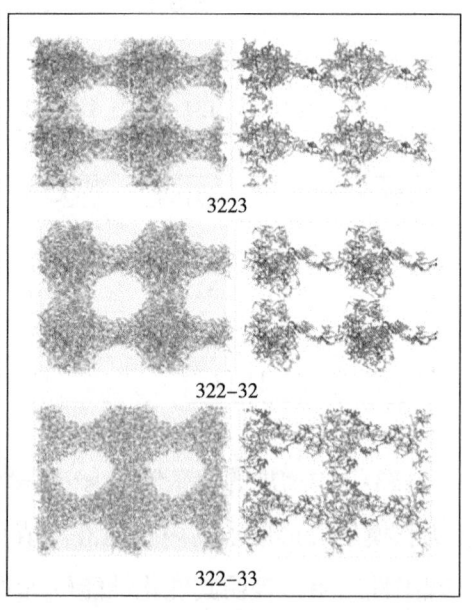

(a) 沥青质   (b) 胶质

图3.16 沥青质、胶质亚组分形成高内相乳化模拟视图

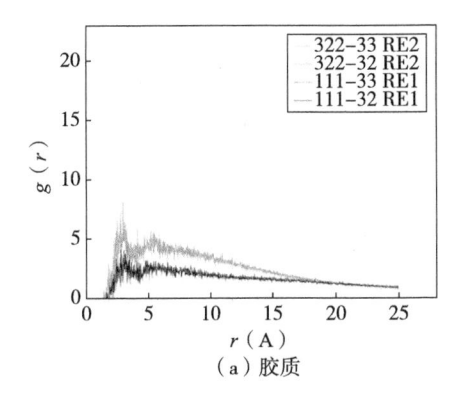

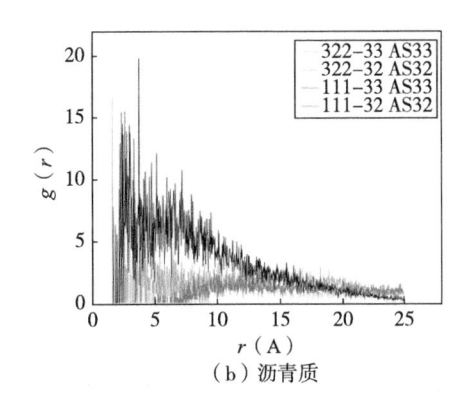

3 W/O乳状液的形成和稳定机制

图3.17 沥青质、胶质亚组分在油水界面的径向分布函数

（4）分子性质与高内相乳液形成的关联。

对于乳液稳定性和界面行为的研究持续了几十年，人们采用了各种实验手段和模拟技术。目前总结出一些规律，如亲水亲油平衡（Hydrophilic-lipophilic balance，HLB）和亲水亲油差值（Hydrophilic-lipophilic derivation，HLD）理论。HLB理论主要指出了表面活性剂的亲水基团与亲油基团的亲水性与乳化行为的关系。HLD理论描述了油水表面活性剂体系的最佳配方，认为当表面活性剂对油和水的亲合力互相平衡，即HLD=0时，油水界面张力最低，为最佳配方。然而，在本研究中，这两种理论均不足以解释四组分的乳化行为。根据Griffin提出的HLB计算方法，本研究中所用的沥青质HLB值为1.25～1.49（除AS3-3，HLB=5），其变化不足以解释沥青质的界面活性和乳化性能。而根据Davies提出的基团贡献法面临参数缺失的问题（如芳香环和芳稠环结构的参数）。另外，这两种方法均忽视了分子中基团的排序。尤其对于沥青质这种大分子，可以认为空间位阻效应比线性小分子乳化剂更显著。因此，虽然这两种方法在乳液相关研究中被广泛应用，在本研究中，仍显示出其局限性。需要寻找其他性质用于探索规律。

各组分的HOMO、LUMO能级和能级差如图3.18所示。从图中可以看到，无论是能级或能级差，均不能与乳化性能建立关联。尤其是沥青质，无论是HOMO、LUMO轨道能级还是两者的能级差均非常接近。AS2能级差稍大，但对比AS1和AS3，不能认为能级差和乳化性能有关。但同时可以发现，沥青质的能级差比其他组分更小（除 AS2 外，均小于 0.5 eV），预示沥青质可能通过分子间电子传递形成化学键。但由于沥青质的 HOMO、LUMO 轨道仍分布于芳稠环结构上（图 3.18），预示侧链造成的空间位阻将阻碍沥青质间形成化学键。

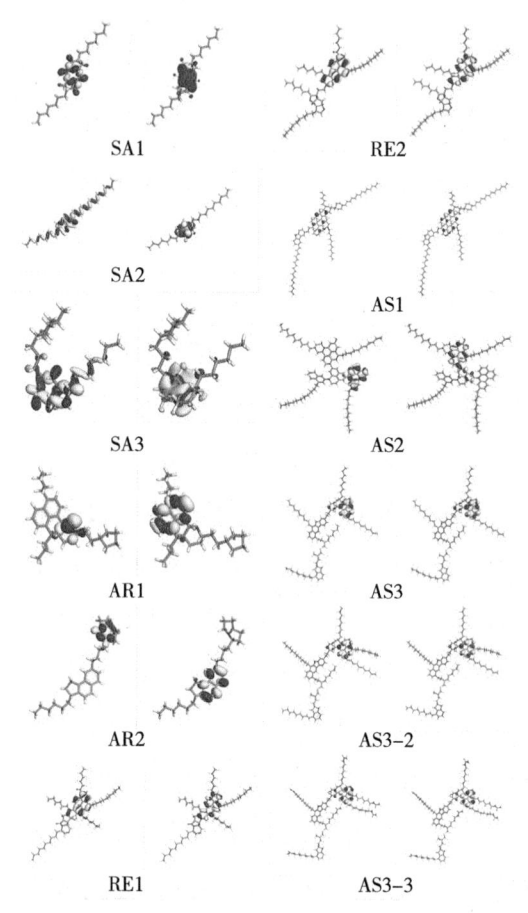

图 3.18　原油四组分及其亚组分的 HOMO、LUMO 轨道分布

考察内聚能密度 CED 可以发现各组分 CED 差距较大，SA1CED 仅为 262 J/cm³，而 AS3-3CED 高达 387 J/cm³。但依然不能找到该参数和乳化性能的关系。RE1 和 RE2 内聚能密度非常接近，与沥青质 AS3 相似。各种取值不能说明存在关联。计算各组分的偶极矩发现，对沥青质而言，极性同样不能与乳化性能关联。乳化性能最强的 AS3-3 偶极矩（10.8 Debye）显著大于其他组分，这是由于其分子中杂原子含量最高；AS2 偶极矩较小，但仍显著大于其他组分（6.0 Debye），但其模拟中呈阳性结果的数量在所有 5 个沥青质中排名倒数第二；而 AS3 和 AS3-2 偶极矩非常接近，但两者在模拟中呈现阳性结果的数量差别较大。AS1 的偶极矩小于其他沥青质，但其乳化性能较强。这表明不能以偶极矩/极性作为乳化性能判定依据。RE1 偶极矩为 3.5 Debye，与沥青质 AS3 和 AS3-2 接近，显著大于 RE2（1.8 Debye），但其乳化性能显著低于 RE2。这表明极性的对比仅限于结构相似的分子，需要引入更多结构特性参数。分子尺寸可能是其中一个主要因素。RE1 分子尺寸显著小于沥青质，桥接油滴的能力和概率弱于沥青质。因此其极性越大、占据界面的能力越强，越容易溶解和分散沥青质，将沥青质推离界面，对乳液的稳定性越呈现削弱作用。

4 原油活性组分与 W/O 乳状液的稳定性

稠油水驱过程不额外添加乳化剂，而原油中的主要天然乳化剂（沥青质、胶质和酸性组分）HLB 值均较低，所以油水在地层中倾向于形成 W/O 乳状液。与 O/W 乳状液不同，W/O 乳状液提高采收率机理主要为流度控制和非均质调控，调控强度主要受乳状液黏度和分散相粒径大小等的影响。除了原油自身含有的活性组分外，W/O 乳状液的性质还受诸多外因影响。对于特定的油藏来说，地层中乳状液的形成和性质主要受剪切强度、剪切时间、地层水性质和含水等的影响。

本章在原油活性组分稳定乳状液的基础上，在不同条件下配制乳状液，分别对乳状液的稳定性、类型、粒径分布、黏度和流变性进行了测定和分析，系统研究了不同因素对乳状液性质的影响规律。

4.1 实验方法

4.1.1 材料和仪器

实验材料：J 油藏稠油（平均温度 55℃）、地层水；渤海油田 B 油藏原油（平均温度 65℃）、地层水；氢氧化钠、盐酸，均为分析纯；蒸馏水等。

实验仪器：徕卡 DM2700M 显微镜、Brookfield DV-III+Pro 黏度计、MCR302 安东帕流变仪、JJ-1B 型电动搅拌机、pH 值计、恒温水浴锅、恒温烘箱、玻璃仪器若干。

4.1.2 乳状液的配制

(1) 剪切速率 (搅拌速率)。

在储层的多孔介质中,油水流动速度 (m/d) 对应剪切速率的关系的计算公式为

$$\gamma = \frac{3n+1}{4n} \frac{12v}{\sqrt{150K\phi}} \quad (4.1)$$

式中　n——幂律指数;

　　　γ——剪切速率;

　　　v——油水流动速度;

　　　K——渗透率;

　　　ϕ——孔隙度。

由式 (4.1) 可知,在孔渗透率、孔隙度一定条件下,流体在多孔介质中的剪切速率与流动速率成正比。由式 (4.1) 的流体在多孔介质中的剪切速率折算到室内的乳化实验,因为油水受到的剪切速率与乳化器的选择密切相关,乳化器的剪切速率与转速 (r/min) 的关系为

$$\gamma = \frac{\pi n d}{60 \Delta d} \quad (4.2)$$

式中　n——转速,r/min;

　　　d——转子直径,mm;

　　　Δd——转子与量筒间的距离,mm。

由公式 (4.2) 可知,乳化器产生的剪切速率与转速、转子直径成正比,与转子与量筒间的距离成反比,因此针对不同的乳化器 (搅拌器) 和量筒 (烧杯),应该以剪切速率为最重要参数来设定乳化器的转速。本项目所选用的搅拌器和量筒的参数如图 4.1 所示。

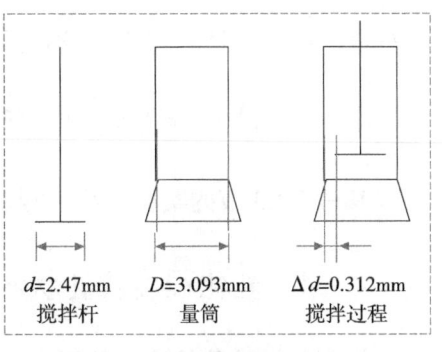

d=2.47mm 搅拌杆　　D=3.093mm 量筒　　Δd=0.312mm 搅拌过程

图 4.1　乳化器和量筒及其参数

将图 4.1 所选的参数代入公式（4.2），即得到孔渗透率、孔隙度条件下流体在多孔介质中等效剪切速率对应的乳化参数，搅拌转速 100～3000r/min，对应流体平均速率 1～20m/d。

油相和水相采用 J 油藏稠油、地层水，B 油藏原油、地层水。将 50mL 的油水混合液分别预热至油藏温度条件（J 油藏 55℃、B 油藏 65℃），然后将油水混合液置于 55℃水浴锅中，用电动搅拌机分别在 100r/min、300r/min、500r/min、700r/min、1000r/min、2000r/min 下搅拌 60min，配制成乳状液。

（2）搅拌时间。

参照（1）的方法，固定搅拌速率 1000r/min，改变搅拌时间（1min、5min、10min、30min、60min、120min）配制乳状液。

（3）不同矿化度。

参照（1）的方法，固定搅拌速率 1000r/min 和搅拌时间 60min（该条件下制备的乳状液与油藏实际产出乳状液性质相近），用蒸馏水将地层水分别稀释成不同矿化度的水（2000mg/L、4000mg/L、6000mg/L、8000mg/L、12000mg/L），然后分别与原油混合搅拌，配制成乳状液。

（4）不同 pH 值。

参照（1）的方法，固定搅拌速率 1000r/min 和搅拌时间 60min，用质量浓度 5% 的 NaOH 或者 HCl 溶液将地层水 pH 值调整至 5～11 范围内不同的值，然后分别与稠油 J 混合搅拌，配制成乳状液。

（5）不同含水。

参照（1）的方法，固定搅拌速率 1000r/min 和搅拌时间 60min，在不同的含水下（10%、20%、30%、40%、50%、60%、70%、80%、90%）配制乳状液。

4.1.3　油水界面张力测定

参考 3.1.3 节的实验方法，测定不同矿化度和 pH 值下的油水界面张力。

4.1.4　乳化程度及乳状液稳定性评价

将配制好的乳状液转移至密封带刻度玻璃瓶中，放置模拟油藏温度的恒温烘箱中进行观察，记录初始剩余的游离水体积以及乳状液在不同时间点析出的水量，计算乳化程度和不同时间点的析水率。乳化程度指连续相中增溶的分散相体积占初始分散相体积的百分数。

4.1.5 乳状液液滴尺寸与分布测定

取少量搅拌好的乳状液置于载玻片上，刮成透光薄层，放置于显微镜下，分别放大 200～1000 倍进行微观形貌观察。采用 Image J 对乳状液的微观形貌粒径分布进行统计，并计算其分散相粒径和不均匀性。分散相粒径是由乳状液聚并和破裂的动态平衡所决定的，因而不同的乳状液有不同的粒径大小，采用常用的 Sauter 直径 d_{32} 对乳状液进行评价，相关计算方法如下：

$$d_{32}= \sum_{i=0}^{n}d_i^3 / \sum_{i=0}^{n}d_i^2 \tag{4.3}$$

式中　N——乳状液液滴个数；

d_i——第 i 个液滴的直径，μm。

乳化过程中，液滴尺寸分布是两个相反的过程（液滴破裂和液滴聚并）之间竞争的结果，而液滴的大小分布是影响液滴聚并速度的一个复杂因素。从热力学角度分析，分散相液滴越小，油水两相的界面面积越小，乳状液体系的界面能越小，乳状液滴越趋向于相互分散，乳状液更稳定。而从动力学角度分析，平均粒径在相同条件下，乳状液液滴粒径分布均匀的乳状液比液滴粒径分布不均匀的乳状液稳定得多。因此根据乳状液的粒径分布曲线可以衡量乳状液稳定性的强弱，若曲线峰高且宽，并向大直径方向移动，则表明乳状液不稳定；反之，若曲线集中在小直径处，则表明乳状液稳定性较强。

4.1.6 乳状液黏度及流变性测定

（1）黏度测定。

取适量乳状液用 MCR302 安东帕流变仪在剪切速率 0.1～1000s^{-1} 范围内测定其黏度和剪切应力，测试温度为模拟油藏稳定。同时对剪切应力 – 剪切速率的曲线使用幂律模型回归，获得流变参数。

(2)黏弹性测定。

将周期性的正弦应力施加于乳状液,可获得乳状液的弹性和黏性响应,其黏弹性行为可以用复数模量来描述:

$$G^*=G'+\mathrm{i}G'' \tag{4.4}$$

式中 G^*——复数模量,Pa;
   G'——储能模量,Pa;
   G''——损耗模量,Pa。

储能模量代表体系弹性的贡献,表示在形变过程中由于可逆的弹性形变而存储的能量大小,反映乳状液弹性的大小,因此也被称为弹性模量;损耗模量代表体系黏性的贡献,表示在形变过程中由于不可逆的黏性形变而损耗的能量大小,反映乳状液黏性的大小,也称为黏性模量。复数黏度(动态黏度)和复数模量之间存在式(4.4)的关系,两者本质上无区别,均可表征流体的黏弹性。

$$G^*=\mathrm{i}w\eta^* \tag{4.5}$$

式(4.5)中 w 为角频率。由于流体同时具有黏性和弹性,其应变速率超前或应变滞后一定相位角 δ,相位角的正切值反映了流体黏性和弹性的比例,可以写成式(4.6),其值越小,表示流体弹性所占比例越大。

$$\tan\delta=\frac{G''}{G'} \tag{4.6}$$

同样采用 MCR302 安东帕流变仪在 55℃下测定乳状液黏弹模量,首先测定乳状液的线性黏弹区,应变范围 0.1%~1000%,频率 1Hz;同时在线性黏弹区内(这里采用 0.1%)测定模量随频率的变化,频率范围 0.1~40Hz。

4.2 乳状液流变理论模型

4.2.1 表观黏度模型

当分散相和连续相性质、乳化剂性质和浓度一定时,乳状液黏度与温度、剪切速率和分散相体积分数有关。基于此,A. A. Elgibaly 等提出如下乳

状液黏度模型[159]:

$$\eta = a\gamma^b e^{(c\varphi + d/T)} \tag{4.7}$$

式中　η——乳状液黏度，mPa·s；

　　　γ——剪切速率，s^{-1}；

　　　φ——分散相体积分数；

　　　T——温度，K；

　　　a，b，c，d——相关常数。

该黏度模型主要适用于内相体积分数在20%～80%之间的乳状液体系[160]。温度和内相体积分数恒定时，式（4.7）可改写为：

$$\eta = a_1 \gamma^b \tag{4.8}$$

式中　a_1——常数。

本文采用 A. A. Elgibaly 模型对乳状液黏度－剪切速率关系进行拟合。

4.2.2　剪切模量模型

应用最广的剪切模量模型是 Princen 和 Kiss 提出的半经验模型[175]：

$$G' = a\left(\frac{\sigma}{R_{32}}\right)\varphi^{1/3}(\varphi - b) \tag{4.9}$$

式中　σ——界面张力，mN/m；

　　　R_{32}——分散相液滴的 Sauter 平均半径，μm；

　　　a，b——常数。

从式（4.9）可知：乳状液的剪切模量与分散相体积分数和界面张力成正比，与液滴粒径成反比。然而，Princen-Kiss 模型并没有体现出界面扩张流变性对乳状液黏弹性的影响。但事实上，乳状液的黏弹性不仅仅取决于界面张力这一个界面性质，它同时受界面扩张模量的影响。考虑到界面流变性的影响，Pal 等提出另一种模型来描述乳状液的复数模量[176-177]：

$$G^* = G_c^* \left[\frac{1 + 3\psi\varphi H^*}{1 - 2\psi\varphi H^*}\right] \tag{4.10}$$

这里，G_c^* 为连续相的复数模量，单位为 Pa，$\psi\varphi$ 表示乳状液体系的有效内相体积分数，需要满足如下边界条件：当 $\varphi=\varphi_m$ 时，$\psi\varphi \to 1.0$；当 $\varphi=0$ 时，$\psi\varphi \to 0$；当 $\varphi=0$，$d(\psi\varphi)/d\varphi=1$；$\varphi_m$ 为乳状液分散相最大充填体积分数，对于球形刚性颗粒的随机密堆积来说，φ_m 约为 0.64。其中 H^* 的计算式为：

$$H^* = \frac{E^*}{2D^*} \tag{4.11}$$

其中

$$E^* = 2(G_d^* - G_C^*)(19G_d^* + 16G_C^*) + 48\sigma K_s^*/R^2 + \left[\frac{32G_d^*(\sigma + K_s^*)}{R^2}\right] + \tag{4.12}$$
$$\left[\left(\frac{8\sigma}{R}\right)(5G_d^* + 2G_C^*)\right] + \left[\left(\frac{2K_s^*}{R}\right)(23G_d^* - 16G_C^*)\right] + \left[\left(\frac{4G_s^*}{R}\right)(13G_d^* + 8G_C^*)\right]$$

$$D^* = (2G_d^* + 3G_C^*)(19G_d^* + 16G_C^*) + 48\sigma K_s^*/R^2 + \left[\frac{32G_d^*(\sigma + K_s^*)}{R^2}\right] + \tag{4.13}$$
$$\left[\left(\frac{40\sigma}{R}\right)(G_d^* + G_C^*)\right] + \left[\left(\frac{2K_s^*}{R}\right)(23G_d^* + 32G_C^*)\right] + \left[\left(\frac{4G_s^*}{R}\right)(13G_d^* + 12G_C^*)\right]$$

其中，G_d^* 为分散相的复数模量，G_s^* 为界面剪切模量，K_s^* 为界面扩张模量，单位均为 Pa。通过分析可知，界面扩张模量越大，界面膜越稳定，保持或恢复球形的倾向越明显，表现为乳状液体系的黏弹性越强。

4.3 搅拌速率对乳状液性质的影响

4.3.1 乳化程度及乳状液稳定性

在地层条件下，由于注入速度、孔隙度和渗透率等的变化，油水受到不同强度的剪切作用。搅拌时间固定为 60min，含水固定为 35%，改变搅拌速率研究剪切强度对稠油乳化的影响。搅拌速率为 100r/min 时油水不能完全乳化，油相只能增溶分散 63% 的水相，其余水相作为自由水剩下，实际乳状液内相体积分数为 25%（表 4.1）。当搅拌速度大于等于 300r/min 后，所有水相完全被分散在油相中，油水乳化程度达到 100%，内相体积分数与乳化前的含水一致，即35%。

表4.1 不同搅拌速率下油水乳化程度

搅拌速率（r/min）	乳化程度（%）	乳状液内相体积分数（%）
100	63	25
300	100	35
500	100	35
700	100	35
1000	100	35

由图4.2可知，随着搅拌速率的增加，剪切强度增大，乳状液析水率降低，稳定性增强。分析主要原因是：分散相的破碎程度随搅拌速率增加而增大，形成的液滴尺寸更小，液滴更不易聚并析出。实验获取的乳状液显微图片可以证实这一点。

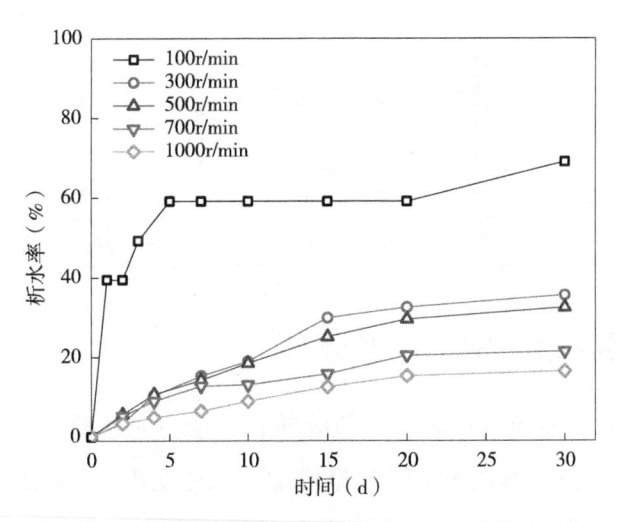

图4.2 不同搅拌速率下乳状液析水率随时间的变化

对B油藏原油在不同剪切速率下乳化，含水50%对应剪切速率见表4.2。将乳状液放置在50℃条件下密封，静置96h，记录不同时间下乳状液体积的变化，数据见表4.2，根据所记录的数据可知，乳状液在油藏条件下保持良好的稳定性。

表 4.2 乳状液体积随时间的变化

编号及含水	剪切速率（r/min）	含量（mL）	0h	12h	24h	48h	72h	96h	120h	144h
1#（50%）	500	析水	0	0	0	0.5	1	1	1	1
		析油	0	0.5	1	1	1.5	1.5	1.5	1.5
		乳液	23	22.5	22	21.5	20.5	20.5	20.5	20.5
2#（50%）	3000	析水	0	0	0	0	0	0.5	0.5	0.5
		析油	0	0.2	0.5	0.5	1	1.5	2	2
		乳液	22	21.8	21.5	21.5	21	20	19.5	19.5
3#（60%）	500	析水	0	0	0.5	1	1.5	2	2	/
		析油	0	0.2	0.5	0.5	0.5	0.5	0.5	/
		乳液	21.5	21.3	20.8	20	19.5	19	19	/
4#（65%）	500	析水	0	0.5	1	1	1.5	1.5	1.5	1.5
		析油	0	0	0	0.5	0.5	1	1	1
		乳液	23	22.5	22	21.5	21	20.5	20.5	20.5
5#（65%）	3000	析水	15	15	15	15	15	15	15	15
		析油	0	0.5	1	1	1.2	1.5	2	2
		乳液	9	8.5	8	8	7.8	7.5	7	7
6#（70%）	500	析水	0	0	0	0	0	0	0	
		析油	0	0	0	0.2	0.2	0.5	0.5	
		乳液	26.5	26.5	26.5	26.3	26.3	26	26	

4.3.2 乳状液粒径大小及分布

J油藏原油在不同搅拌速率下形成的乳状液均为W/O型（图4.3），并且随着搅拌速率增加，形成的液滴数量增加，尺寸变小。从粒径分布曲线（图4.4）可以看出，乳状液的粒径主要集中在0.5~6μm，搅拌速率增加导致粒径分布曲线峰变窄变高，乳状液粒径分布更集中，均匀性更好。搅拌速率从100r/min增加至1000r/min，乳状液平均粒径从4.05μm减小至2.18μm。这是因为搅拌速率越高，外界对乳状液体系做功越多，水相分散成更小液滴的概率越大。此外，分散相液滴大小往往影响乳状液的黏度和稳定性。一般认为，内相体积分数一定时，液滴尺寸越小，粒径分布越窄，乳状液稳定性越强[178]。根据Stokes公式，分散相液滴尺寸较小的乳状液沉降和聚结速率较低，有利于乳状液的稳定性。不同搅拌速率下乳状液的稳定性结果就很好的证明了这一点。

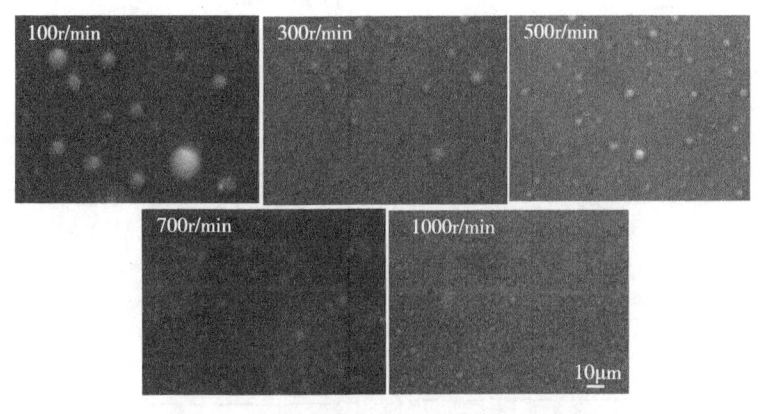

图4.3 不同搅拌速率下乳状液显微图片

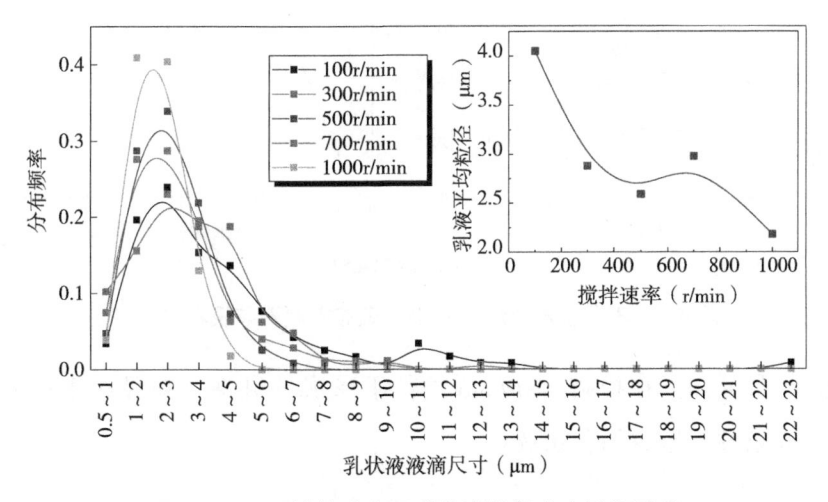

图4.4 不同搅拌速率下乳状液粒径分布及平均值

B油藏原油，不同含水原油-采出水乳液微观形貌及粒径分布如图4.5所示：含水率为50%的实验组分别在转速3000r/min和500r/min下的微观形貌及粒径如图4.5（a）所示；图4.5（b）中的图为相同剪切方式下，含水率为65%的实验组分别在转速3000r/min和500r/min下的微观形貌及粒径图。

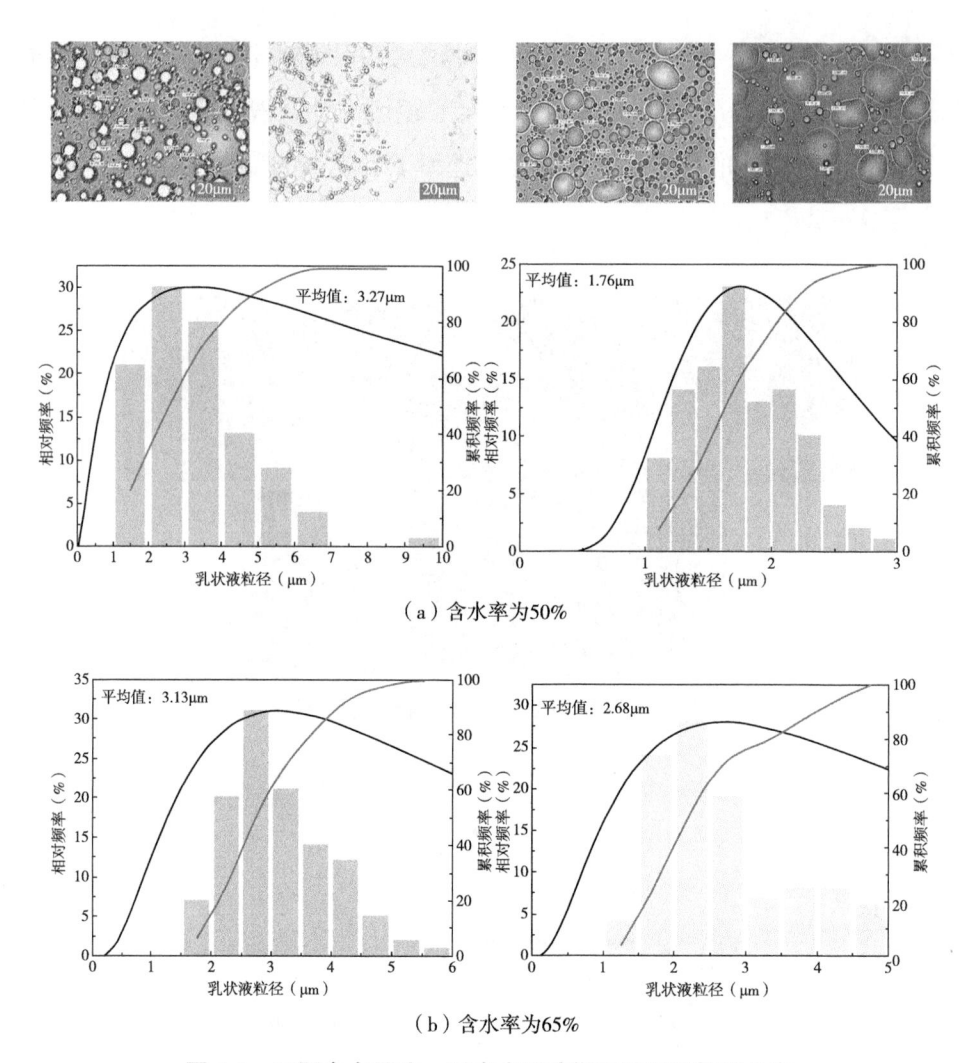

图 4.5　不同含水原油 – 采出水乳液微观形貌及粒径分布

由上图可知：在搅拌 500r/min 条件下形成的乳液，粒径小于在乳化器 3000r/min 条件下形成的乳状液。

4.3.3　乳状液黏度及流变性

（1）乳状液黏度。

剪切强度在影响乳状液粒径大小及分布的同时，也会影响乳状液的黏度和流变性。实验搅拌速率范围内的乳状液黏度表现出明显差异，在 1000mPa·s 至 4000mPa·s 之间变化。随着搅拌速率的增加，乳状液黏度先增加后降低，在500r/min时有最大值。在搅拌速率较低时，乳状液黏度主要受两个因素影响。一方面，搅拌速率增加会使油相增溶更多的水相，内相体积增大导致乳状液黏度增加；另一方面，搅拌速率增加至可以完全增溶水相时，进一步增大搅拌速率会使乳状液液滴尺寸变小，液滴数量增加，液滴间的相互作用加强，乳状液黏度增加。当搅拌速率过大时，高速剪切增大相界面，但由于原油中含有的活性组分数量一定，这时单位界面积上活性组分分子的密度减小，液滴间的相互作用减弱，乳状液黏度下降。

采用A. A. Elgibaly模型对乳状液黏度－剪切速率关系进行拟合，由拟合结果可知不同搅拌速率下形成的乳状液的黏度与剪切速率均满足指数关系（图4.6）。

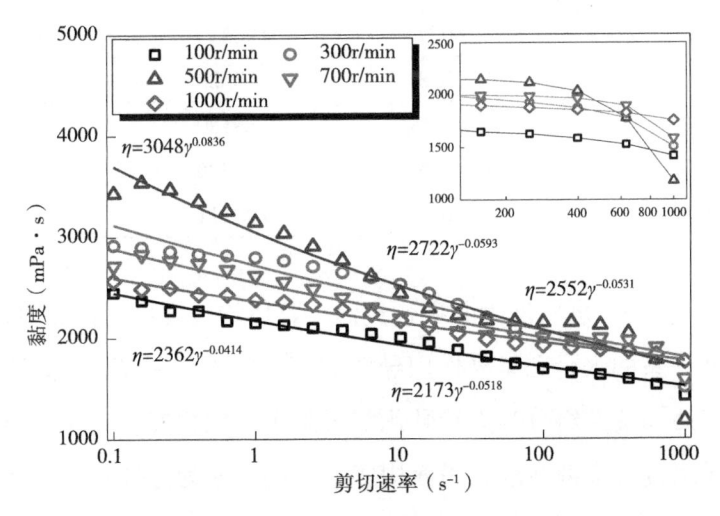

图4.6　不同搅拌速率下乳状液黏度－剪切速率关系曲线

（2）乳状液非牛顿流体特性。

为了进一步量化乳状液的流变特征，采用幂律模型，对剪切应力－剪切速率曲线进行拟合（图4.7），得到流变特征参数见表4.3。随着搅拌速率增加，乳状液稠度系数K先增加后降低，与黏度变化趋势一致。相反，幂律指数n随搅拌速率的增加，先降低后增加，在500r/min时有最小值0.69180。也就是说，随搅拌速率增加，乳状液的假塑性先增强后减弱。

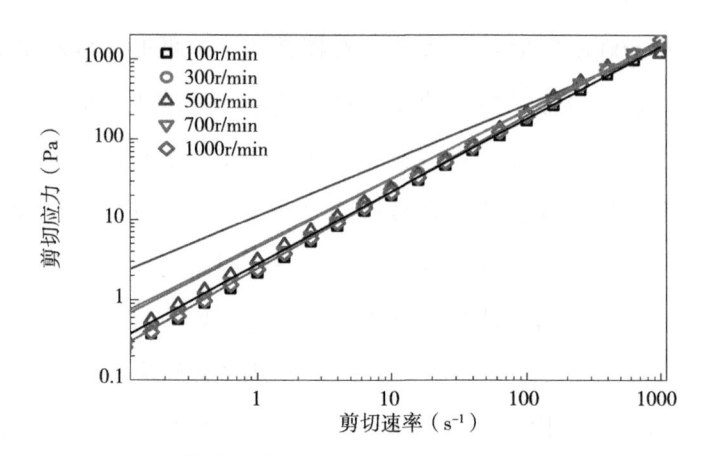

图 4.7 不同搅拌速率下乳状液剪切应力 – 剪切速率关系曲线

表 4.3 不同搅拌速率下乳状液的流变特征参数

搅拌速率（r/min）	K	n	R^2
100	2.78077	0.90410	0.99961
300	4.81333	0.83628	0.99721
500	11.14296	0.69180	0.97050
700	4.54505	0.85306	0.99564
1000	2.47602	0.95111	0.99993

相比于稠油 J，乳状液为非牛顿流体，整体均表现出增强的剪切稀释性，这是乳状液体系的水合和絮凝作用导致的[163, 179-180]。一方面，原油中存在的胶质、沥青质和酸性组分等天然乳化剂吸附于分散相液滴表面，会吸引大量的油相分子靠拢，束缚在液滴表面构成水化层，成为分散相的一部分，造成乳状液体系的有效分散相体积增大。有效分散相体积分数和实际分散相体积分数之间存在式（4.14）的关系。该式表明，当水化层厚度和分散相体积分数一定时，液滴尺寸越小，有效分散相体积分数越大。

$$\varphi_{\text{eff}}=\varphi\left(1+\frac{\delta}{R}\right)^3 \quad (4.14)$$

式中　δ——水化层厚度，μm；

　　　R——液滴半径，μm；

　　　φ_{eff}——有效分散相体积分数。

4 原油活性组分与W/O乳状液的稳定性

另一方面,由于范德华力作用,分散相液滴会聚集絮凝,从而形成团簇结构,絮凝体中包裹夹带连续相,水相有效体积增加。这里的有效分散相体积分数和实际分散相体积分数间存在式（4.15）的关系。

$$\varphi_{\text{eff}} = \varphi \left(\frac{\delta_A}{R_A} \right)^{3-f_r} \tag{4.15}$$

式中 f_r——分形维数；

R_A——絮凝体半径，μm。

在低剪切速率下，布朗力主导团簇的结构，f_r 通常在 1.7~2.1 之间；高剪切速率下，水动力主导团簇的空间结构，团簇更加紧凑，f_r 一般在 2~2.7 之间[181]。

当乳状液受到剪切作用时，水合作用和絮凝作用被破坏，逐渐释放出吸附和夹带的油相，水相有效体积减小，乳状液表观黏度下降，如图 4.8 所示。因此，当分散相体积分数一定时，黏度大的乳状液体系往往具有强水合作用和强絮凝作用，受剪切作用的影响大，表现出更强的剪切稀释性。这也是乳状液黏度和幂律指数变化趋势相反的主要原因。黏度最高的乳状液（500r/min）在高剪切速率下黏度下降最显著也证实了这一点。

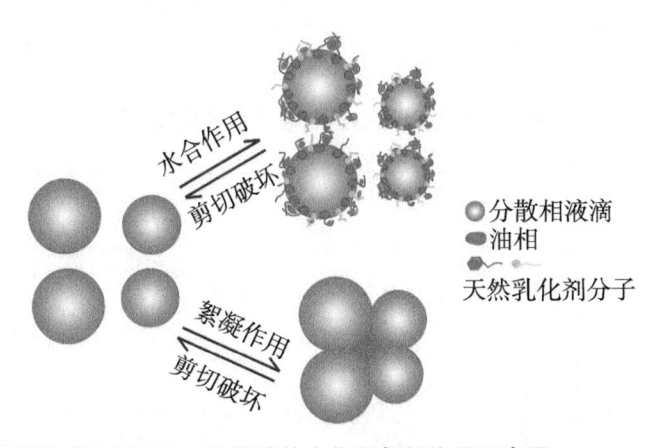

图 4.8 乳状液的水化和絮凝作用示意图

（3）乳状液黏弹性。

储能模量代表体系弹性的贡献，表示在形变过程中由于可逆的弹性形变而存储的能量大小，反映乳状液弹性的大小，因此也被称为弹性模量；损耗模量代表体系黏性的贡献，表示在形变过程中由于不可逆的黏性形变而损耗的能量大小，反映乳状液黏性的大小，也称为黏性模量。

通过应变扫描，对 B 原油油水自乳化的乳状液（固定剪切速率 500r/min）的黏弹性进行测试。测试结果如图 4.9 和图 4.10 所示。在应变 1% 时对乳状液体系进行频率扫描，在整个频率范围内（0.1～40Hz），黏性模量和弹性模量均随频率的增加而增加，弹性模量增加幅度更大。这是因为乳状液体系中液膜的变形伴随着液滴的流动，不同频率下两者共同作用引起的能量耗散不同，从而导致模量的变化。

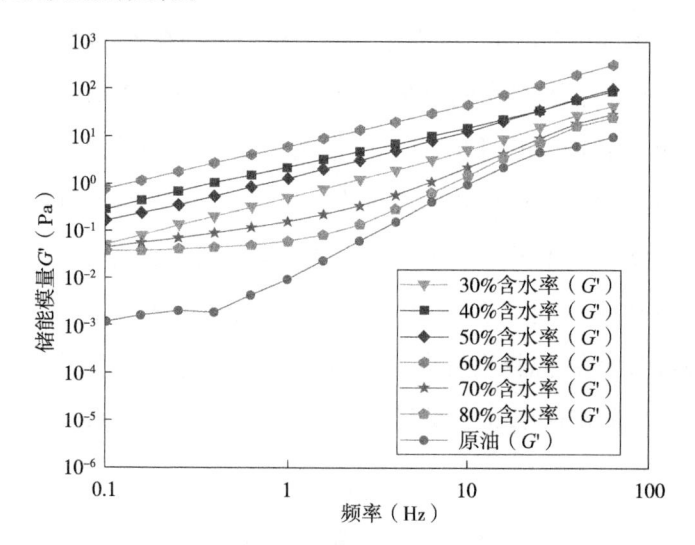

图 4.9 不同含水率原油自乳状液的弹性模量 – 频率曲线

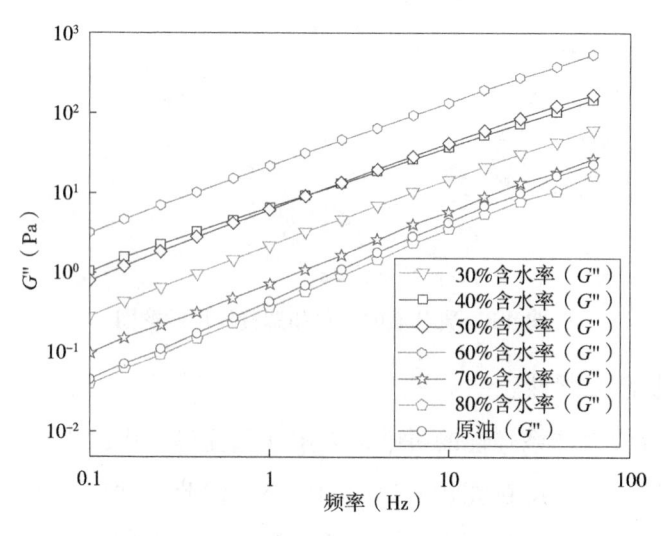

图 4.10 不同含水率原油自乳状液的耗能模量 – 频率曲线

4 原油活性组分与W/O乳状液的稳定性

同时,随着频率的增加,不同乳状液体系的相位角正切值均呈下降趋势,乳状液在高频下弹性行为增强。这是因为在高频率振荡下,乳状液受到外部剪切作用发生变形和取向变化,液滴间相互作用增强,宏观上表现出更明显的弹性行为。比较图4.9和图4.10可知,在整个频率范围内,黏性模量始终高于弹性模量,高出1~2个数量级,原油自乳状液体系主要表现为黏性。

不同搅拌速率下J原油与地层水自乳化形成乳状液的动态模量实验结果如图4.11和图4.12所示。通过应变扫描可知,乳状液的黏性模量基本不随应变的增加而改变,而弹性模量在高应变下出现明显的下降。不同搅拌速率下

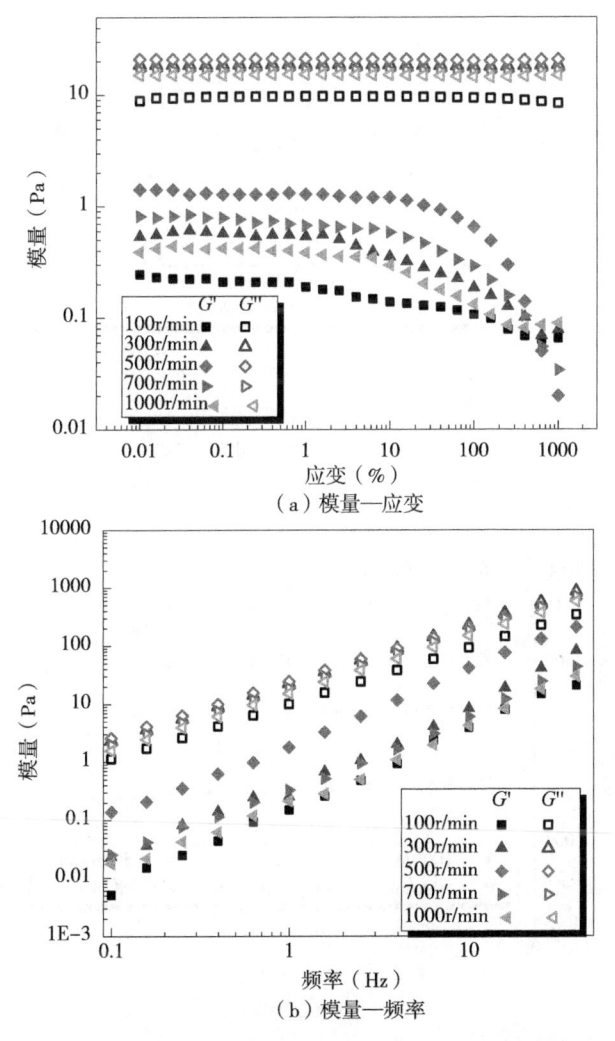

(a) 模量—应变

(b) 模量—频率

图4.11 不同搅拌速率下乳状液模量–振幅关系和模量–频率关系

形成的乳状液的线性黏弹区不同，500r/min 对应的线性黏弹区范围最大，为 0～16%，表示其结构最稳定。在应变 0.1% 时对乳状液体系进行频率扫描，在整个频率范围内（0.1～40Hz），黏性模量和弹性模量均随频率的增加而增加，弹性模量增加幅度更大。Otsubo 和 Prudhomme 指出[182]，这是因为乳状液体系中液膜的变形伴随着液滴的流动，不同频率下两者共同作用引起的能量耗散不同，从而导致模量的变化。

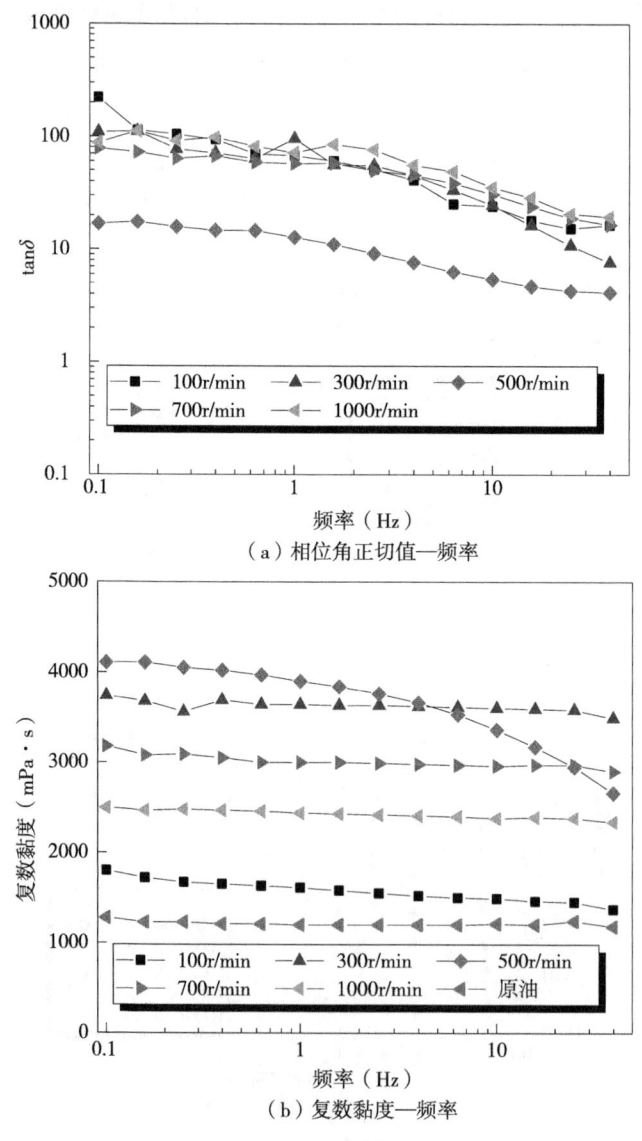

图 4.12 不同搅拌速率下乳状液相位角正切值 – 频率关系和复数黏度 – 频率关系

整个频率范围内，黏性模量始终高于弹性模量，高出 1～2 个数量级，乳状液体系主要表现为黏性。500r/min 下形成的乳状液相位角正切值最低，表明其弹性占比最大，其他条件下的差异不大。同时，随着频率的增加，不同乳状液体系的相位角正切值均呈下降趋势，乳状液在高频下弹性行为增强。这是因为在高频率振荡下，乳状液受到外部剪切作用发生变形和取向变化，液滴间相互作用增强，宏观上表现出更明显的弹性行为。搅拌速率对乳状液体系复数黏度的影响规律与表观黏度一致，500r/min 时形成的乳状液体系黏弹性最强。而在高频下，该乳状液复数黏度出现了明显下降趋势，这主要是因为该乳状液体系中团簇结构最多，而高频下解絮凝行为在絮凝-解絮凝中占据主导作用。

4.4 搅拌时间对乳状液性质的影响

油、水在多孔介质运移的过程中由于运移距离的长短不同，受到的剪切时间不同。运移距离越长，受到的剪切作用越久。如果油、水在较短的时间内，即注水初期就可形成稳定的乳状液段塞，将有效抑制水驱过程的指进窜流现象，有利于稠油水驱的高效开发。因此研究剪切时间对乳状液形成和性质的影响具有重要意义。

4.4.1 乳化程度及乳状液稳定性

由表 4.4 和图 4.13 可知，搅拌时间为 1min 时，油水乳化程度即可达 94%，实际乳状液内相体积分数为 34%，但形成的乳状液稳定性较差；超过 5min 后，油水即可完全乳化，且形成的乳状液稳定性较强。在实验时间范围内，剪切时间的延长可增加乳状液的稳定性。造成这一现象主要有两方面的原因：一是搅拌时间延长促使液滴在油相中分散得更好，液滴之间不易碰撞聚并；二是原油中的活性组分在油水界面吸附并形成致密的薄膜需要一定时间，宏观就表现为乳状液随剪切时间的延长而变得逐渐稳定。

表 4.4　不同搅拌时间下油水乳化程度

搅拌时间（min）	乳化程度（%）	乳状液内相体积分数（%）
1	94	34
5	100	35
10	100	35
30	100	35
60	100	35

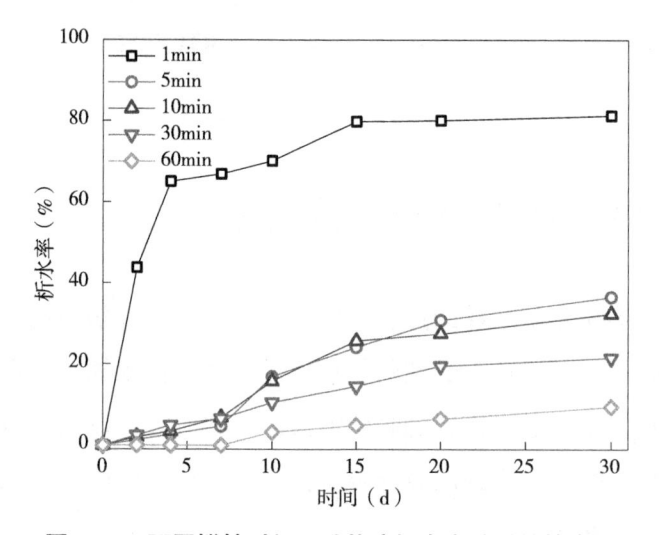

图 4.13　不同搅拌时间下乳状液析水率随时间的变化

4.4.2　乳状液粒径大小及分布

J油藏原油在含水为35%时，乳状液类型不受搅拌时间的影响，均为W/O型（图4.14）。从乳状液微观图可以看出，搅拌时间的延长导致乳状液液滴尺寸减小。从图4.15可以明显看出，随着剪切时间增加，乳状液的粒径分布范围越窄，平均粒径减小。剪切时间从1min增加至60min，液滴主要尺寸分布范围从0.5~10μm缩小为0.5~5μm，平均粒径从5.55μm减小至2.18μm。同样地，在不同剪切时间下，分散相液滴尺寸的变化也与乳状液稳定性变化相符。

4 原油活性组分与W/O乳状液的稳定性

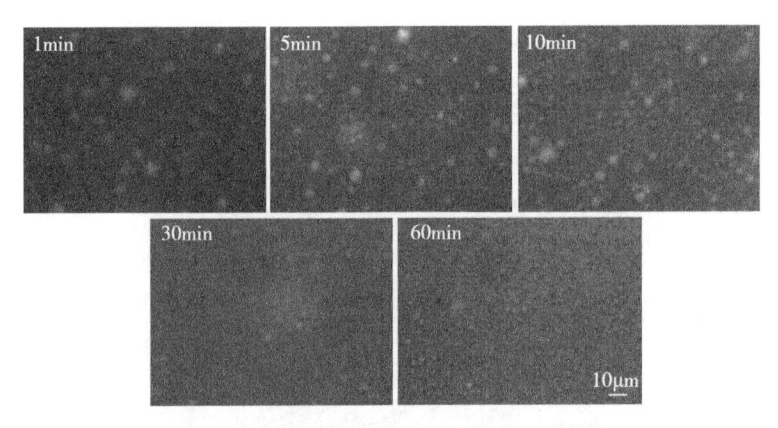

图 4.14　不同搅拌时间下乳状液显微图片

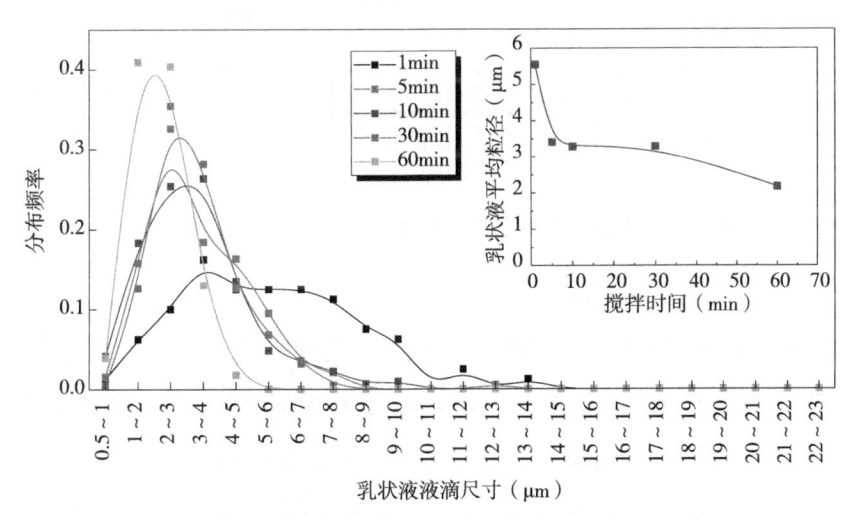

图 4.15　不同搅拌时间下乳状液粒径分布及平均值

4.4.3　乳状液黏度及流变性

（1）乳状液黏度。

剪切时间对乳状液黏度的影响趋势与剪切强度一致，即随剪切时间的延长，乳状液黏度先增加后降低，在剪切时间为10min时有最大值（图4.16）。这种现象同样受分散相体积和液滴尺寸的影响。剪切时间为1min时，水相不能被完全分散进油相，乳状液内相体积较小，黏度较低。随着剪切时间延长，水相被完全增溶，液滴尺寸变小，液滴间的相互作用更强，聚集程度增加，导致更高的有效分散相体积分数，因而乳状液黏度增加[183]。但当剪切时间过长时（60min），液滴间水化和絮凝作用被破坏，内相有效体积减小，乳状液黏度降低。对乳状液黏度进行回归，黏度和剪切速率同样满足指数关系。

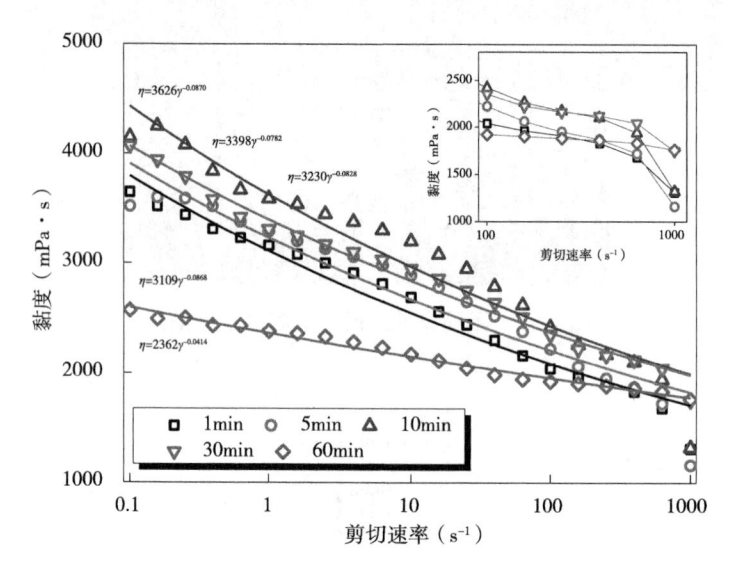

图 4.16　不同搅拌时间下乳状液黏度 – 剪切速率关系曲线

（2）乳状液非牛顿流体特性。

采用幂律模型回归不同搅拌时间下乳状液剪切应力 – 剪切速率曲线（图 4.17），获得流变特征参数，见表 4.5。剪切时间增加，稠度系数先增加后减小，幂律指数先减小后增加，分别在 10min 处出现最大值和最小值。同时

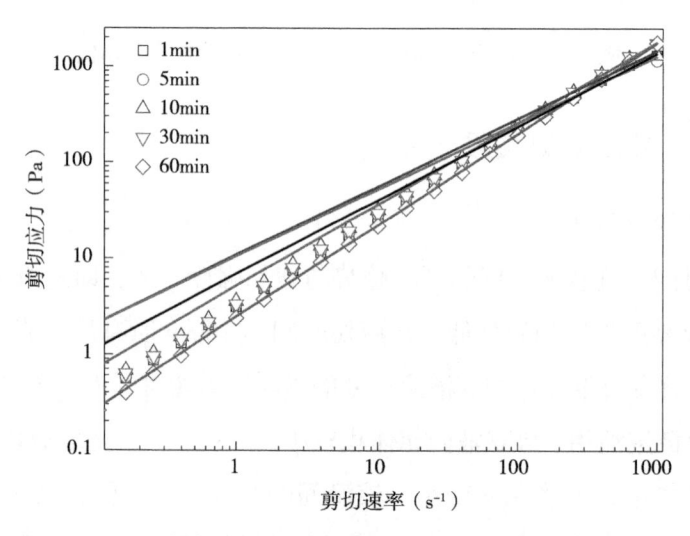

图 4.17　不同搅拌时间下乳状液剪切应力 – 剪切速率关系曲线

乳状液受到长时间剪切后，幂律指数的上升更加明显，在剪切时间为60min时幂律指数高达0.95，很接近1。这表明在经过长时间剪切作用后，乳状液液滴团簇结构基本被破坏，黏度受剪切速率影响小，接近牛顿流体特性。

表4.5 不同搅拌时间下乳状液的流变特征参数

搅拌时间（min）	K	n	R^2
1	6.92869	0.76625	0.99261
5	10.53818	0.70833	0.97927
10	10.9538	0.69456	0.97975
30	5.19024	0.84630	0.99769
60	2.47602	0.95111	0.99993

本实验得出的搅拌时间对乳状液流变性的影响不同于张建等的研究结果[184]。在他们的实验中，随着搅拌时间增加，分散相粒径减小，但并没有对乳状液的流变性产生明显影响。导致这一不同结果的原因可能是他们使用的乳状液体系分散相体积分数低，只有15%，液滴之前相互作用不明显，因而对乳状液流变性影响小。这反过来也说明，本文实验中使用的乳状液（含水35%）液滴间已经产生了比较强烈的相互作用。

（3）乳状液黏弹性。

不同搅拌时间下形成的乳状液的线性黏弹区差异较小，大致在0～4%之间。乳状液体系主要表现为黏性，并随着搅拌时间的延长，所形成乳状液的相位角正切值逐渐增加，弹性占比降低。也就是说，剪切时间较短时，乳状液体系的弹性行为反而明显。但是由前部分实验可知，搅拌时间越短，乳状液的粒径越大，根据Princen-Kiss模型，弹性模量与乳状液平均粒径成反比，其弹性应该更低。但动态黏弹性测试得出的结果与之相反，分析原因可能是：剪切时间较短时，乳状液粒径大，体系总的界面面积小，单位面积上天然活性组分分子的排列更紧密，界面表现出更强的黏弹性，宏观上导致乳状液体系的弹性增强。

搅拌时间对乳状液体系复数黏度的影响规律与表观黏度一致,不过复数黏度最大值出现在搅拌时间为30min时。剪切时间一定程度上的延长可以增强乳状液的黏弹性,但搅拌时间增加至60min后,乳状液的复数黏度显著降低,黏弹性减弱,这与剪切时间过长导致液滴絮凝体被破坏有关(图4.18)。

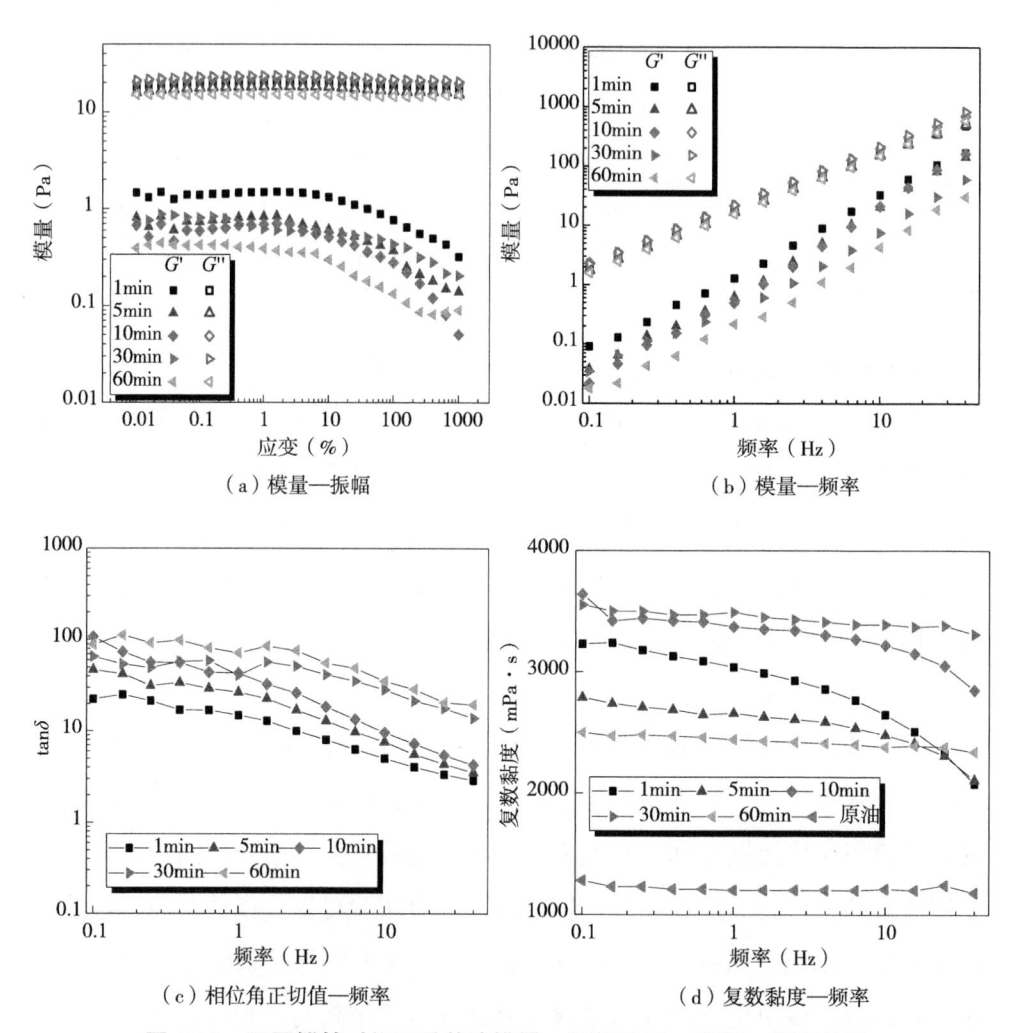

(a)模量—振幅

(b)模量—频率

(c)相位角正切值—频率

(d)复数黏度—频率

图4.18 不同搅拌时间下乳状液模量–振幅关系;模量–频率关系;相位角正切值–频率关系;复数黏度–频率关系

4.5 矿化度对乳状液性质的影响

在稠油水驱开发过程中，注入水及水中添加剂与油藏中原始地层水接触混合后，会导致地层水的性质发生改变，包括矿化度和pH值，从而对乳状液的性质产生显著影响。

4.5.1 乳化程度及乳状液稳定性

含水35%时，改变矿化度对油水乳化程度无影响，水相均被完全乳化（表4.6）。矿化度越低，W/O乳状液析水越慢，稳定性越好（图4.19）。这可以从两方面进行解释。一方面，离子浓度越大，扩散双电层被压缩、变薄，降低了斥力电位，分散相聚集速度更快，乳状液稳定变差。另一方面，高矿化度环境中，原油中的环烷酸组分多以环烷酸皂盐的形式存在，其HLB值高于环烷酸，容易形成O/W乳状液，从而破坏W/O乳状液的稳定性。这从乳状液下层析出的水相颜色变化可以反映出来（图4.20），乳状液析出的水相颜色随矿化度增加而逐渐变深，这是更多的酸性组分溶解于水相中形成皂类导致的。此外，Moradi和Alvarado的研究指出，盐的存在会屏蔽界面与极性物质之间的静电力，从而阻碍刚性界面膜的形成[185]。在其他学者的工作中也报道了类似结果[186-190]。

表4.6 不同矿化度下油水乳化程度

矿化度（mg/L）	乳化程度（%）	乳状液内相体积分数（%）
2000	100	35
4000	100	35
6000	100	35
8000	100	35
12000	100	35

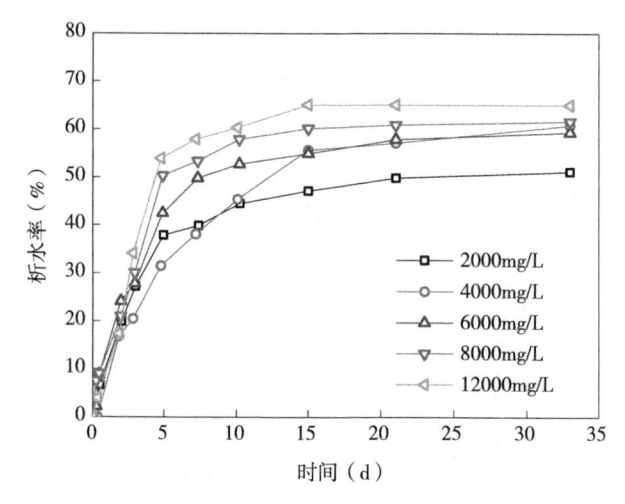

图 4.19 不同矿化度下乳状液析水率随时间的变化

图 4.20 不同矿化度下乳状液图片（配制 7 天后）：从左至右矿化度依次增加

4.5.2 乳状液粒径大小及分布

乳状液液滴的尺寸受矿化度影响很大[191-192]。从乳状液微观图（图 4.21）可以清楚观察到不同矿化度下乳状液液滴尺寸的差异，统计得到的液滴平均尺寸及分布曲线绘制于图 4.22 中。实验结果表明，高矿化度条件下产生的乳状液具有较大的液滴尺寸和较宽的分布范围。矿化度低于 6000mg/L 时，液滴尺寸分布较为均匀，主要集中在 0.5~6μm 之间。矿化度高于 8000mg/L 时，粒径分布曲线的峰明显变宽。当矿化度从 2000mg/L 增加至 12000mg/L，液滴尺寸分布范围从 0.5~6μm 扩大至 0.5~18μm，而平均粒径从 2.38μm 增大至 6.15μm。这一变化规律与之前乳状液稳定性的实验结果相一致。

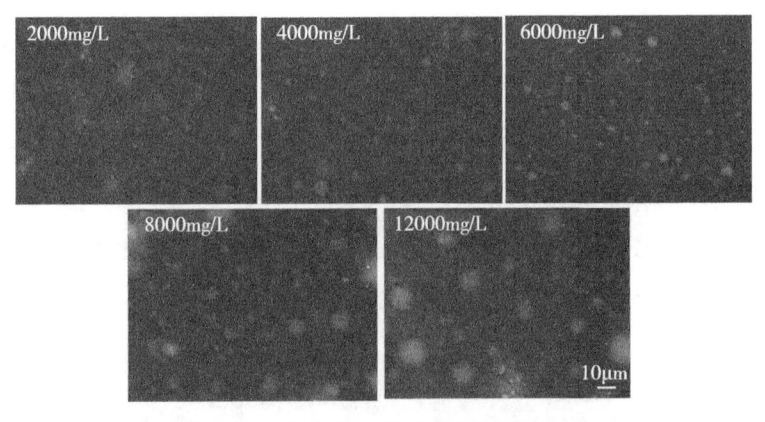

图 4.21 不同矿化度下乳状液显微图片

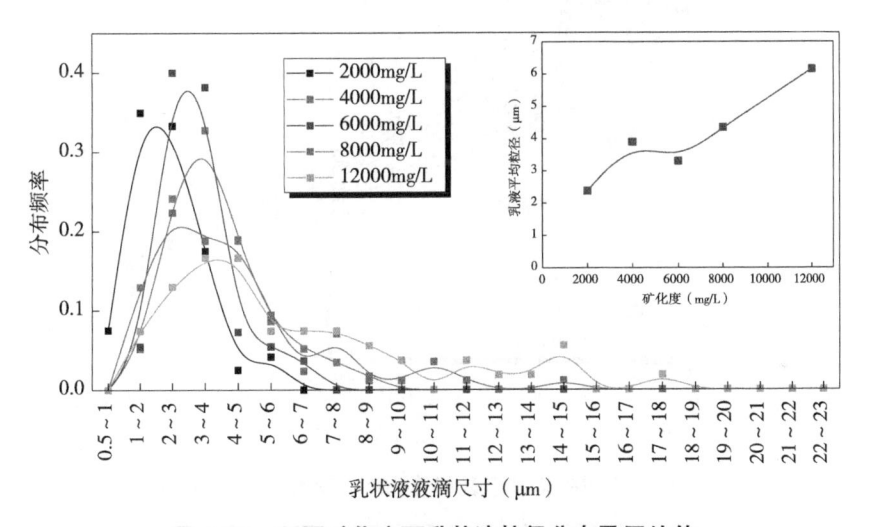

图 4.22 不同矿化度下乳状液粒径分布及平均值

4.5.3 乳状液黏度及流变性

（1）乳状液黏度及非牛顿流体特性。

在剪切速率 0.1 ~ 1000s^{-1} 范围内，矿化度对乳状液黏度的影响如图 4.23 所示。实验矿化度范围内，乳状液均表现出非牛顿流体特性。当剪切速率低于 250s^{-1} 时，低矿化度下乳状液黏度较高，而剪切速率大于 250s^{-1} 后，趋势完全相反。在较高的剪切速率下，剪切速率增大导致低矿化度乳状液的黏度急剧下降，甚至降至比高矿化度乳状液更低的水平。也就是说，低矿化度乳状液表现出更加明显的剪切稀释性，特别是在高剪切速率下，幂律指数 n 的变化也证实了这一点。图 4.24 为不同矿化度下乳状液剪切应力与剪切速率关系曲线，拟合得到的稠度系数和幂律指数见表 4.7。矿化度越高，幂律指数越大，越接近 1，乳状液剪切稀释行为减弱，与孟江等的实验结果一致[193]。这是高矿化度下乳状液水化作用减弱造成的。Na^+、K^+、Ca^{2+}、Mg^{2+} 等阳离子具有一定的"去水化"作用[194]，离子浓度增加，扩散双电层被压缩，水化层变薄。同样的，稠度系数变化趋势与幂律指数相反。

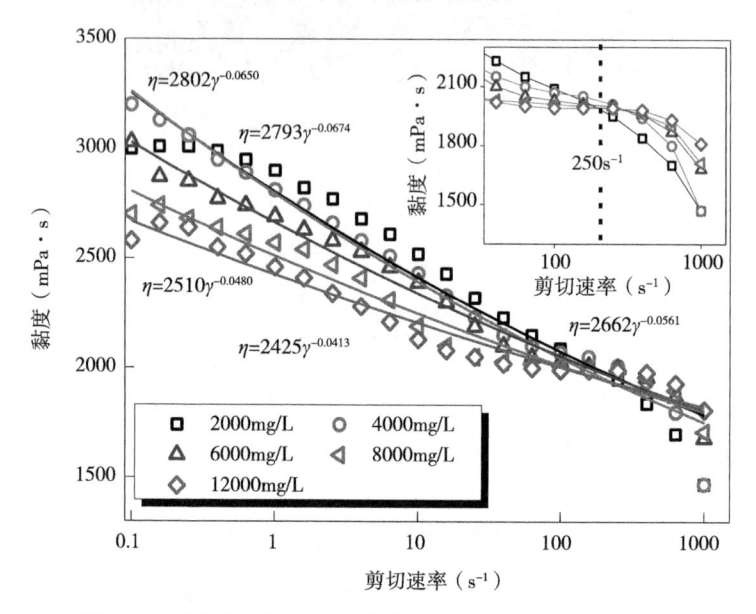

图 4.23 不同矿化度下乳状液黏度 – 剪切速率关系曲线

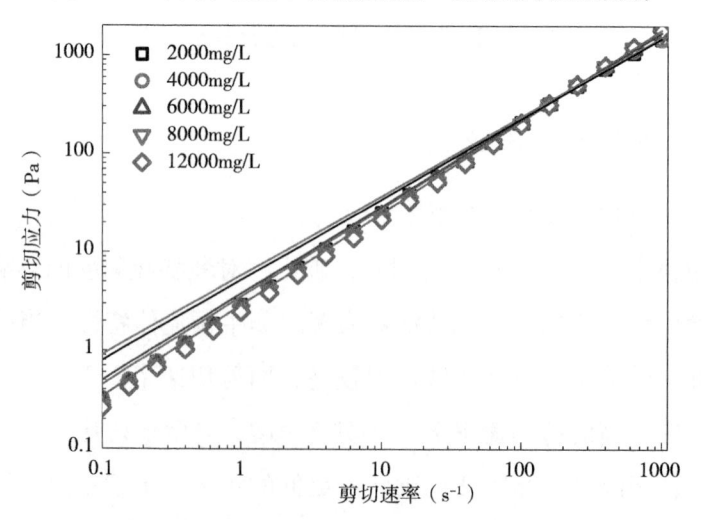

图 4.24 不同矿化度下乳状液剪切应力 – 剪切速率关系曲线

4 原油活性组分与W/O乳状液的稳定性

表 4.7 不同矿化度下乳状液的流变特征参数

矿化度（mg/L）	K	n	R^2
2000	5.23604	0.81923	0.99832
4000	5.82183	0.80634	0.99516
6000	3.80171	0.88429	0.99877
8000	3.53383	0.89753	0.99868
12000	2.90195	0.93318	0.99950

此外，随着剪切速率从 $60s^{-1}$ 增加到 $400s^{-1}$，高矿化度（8000mg/L 和 12000mg/L）乳状液黏度几乎为常数，在该区间内表现出牛顿流体特性。分析原因可能是，乳状液在矿化度较高时，本身的絮凝和水化作用较弱，并随着剪切速率的增加被逐渐破坏，在剪切速率增加至 $60s^{-1}$ 时，体系内主体的絮凝和水合作用已被破坏，因而继续增加剪切速率对黏度影响不大，体系呈现牛顿流体特性；但当剪切速率超过 $400s^{-1}$ 后，过高的剪切速率让乳状液中剩余的絮凝体进一步瓦解，黏度下降。

（2）乳状液黏弹性。

不同矿化度下乳状液的动态模量实验结果如图 4.25 所示。矿化度变化对线性黏弹区影响不大，矿化度 12000mg/L 时的线性黏弹区最小，为 0～4%，其他矿化度下的线性黏弹区为 0～15%，表明高矿化度对 W/O 乳状液结构有一定破坏作用。

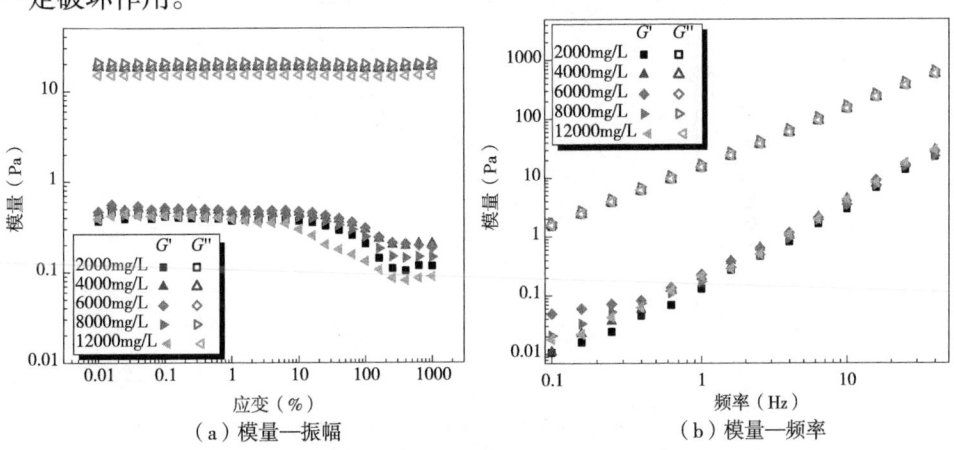

（a）模量—振幅

（b）模量—频率

图 4.25 不同矿化度下乳状液模量–振幅关系，模量–频率关系，
相位角正切值–频率关系，复数黏度–频率关系（一）

(c)相位角正切值—频率 (d)复数黏度—频率

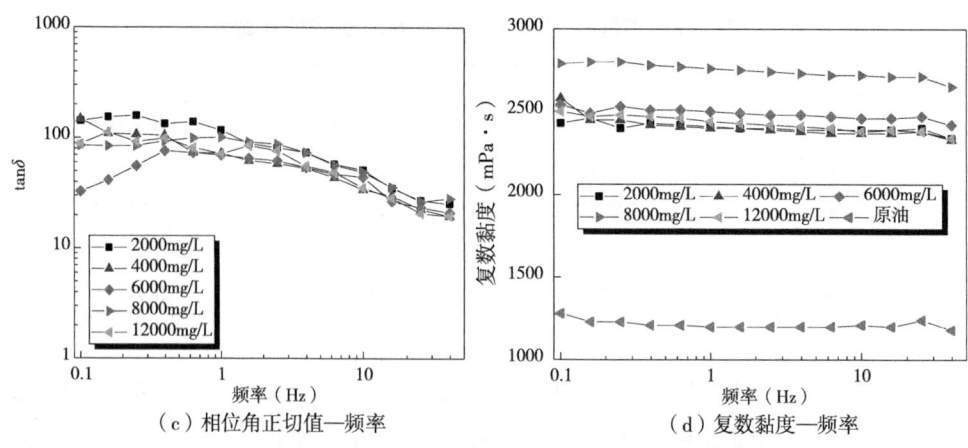

图 4.25 不同矿化度下乳状液模量 – 振幅关系，模量 – 频率关系，相位角正切值 – 频率关系，复数黏度 – 频率关系（二）

从总体上看，矿化度对乳状液弹性模量影响不大，低频（0.1～1Hz）下的影响更明显，高频（1～40Hz）下基本无差异。在低频下，随着矿化度增加，乳状液相位角的正切值先降低后增加，表明弹性所占比例先增加后降低，在矿化度 6000mg/L 时有最大值。由 Princen-Kiss 半经验模型可知，分散相体积分数一定时，弹性模量与界面张力成正比，与分散相平均粒径成反比。因此可以推测，矿化度对弹性模量的影响受到界面张力和分散相粒径的共同控制。由前部分实验结果可知，随着矿化度增加，乳状液平均粒径增加，同时界面张力也增加（图 4.26）。当矿化度较低时，乳状液界面张力的作用占主

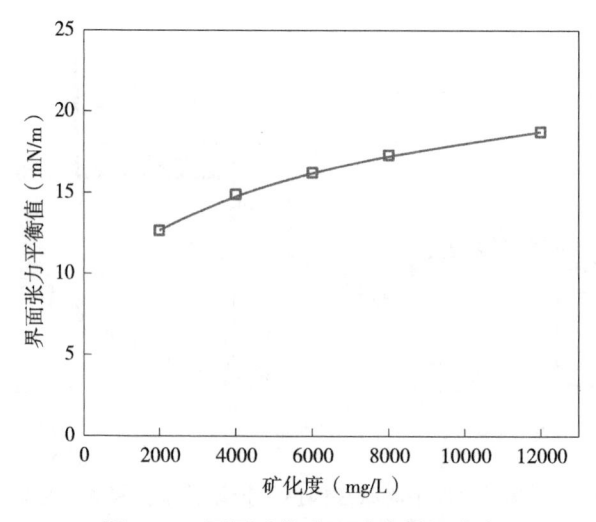

图 4.26 不同矿化度下油水界面张力

导，弹性模量随矿化度的增加而增加，当矿化度增加至一定值时，乳状液粒径变化的作用占主导，弹性模量开始降低。不同于表观黏度随矿化度增加逐渐降低，乳状液复数黏度随矿化度增加先上升后下降，在8000mg/L时有最大值，这说明矿化度一定程度的增加有利于增强乳状液的黏弹性。

4.6 pH值对乳状液性质的影响

4.6.1 乳化程度及乳状液稳定性

含水35%时，改变水相pH值对油水乳化程度无影响，水相均被完全乳化（表4.8）。对比图4.27中不同pH值下乳状液析水率可知：体系接近中性（pH=7），乳状液的析水速度越快，稳定性越差；体系呈（弱）碱性（pH＞7）或者（弱）酸性（pH＜7），乳状液的析水速度较慢，稳定性较好。这是因为pH值为7时，油水界面张力最高，界面能最大，不利于乳状液的热力学稳定[195]。而偏酸或偏碱的环境都会增强原油中天然乳化剂的活性，使其易于吸附在油水界面上，降低界面张力，形成稳定的界面膜，阻止液滴的聚并。在本实验中，pH值低于7.19或高于8.29时乳状液均具有很好的稳定性。而在Adel等的研究中[196]，当pH值低于2或高于10时，乳状液稳定性才表现出明显增强的趋势。产生这一不同的原因主要是乳化剂性质和浓度的差异。因此，不同乳化剂稳定的W/O乳状液受pH值影响的规律也存在差异。

表4.8 不同pH值下油水乳化程度

pH值	乳化程度（%）	乳状液内相体积分数（%）
5.17	100	35
6.21	100	35
7.19	100	35
8.29	100	35
9.25	100	35
10.20	100	35

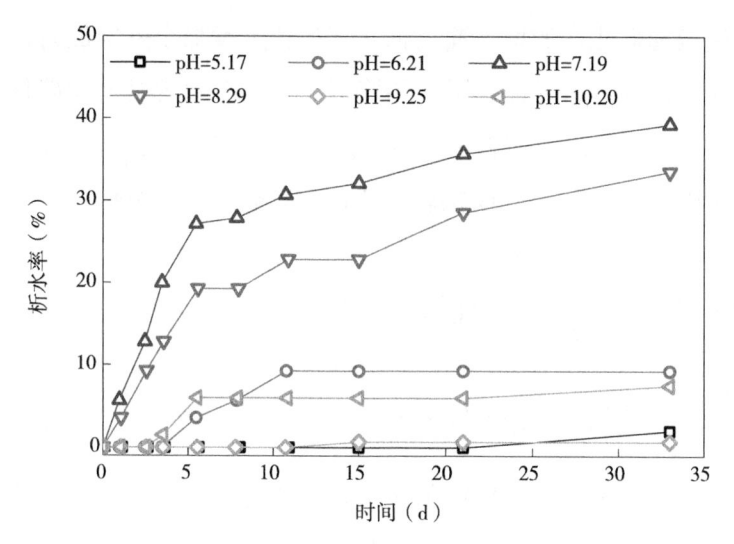

图 4.27 不同 pH 值下乳状液析水率随时间的变化

4.6.2 乳状液粒径大小及分布

pH 值对乳状液类型也有影响。一般来说，酸性环境中倾向于形成 W/O 乳状液，而碱性环境则易形成 O/W 乳状液，这与不同 pH 值环境下产生的乳化剂类型密切相关[83]。而在本实验中，通过乳状液微观图（图 4.28）可知，pH 值在 5.17 ~ 10.20 范围内形成的乳状液均为 W/O 型，这里乳状液类型不发生改变主要受到含水的制约。对获取的显微图片进行粒径大小和分布统计，结果如图 4.29 所示。pH 值为 7.19 时，乳状液粒径分布曲线呈多峰状，分布

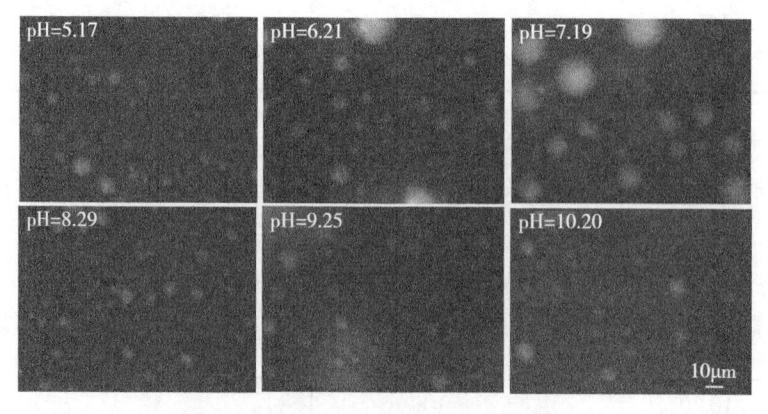

图 4.28 不同 pH 值下乳状液显微图片

最不均匀，同时平均粒径也最大（9.06μm）。其他pH值环境中乳状液粒径大小及分布相差不大，平均粒径均在4～5μm之间。

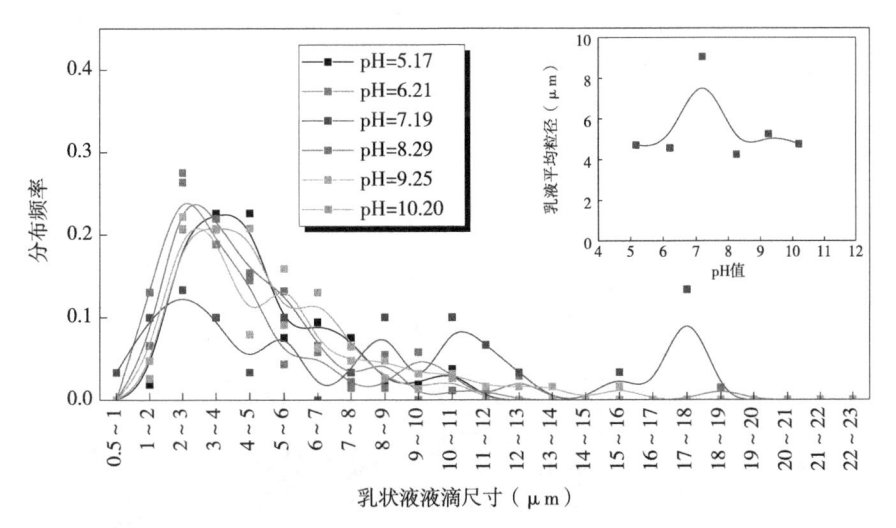

图4.29　不同pH值下乳状液粒径分布及平均值

结合稳定性数据可知，pH值对乳状液性质的影响并不符合"粒径越小，稳定性越好"这一趋势，可见这一结论并不具有普适性。因为乳状液的稳定性不仅与液滴间的碰撞频率相关，同时也与界面膜强度相关。乳状液在相同的碰撞频率下，界面膜强度大的液滴更难聚并析出，表现出更强的稳定性。不同pH值环境下，乳化剂分子存在的类型和性质不同。例如，原油中的酸类物质在酸性环境中以酸性化合物存在，而在碱性环境中以皂类化合物存在。两者HLB值不同，在油水两相中的溶解性也不同，因而吸附在界面上形成的膜强度也不同，最终造成了乳状液稳定性的差异。

4.6.3　乳状液黏度及流变性

（1）乳状液黏度及非牛顿流体特性。

pH值对乳状液黏度的影响如图4.30所示。在pH值为5.17～10.20范围内，乳状液均表现出非牛顿流体特性。在剪切速率相对低时，大多数情况下pH值较低（pH=5.17、6.21、7.19）的乳状液黏度高于pH值较高（pH=8.29、9.25、10.20）的乳状液，而在高剪切速率范围内（约250～1000s^{-1}）出现相反的趋势。拟合图 4.31 中乳状液剪切应力与剪切速率关系曲线，得到稠度系数和幂律指数见表 4.9。结果表明，pH 值越低，稠度系数 K 越大。稠度系数可以反映流体整体表观黏度的大小，这也表明了低 pH 值条件下形成的 W/O 乳状液具有更高的黏度。

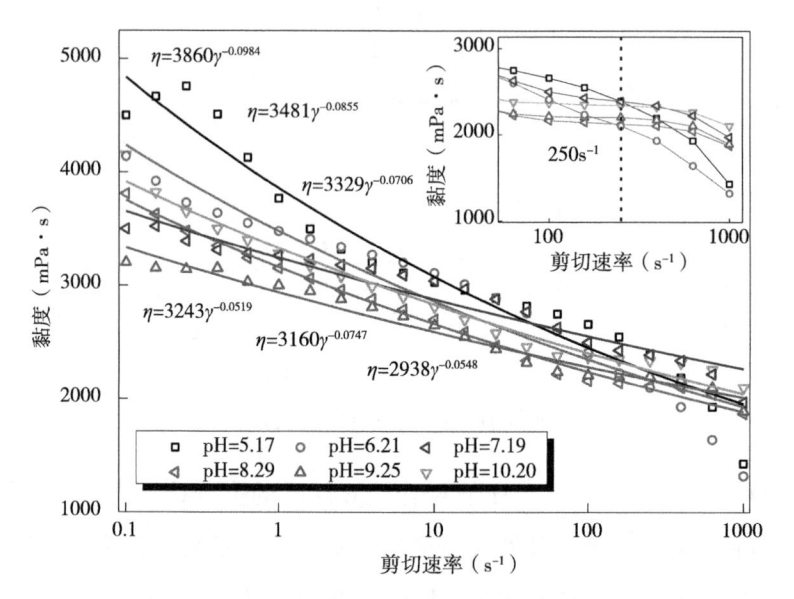

图 4.30 不同 pH 值下乳状液黏度 – 剪切速率关系曲线

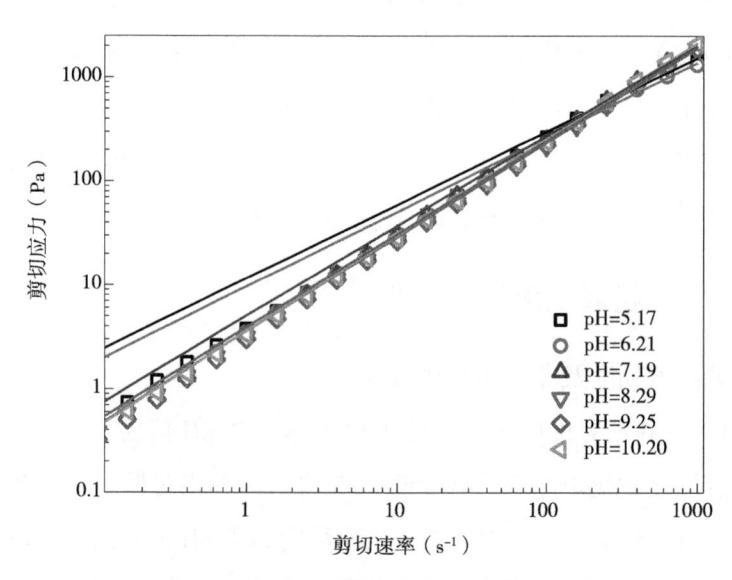

图 4.31 不同 pH 值下乳状液剪切应力 – 剪切速率关系曲线

4 原油活性组分与W/O乳状液的稳定性

表4.9 不同pH值下乳状液的流变特征参数

pH 值	K	n	R^2
5.17	11.62228	0.70659	0.98845
6.21	9.67359	0.71726	0.99525
7.19	5.06749	0.86585	0.99875
8.29	3.57454	0.90817	0.99923
9.25	3.91604	0.89695	0.99886
10.20	3.60336	0.92354	0.99940

同时，幂律指数n受pH值影响显著。pH值越低，幂律指数n越小，碱性环境中n值相差不大。在酸性环境中形成的乳状液具有更显著的剪切稀释行为。这种行为在高剪切速率区域更为明显，表现为黏度随着剪切速率的增加而急剧下降，甚至低于碱性环境中形成的乳状液。低pH值环境下，原油中的酸类物质以酸性化合物存在，更亲油，吸附于界面时可吸引更多的油相分子靠拢，构成较厚的水化层，水合作用显著，因而表现出较强的剪切稀释性。与高矿化度情况相似，中性或碱性条件下形成的乳状液在60～400s^{-1}的剪切速率区间表现出牛顿流体特性。

（2）乳状液黏弹性。

不同pH值下乳状液的动态模量实验结果如图4.32所示。线性黏弹区受pH值的影响不大，均在0～15%之间。在低频下（0.1～4Hz），乳状液

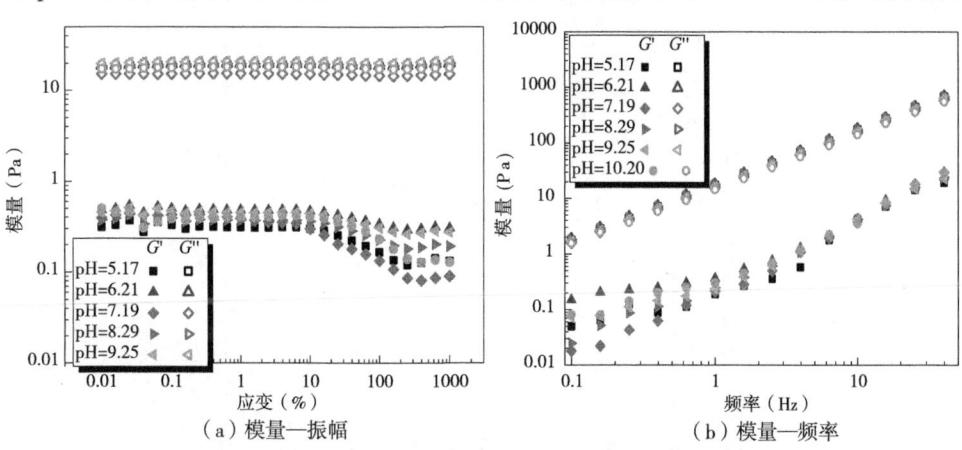

(a) 模量—振幅

(b) 模量—频率

图4.32 不同pH值下乳状液模量–振幅关系；模量–频率关系；
相位角正切值–频率关系；复数黏度–频率关系（一）

(c) 相位角正切值—频率

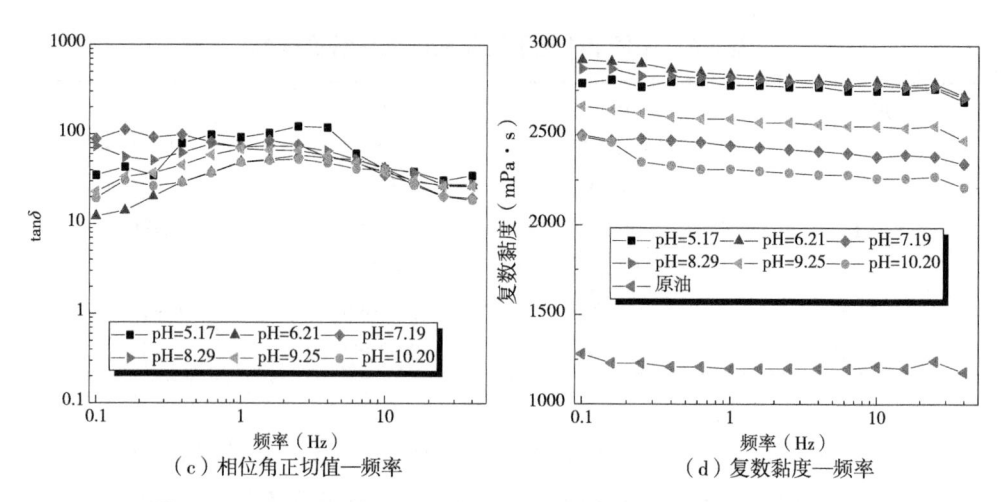

(d) 复数黏度—频率

图 4.32 不同 pH 值下乳状液模量 – 振幅关系；模量 – 频率关系；
相位角正切值 – 频率关系；复数黏度 – 频率关系（二）

弹性模量随 pH 值的变化表现出明显差异；而高频下（4～40Hz），弹性模量基本不受 pH 值的影响。与矿化度一样，pH 值对乳状液黏弹性的影响同样受界面张力和分散相粒径变化的共同作用。pH 值为 7.19 时，油水界面张力最高（图 4.33），同时乳状液平均粒径最大，而弹性占比最低，表明粒径的影响起主导作用。pH 值为 6.21 时，油水界面张力仅次于 pH 值为 7.29 的体系，而粒径分布与其他乳状液体系相差不大，因此乳状液表现出最强的弹性。从整体黏弹性来看，酸性环境下形成的 W/O 乳状液复数黏度更大，黏弹性更强。

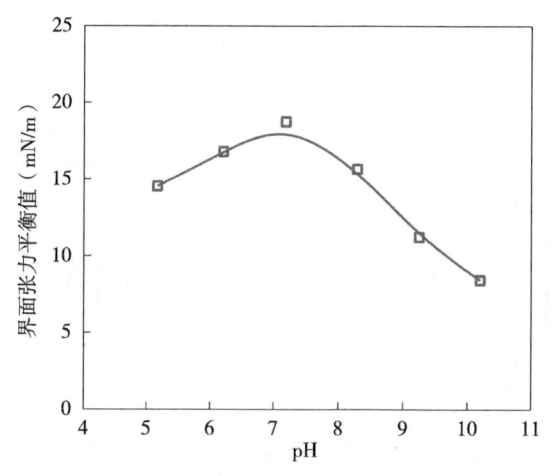

图 4.33 不同 pH 值下油水界面张力

4.7 含水对乳状液性质的影响

油藏中不同区域油水比例或含水（以下"含水"均指油水乳化前的含水条件）不同，往往高渗区域属于渗流优势通道，大部分油被水排驱，剩余油饱和度低，含水较高，低渗区域情况正好相反。高渗和低渗区域由于孔喉尺寸和渗流阻力不同，对调控所需乳状液的粒径和黏度等要求也不同。不同区域形成的乳状液性质将大大影响乳状液自身在该区域的流度控制和封堵性能，因此有必要对不同含水下油水形成的乳状液性质进行研究。

4.7.1 乳化程度及乳状液稳定性

由表 4.10 可知，在不同含水条件下，油水乳化程度不同，当含水低于 60% 时，油水均完全乳化，乳状液内相体积分数等于乳化前的含水。含水大于 70% 后，乳化程度不能达到 100%，乳状液内相体积分数小于乳化前含水，最高内相体积分数可达 67%。含水越高，乳状液稳定性越差。含水在 50% 及以下时，乳状液稳定性较好，含水 10% 的乳状液在 30 天内均无游离水析出。相比之下，当含水高于 60% 时，乳状液在前 5 天内析水速度很快，析水率超过 25%，稳定性差（图 4.34）。

表 4.10 不同含水下油水乳化程度

含水（%）	乳化程度（%）	乳状液内相体积分数（%）
10	100	10
20	100	20
30	100	30
40	100	40
50	100	50
60	100	60
70	88	67
80	47	65
90	17	61

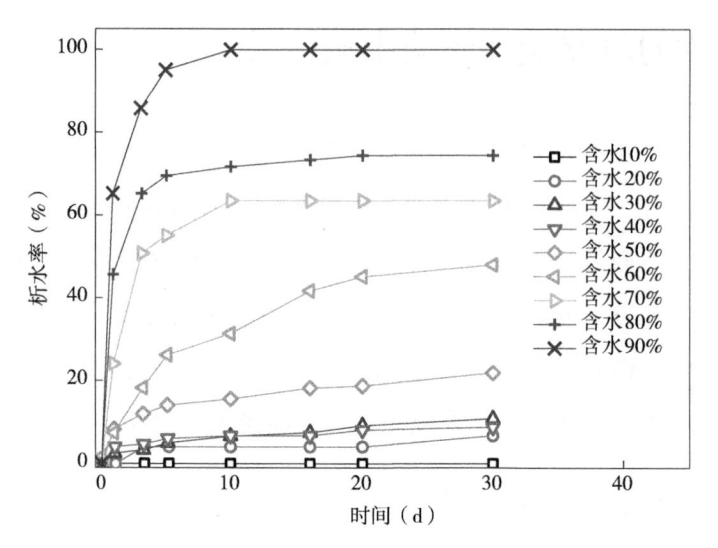

图4.34 不同含水下乳状液析水率随时间的变化

乳状液稳定性的差异主要是含水升高使得分散相液滴数量增多，分布密集所致。在含水较高的情况下，乳状液液滴更容易发生碰撞和聚结。同时，随着含水增加，油相体积减少，天然乳化剂数量随之减少，而乳状液体系总的界面面积增加，所以单位界面上的乳化剂分子数量减少，密度降低，界面膜强度减弱，最终导致分散相聚并阻力减小，乳状液稳定性降低。

4.7.2 乳状液粒径大小及分布

水油比或含水对乳状液类型影响很大。根据1910年Ostward提出的相体积理论：若水相体积大于74%，则形成O/W型乳状液；若水相体积小于26%，则形成W/O型乳状液；水相体积在26%～74%之间，O/W和W/O型乳状液均可能形成。但这仅针对分散相为大小统一的球形而言，而实际分散相液滴多为不均匀的且可变形，所以内相体积分数可高于74%。大量稠油乳化实验表明，在剪切速率和温度一定时，随含水率的增加，一定油品的稠油乳状液会发生W/O型转变成O/W型的转相过程[120]。

然而从不同含水下稠油J的乳状液微观结构（图4.35）来看，乳状液在含水高达90%时依然不发生转相，但水相并未完全增溶，形成的是W/O乳状液和自由水的混合体系。对于稠油，W/O乳状液的黏度远高于O/W乳状液，其流度控制性能也强于 O/W 乳状液。因此，乳状液的高转相点特征对稠油水驱过程的持续流度控制具有重要意义。

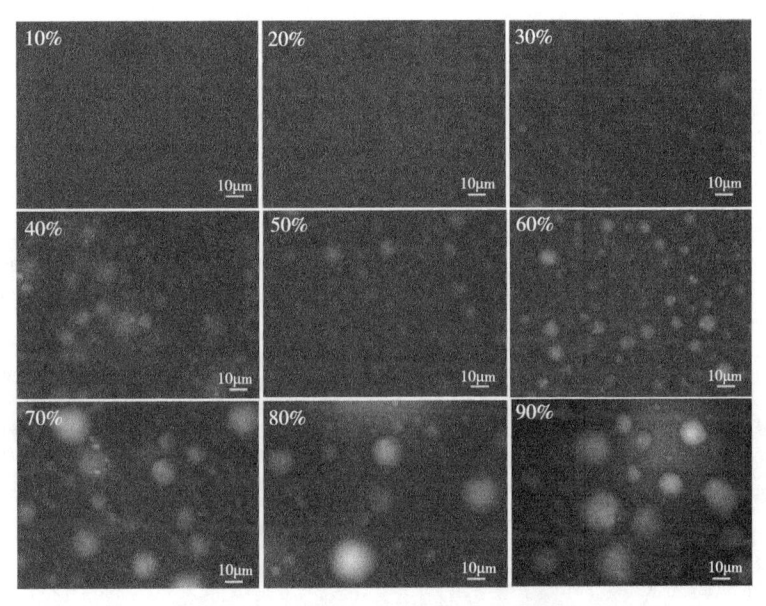

图 4.35　不同含水下乳状液显微图片

不同含水下乳状液液滴尺寸差异明显。随着含水的增加，分散相粒径显著增大，当含水率低至 10% 时，乳状液液滴过小，由于显微镜放大倍数的限制，无法识别液滴。这是因为当外界通过搅拌对乳状液体系恒定做功时，随着水相体积分数的增加，分散相破碎变成更小液滴的概率减小。图 4.36 和图 4.37 分别为不同含水下乳状液液滴的分布曲线和平均粒径曲线。粒径分布曲线在含水为 20% 和 30% 时呈单峰状，峰高且尖，液滴粒径较为均匀，主要集中在 1～5μm。含水超过 30% 后曲线峰值下降且变宽，并向双峰或多峰状发展，液滴均匀性变差。当含水从 20% 增加至 90%，液滴尺寸分布范围从 1～5μm 扩大至 1～15μm，而平均粒径从 2.60μm 增加至 6.43μm。大尺寸的液滴更容易发生碰撞，聚并成更大的液滴，从而产生更明显的重力沉降，导致乳状液的不稳定性。这与前部分关于稳定性的结论是一致的。

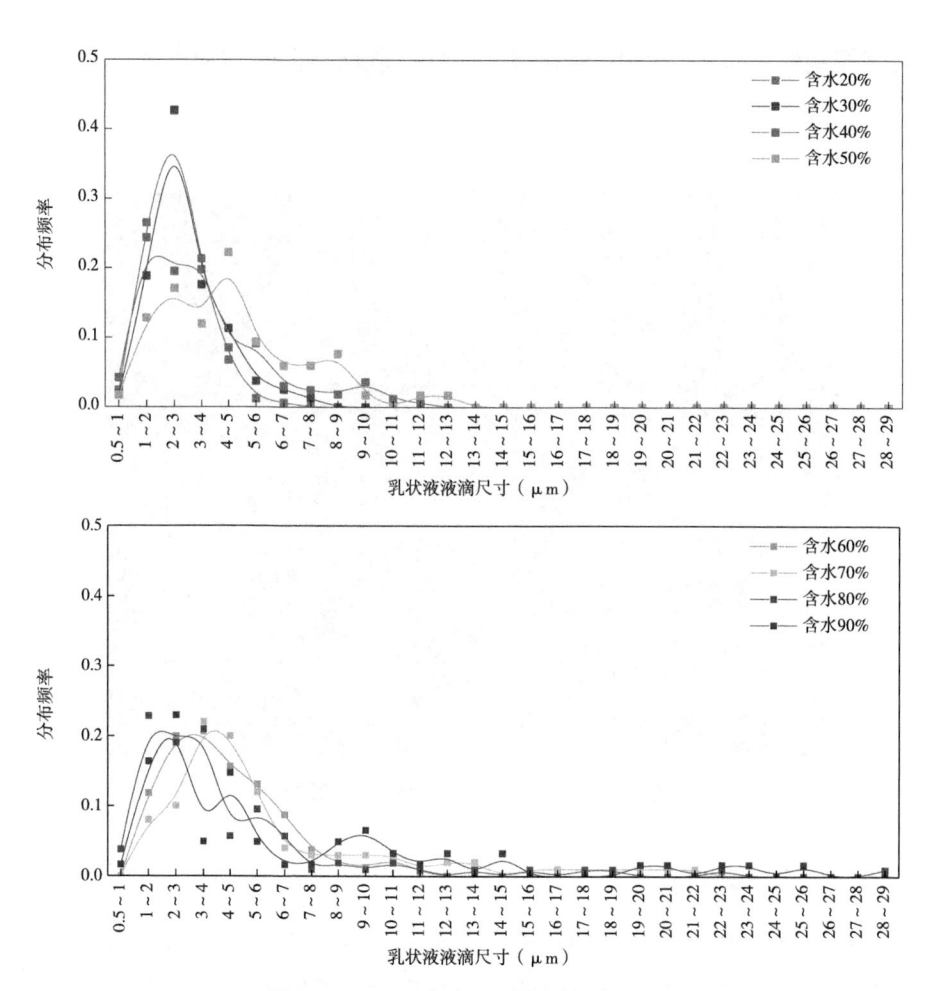

| 油水自乳化理论及在稠油注水开发中的应用

图 4.36 不同含水下乳状液粒径分布

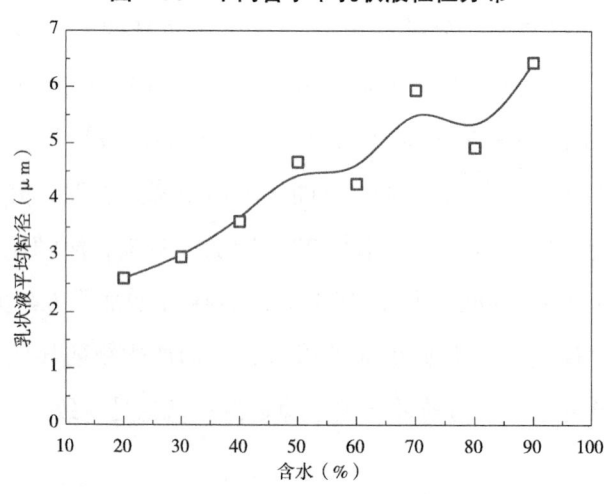

图 4.37 不同含水下乳状液平均粒径

4.7.3 乳状液黏度及流变性

（1）乳状液黏度。

含水对乳状液黏度的影响如图 4.38 所示。随着含水的增加，乳状液黏度先增加后降低，在含水 70% 时有最大值。这受乳状液实际内相体积分数的影响。由表 4.9 可知，乳状液在含水低于 70% 时，内相体积分数随含水增加而增加，连续相中的液滴数量急剧增加，液滴间相互作用力增强，碰撞和相互滑移概率增大，加上相间表面能的作用致使黏度升高[163, 197-198]。内相体积分数在含水 70% 时有最大值，在含水 80% 和 90% 时出现了一定程度下降，因而导致了乳状液黏度的降低。这里乳状液黏度、含水和剪切速率之间的关系可以采用 A. A. Elgibaly 等提出的黏度模型回归获得。温度一定时，可以改写成：

$$\eta = a_2 \gamma^b e^{c\varphi} \tag{4.16}$$

其中，a_2 为常数。这里特别定义 φ 为乳化前油水体系含水，不等于原公式中的分散相体积分数。采用该式对含水在 10%～60% 范围内的乳状液黏度进行拟合，此时油水乳化完全，含水等于分散相体积分数，拟合后得到如下表达式：

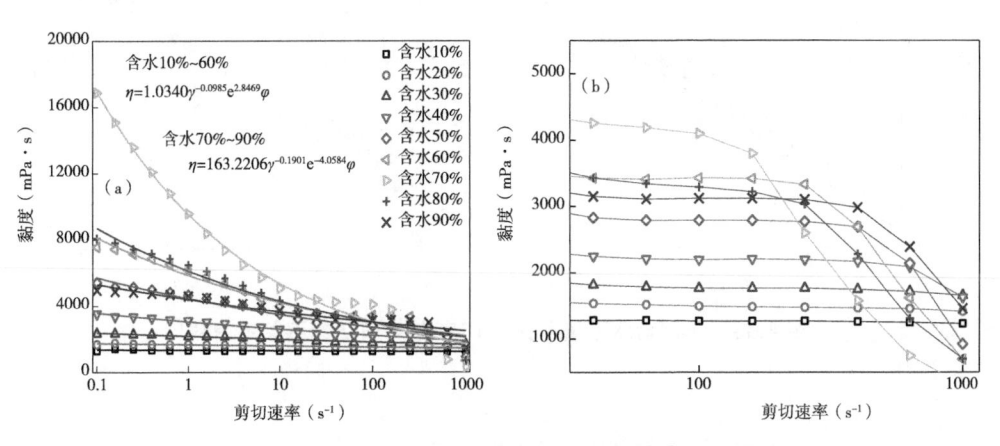

$$\eta = 1.0340 \gamma^{-0.0985} e^{2.8469 \varphi} \tag{4.17}$$

图 4.38　不同含水下乳状液黏度 – 剪切速率关系曲线：
（b）为（a）图在高剪切速率下的放大图

拟合度 R^2 为 0.9145，由式（4.17）可知，该含水范围内乳状液黏度与含水成正比。同样，采用式（4.16）对含水在 70% ~ 90% 范围内的乳状液黏度进行拟合，可以得到如下表达式：

$$\eta=163.2206\gamma^{-0.1901}e^{-4.0584\varphi} \tag{4.18}$$

拟合度 R^2 为 0.9073，这里的含水不等于内相体积分数。由式（4.18）可知，在含水高于 70% 后，乳状液黏度与含水成反比，这除了与实际内相体积分数降低有关外，同时也受到乳状液由完全的 W/O 型向以油相为外相的层状乳状液转变的影响，这一转变过程也会导致乳状液黏度的逐渐降低。

（2）乳状液非牛顿流体特性。

对图 4.39 中乳状液剪切应力与剪切速率关系曲线进行拟合，得到稠度系数和幂律指数如表 4.11。当含水大于等于 50% 时，剪切速率增加至一定值后乳状液体系的剪切应力出现了下降，分析原因是由于乳状液的不稳定性导致的。分散相液滴在剪切速率较大时聚并析出，乳状液内相体积减小，黏度降低，从而导致剪切应力下降。由于测试过程中乳状液的实际含水发生了变化，变化前后不能视作同一个乳状液体系，故这里仅拟合剪切应力下降前的数据。

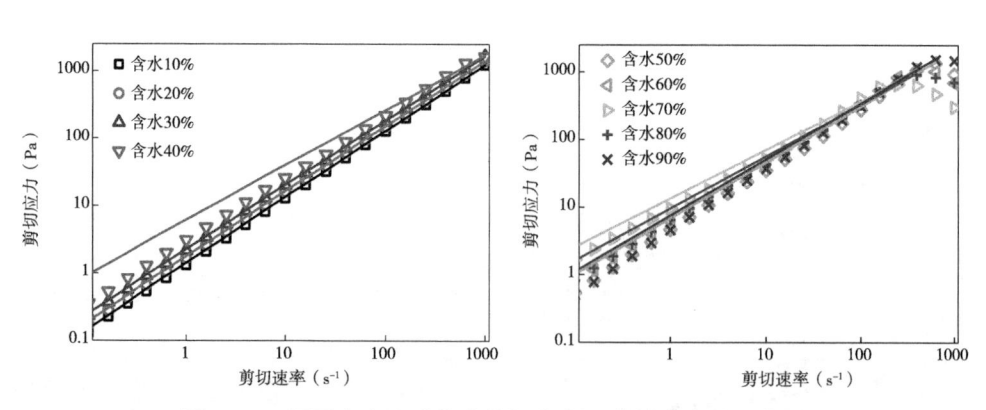

图 4.39 不同含水下乳状液剪切应力 – 剪切速率关系曲线

4 原油活性组分与W/O乳状液的稳定性

表 4.11 不同含水下形成乳状液的流变特征参数

含水	K	n	R^2
10%	1.42287	0.97920	0.99998
20%	1.79086	0.96681	0.99996
30%	2.27603	0.95509	0.99986
40%	6.23710	0.81358	0.99089
50%	6.83666	0.82720	0.99245
60%	7.42873	0.83766	0.99297
70%	13.57942	0.71803	0.97686
80%	9.62059	0.77002	0.98847
90%	7.57251	0.82856	0.99275

随着含水的增加，幂律指数 n 总体上呈降低趋势，逐渐偏离 1。含水小于等于 30% 时，幂律指数大于 0.95509，乳状液黏度基本不随剪切速率改变，近似牛顿流体。当含水大于等于 40% 后，n 显著下降，数值在 0.71803～0.83766 之间。一般认为，分散相浓度较低时，分散相液滴间距离较远，相互作用较弱，乳状液对剪切速率的依赖性不强，表现为牛顿流体特性。而液滴之间的水动力作用会随着 W/O 乳状液含水或内相体积分数的增加而增强，最终导致液滴间的力学干涉，形成团簇结构。内相体积分数越大，乳状液体系内的团簇结构越多[199]，如图 4.40 所示，因而含水较高的乳状液在受到剪切作用时，团簇结构被逐渐破坏，表观黏度下降，表现出强的剪切稀释行为。

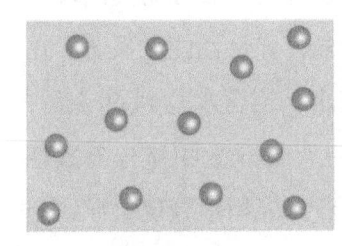

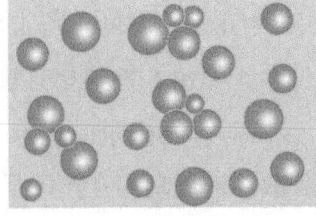

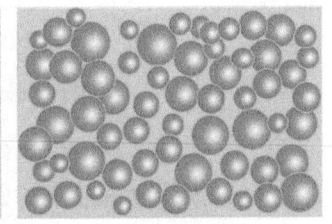

低内相体积分数　　　中等内相体积分数　　　高内相体积分数

图 4.40 不同内相体积分数乳状液微观示意图

（3）乳状液黏弹性。

含水是影响乳状液动态模量的关键因素之一。图4.41给出了不同含水下形成的乳状液的模量和振幅的关系图。随着含水增加，乳状液的线性黏弹区变窄。含水10%至90%的乳状液线性黏弹区依次为：0~40%、0~25%、0~25%、0~25%、0~16%、0~10%、0~6.31%、0~1%、0~0.63%。随着含水增加，乳状液内相体积分数增大，液滴间碰撞概率增加，乳状液稳定性变差，结构更易被破坏。

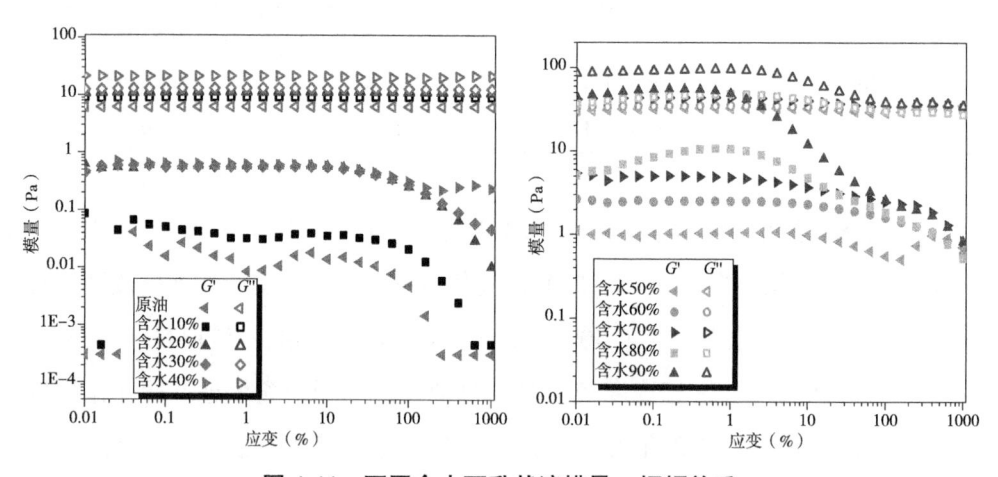

图4.41　不同含水下乳状液模量－振幅关系

不同含水下形成的乳状液的模量和频率的关系如图4.42所示。弹性模量和黏性模量均随含水的增加而增加。在整个含水范围内，乳状液的黏性模量仍然大于弹性模量，黏性占主导地位。而含水高达90%时，乳状液的弹性模量和黏性模量已经很接近，根据曲线趋势预测，在更高频率下可能会出现交叉点。含水越高，乳状液相位角正切值越低（图4.43），弹性性能越显著。在含水小于等于50%时，相位角正切值的差异相对较小，当含水达到60%后，$\tan\delta$显著降低，这是因为含水对弹性模量的影响主要受分散相体积分数控制。当含水达到60%后，分散相液滴间相互作用强烈，堆积絮凝现象导致分散相有效体积分数显著增加，从而导致$\tan\delta$的明显下降，并且在高频下的下降幅度更大。此外，乳状液体系的复数黏度随含水增加而增加，表明高含水下形成的乳状液具备更高的黏弹性，特别是含水80%和90%下形成的乳状液在低频下黏弹性远高于其他含水的乳状液。

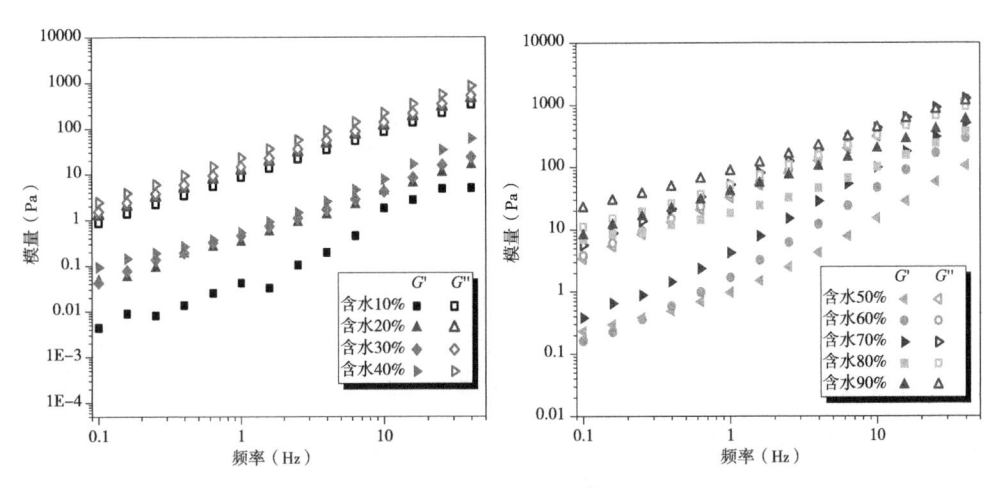

图 4.42 不同含水下乳状液模量－频率关系

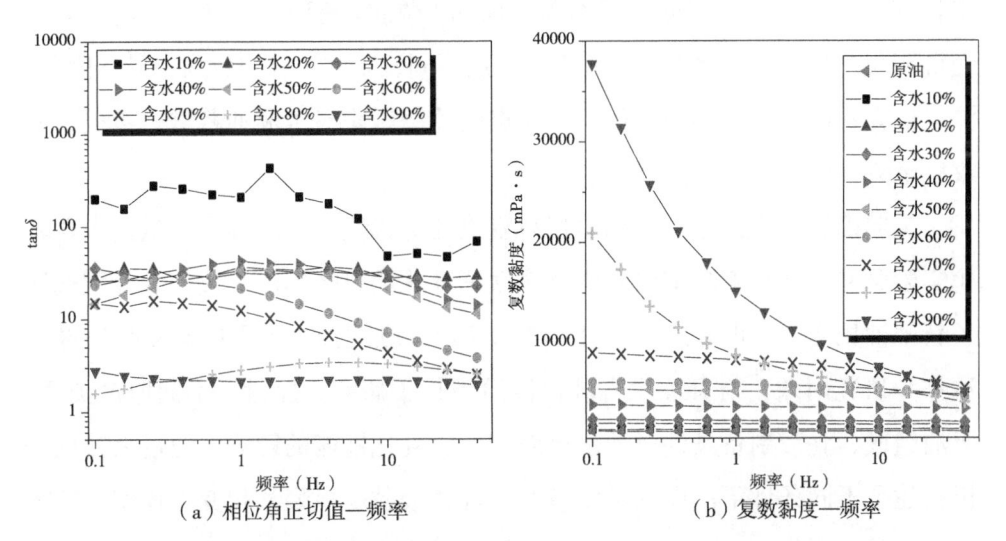

(a) 相位角正切值—频率

(b) 复数黏度—频率

图 4.43 不同含水下乳状液相位角正切值－频率关系，复数黏度－频率关系

乳状液表现出的黏弹性行为，可以一定程度上拉拽孔隙盲端的残余油，同时部分剥离携带岩石表面吸附的原油，提高微观驱油效率。也就是说，高含水下形成的乳状液具备更强的微观驱油作用。

5 油水自乳化信息数据库

在油藏开发过程中，乳化现象普遍存在，对原油的生产和运输产生重要影响。由于原油中天然表面活性剂的存在，在剪切力的作用下，油水发生自乳化现象，形成乳液。随着含水率的增加，地层中形成的乳液内相体积会逐步转变。然而，由于原油类型不同（稀油/稠油/超稠油），组分含量不同，使得不同原油水驱过程中内相体积转变点不同，采收率存在较大差异。因此，深入研究不同原油影响内相体积转变点的关键因素对水驱油藏进一步提高采收率至关重要。

为明确影响不同原油内相体积转变点的关键因素，展开了大量油水自乳化实验研究，并高度凝练研究成果建立了乳化信息数据库。数据库分别选取了新疆油田吉7、北十、八道湾，渤海油田，顺北油田等不同黏度代表性原油作为研究对象，对其油水自乳化性质进行了研究。探讨了不同原油类型、原油组成、乳液制备条件对油水界面特性、乳化性能的影响，通过大数据分析构建了不同条件下的原油黏度模型、乳状液黏度模型和相变点模型，并形成了相关判别相变点的新方法，从微观–介观–宏观角度对油水自乳化驱油产生了一些全新认识。

5.1 乳化数据库的结构设计

乳化数据库主要分为数据库简介、数据查询、变量预测、关键因素等模块。"数据库简介"模块主要是对数据库整个框架和内容进行描述，并介绍了数据库的研发背景及意义；"数据查询"模块可实现对不同影响因素下乳状液黏度、类型、稳定性、相变点、相体积、粒径分布等参数的查询；"变量预测"模块提供多种数学模型对乳状液黏度、相变点进行预测；"关键因素"模块基于原油活性组分乳化成果交互分析，聚焦原油乳化关键影响因素；数据库的构建及应用可为乳化驱油研究提供理论基础，为水驱油藏进一步大幅度提高采收率提供技术支持。

MySQL 数据库是一个小型关系型数据库管理系统，它的开放源码的特点使它的总体应用成本变得很低。在数据库应用领域 MySQL 数据库还具有速度快、体积小的特点，并且可以在多种平台上运行，这也使它的应用范围更广。正是由于 MySQL 数据库有众多的优点，所以得到了广大用户的青睐。因此，选用 MySQL 数据库进行乳化数据库的网站搭建。

本系统使用 Java 语言开发，以 Spring Boot 为基础框架，MySQL 为数据库，Mybatis Plus 为数据访问层，Apache Shiro 为权限授权层，Ehcahe 对常用数据进行缓存，基于 Bootstrap 构建的 Admin LTE 作为前端框架。

后端主要使用以下技术：核心框架：Spring Boot；安全框架：Apache Shiro；视图框架：Spring MVC；服务端验证：Hibernate Validator；任务调度：Quartz；持久层框架：Mybatis、Mybatis Plus；数据库连接池：Alibaba Druid；缓存框架：Ehcache；日志管理：SLF4J、Log4J；工具类：Apache Commons、Jackson、Xstream；渲染模板引擎：Thymeleaf。

前端主要使用以下技术：JS 框架：jQuery；CSS 框架：Twitter Bootstrap；数据表格：bootstrap table；对话框：layer；树结构控件：jQuery zTree；日期控件：datepicker。

初步建立了乳化信息数据库，并具备储存及数据查询等功能。使用 E-R 图对概念数据库进行了设计；设置了游客登录以及管理员登录系统，前者可免费登录使用乳化数据库，后者可对数据和用户信息进行管理；并在首页给出了乳化图片以及数据库简介（图 5.1）；可对油水乳化数据进行查询，包括了油水物性、黏温曲线、界面张力、乳液黏度、液滴粒径和乳液析水率（图 5.2）；可对原油黏度、乳状液黏度及相变点进行预测，并对模型进行了简介

油水自乳化理论及在稠油注水开发中的应用

（图 5.3）；对相变的关键因素进行了分析，包括了组分结构表征以及关键因素分析（图 5.4）。

图 5.1　乳化数据库登录界面、首页信息及数据库简介

图 5.2　乳化数据查询界面

图 5.3　原油及乳液的变量预测

134

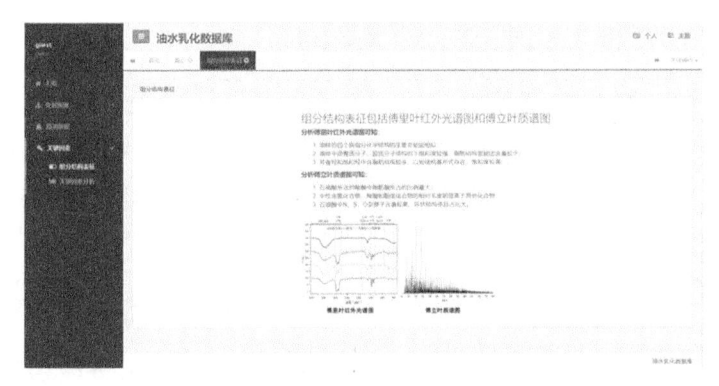

图 5.4　相体积转变的关键因素分析

5.2　温度对原油乳化的影响

在自注和水驱一、二次采油阶段之后，为了最大限度地提高地下储层的原油采收率，采用了各种方法。这些技术包括聚合物驱、表面活性剂驱、泡沫驱和乳化黏度驱，统称为三次采油技术。乳化和黏度控制技术在宏观波及效率和微观清洗效率方面都具有优势，是提高采收率潜力的一种很有前景的方法。高含水条件下高内相乳状液的形成是该技术的一个重要方面和技术指标。它是实现流动性自适应的先决条件，特别是在日益具有挑战性的油藏条件下。确保在高温下形成高内相变得更加关键。目前，只有一小部分原油表现出高反相特征，在水驱过程中保持了稳定的含水率和无与伦比的采收率。然而，对于大多数油来说，内相转折点（Internal Phase Inversion Point，IPIP）随着温度的升高而降低。这意味着，在高温下，油水自乳化的结果会导致低 IPIP 乳剂的形成，需要人工干预。目前，研究工作主要集中在常规原油上，尚未对这种特殊原油（简称 SP）的独特性质进行具体研究。

5.2.1　原油的乳化能力

为了评估原油的乳化能力，测量了在不同温度下油水混合后形成的乳状液的体积和黏度，如图 5.5 所示。此外，SP 油水乳液在不同温度下的照片如图 5.5（a）所示。

如图 5.5(a)所示，在 50℃时，含水 55% 的油水混合物完全乳化。然而，在含水率为60%和70%时，在容器底部观察到大量的自由水。在60℃时，含水率为65%，可以实现完全乳化，底部没有任何自由水，而70%和80%的含水率都不能实现完全乳化。在85℃时，含水85%的SP油水几乎完全乳化，而90%的油水混合物中存在相当数量的自由水。照片清楚地显示了在不同温度下完全乳化和不完全乳化混合物的不同外观。

图5.5（b）为不同温度下乳状液黏度随含水率的变化趋势。在各个温度下，随着含水率的增加，乳状液黏度逐渐增加，达到最大值后，黏度迅速下降。通过使用黏度法，最大黏度对应的含水率被认为是该特定温度下的IPIP。因此，SP油的IPIP在50℃时为55%，60℃时为65%，85℃时为85%。然而，这与在正常油中观察到的典型行为完全相反，在正常油中，IPIP随温度增加而减小。

图5.5（c）描述了不同温度下乳状液的实际含水率与含水率的关系。在该图中，随着含水率的增加，实际含水率先增加后迅速下降，在含水率为55%时达到峰值。根据实际含水方法，最高值所对应的含水率即为IPIP。SP油在50℃时的相变率为55%，60℃时为65%，85℃时为85%。这些结果与使用黏度法测定的IPIP一致。

为了研究沥青质对SP油乳化能力的影响，研究了沥青质和麦芽烯的乳化特性，如图5.6所示。如图5.6（a）所示，在30℃、50℃和80℃条件下，含沥青质的模拟油的IPIP值分别为60%、60%和55%。从图5.6（b）可以看出，模拟麦芽烯油的PPIP随温度的升高而降低。在相同温度下，沥青烯的IPIP高于麦芽烯，说明沥青烯形成了更强的界面膜。此外，还观察到沥青质对IPIP的抵抗力随着温度的升高而降低。值得注意的是，30℃和50℃的温度导致相同的60% IPIP。这表明沥青质可能在SP油独特的乳化特性中起着至关重要的作用。

为了研究麦芽烯中各组分的单独作用，对含饱和脂肪酸、芳香烃和胶质的模拟油进行了乳化实验。实验结果如图5.7所示。图5.7（a）表明，随着温度的升高，基础油在IPIP中呈下降趋势。饱和脂肪酸的IPIP从30℃时的20%变化到80℃时的15%［图5.7（b）］。图5.7（c）和图5.7（d）表明，随着温度的升高，芳香族和胶质的IPIP都有所降低。然而，由于其活性的变化，IPIP在相同的温度下从高到低排列如下：胶质，芳香族，饱和烃。

5 油水自乳化信息数据库

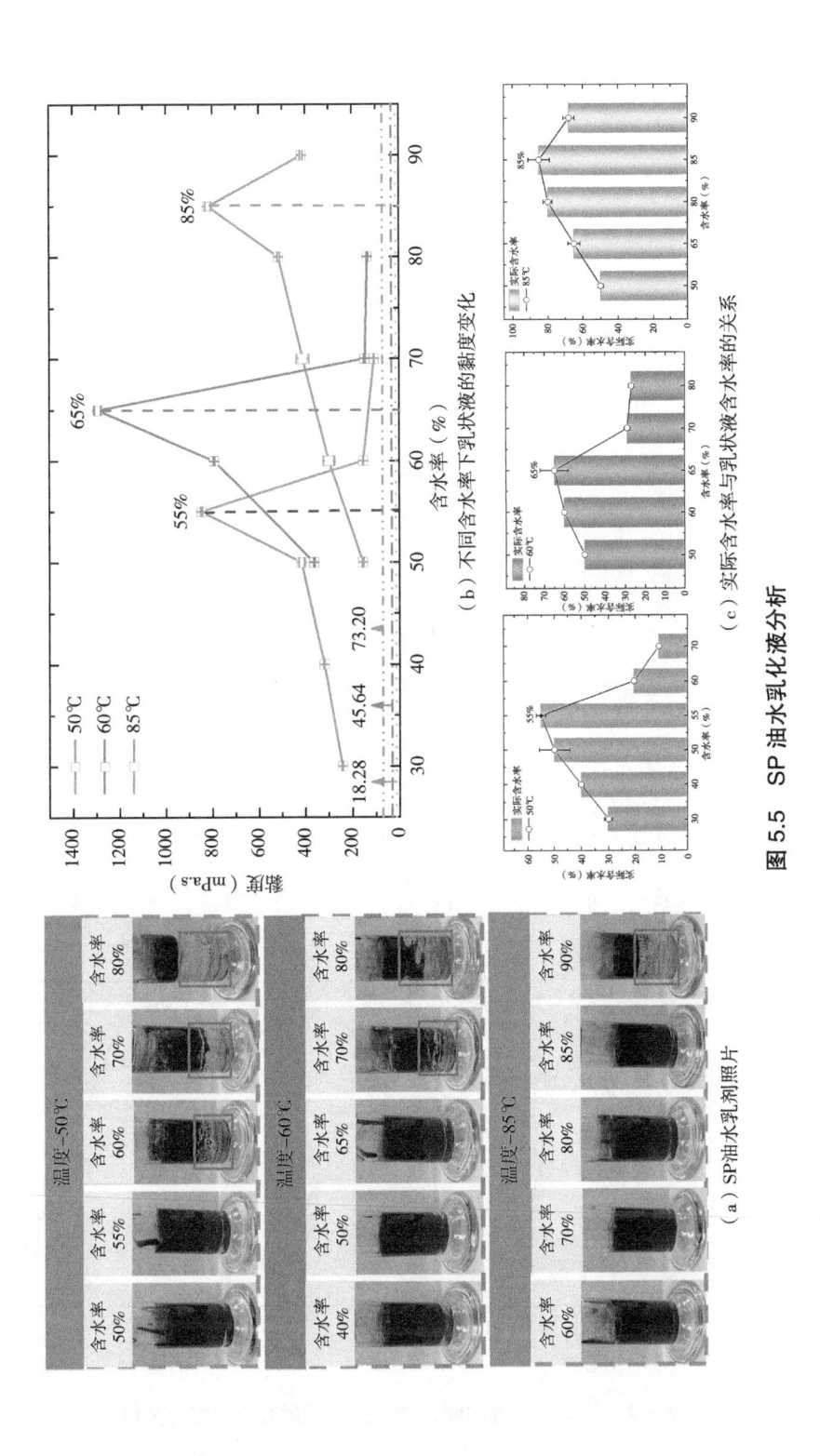

图 5.5 SP 油水乳化液分析

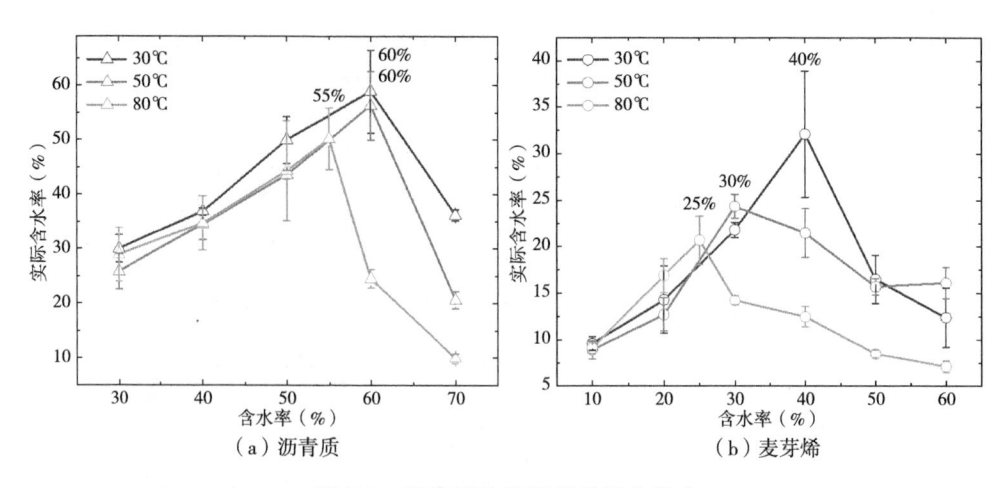

油水自乳化理论及在稠油注水开发中的应用

图 5.6 沥青质和麦芽烯的乳化能力

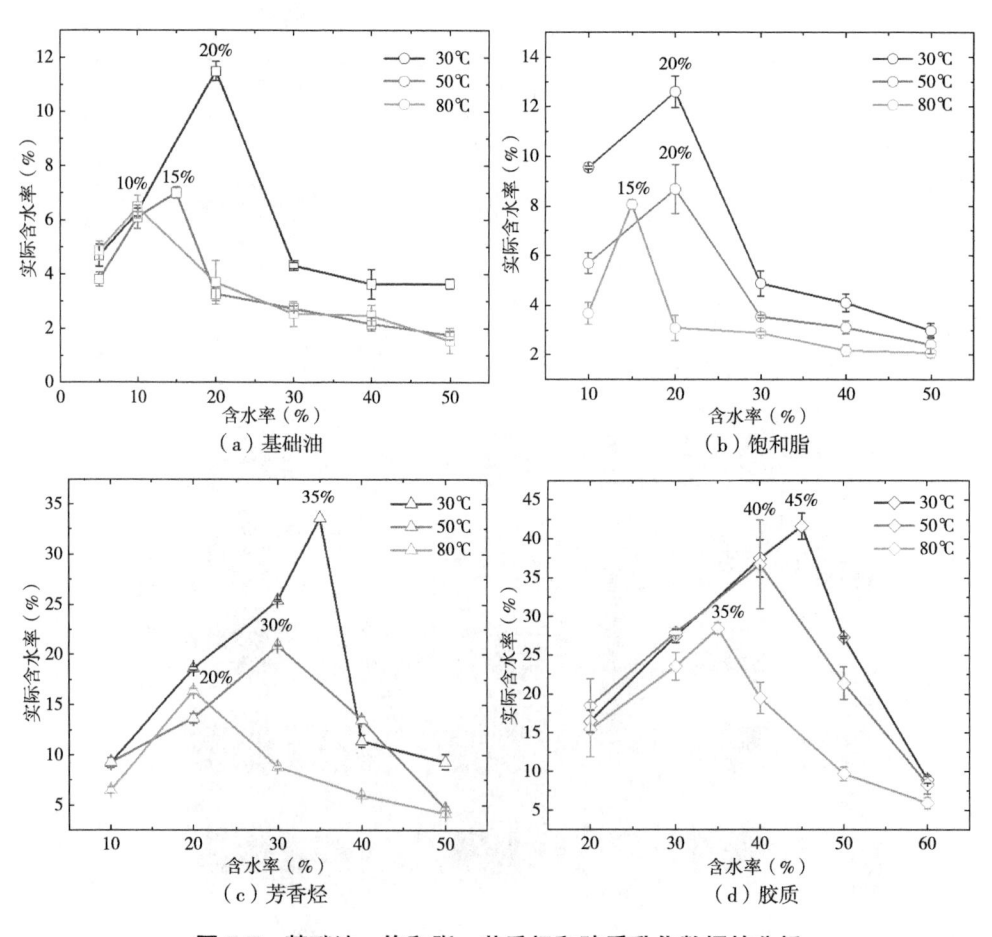

图 5.7 基础油、饱和脂、芳香烃和胶质乳化数据的分析

138

5 油水自乳化信息数据库

然而，这三种组分的乳化性能不同于 SP 油，与普通油的乳化性能相似。这表明饱和脂肪酸、芳香烃和胶质不是 SP 油独特乳化性能的关键因素。

通过添加不同浓度的沥青质（50mg/L，100mg/L，150mg/L 和 200mg/L）到 10000mg/L 浓度的麦芽烯模拟油，进一步研究了胶质和沥青质之间的相互作用的影响，如图 5.8 所示。通过 SARA 分析可以估算出胶质与沥青质的质量比。当沥青质浓度为 50mg/L 时，胶质与沥青质的质量比为 20∶1。同样，当沥青质浓度为 200mg/L 时，质量比为 5∶1。这些比值与在 SP 油中观察到的胶质－沥青质质量比相一致。这些实验条件允许考察不同胶质－沥青质比例对油体系乳化性能和相行为的影响。

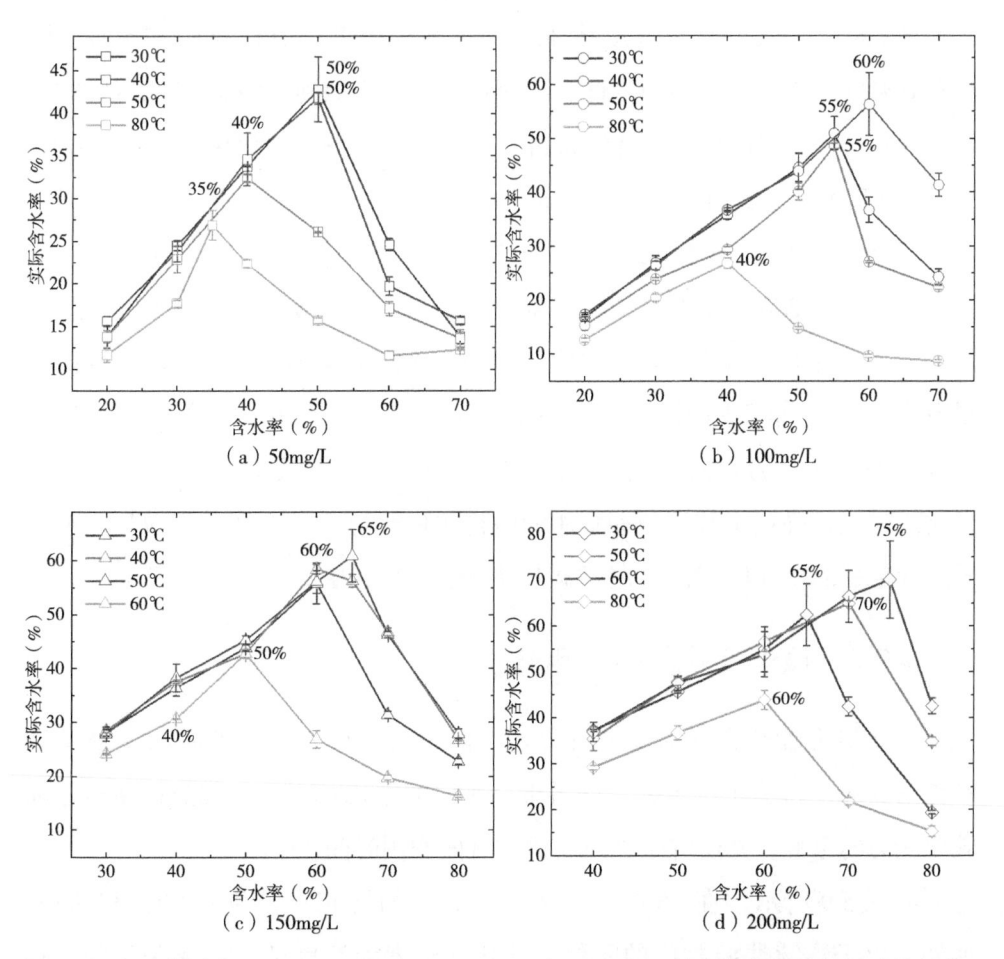

图 5.8 含沥青质 50mg/L、100mg/L、150mg/L 和 200mg/L 的麦芽烯模拟油的乳化性能，以及不同沥青质浓度条件下麦芽烯 IPIP 与温度的关系（一）

油水自乳化理论及在稠油注水开发中的应用

(e) IPIP与温度的关系

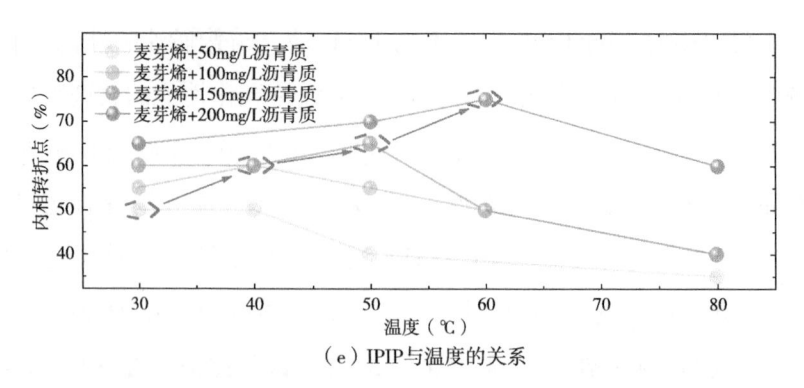

图 5.8　含沥青质 50mg/L、100mg/L、150mg/L 和 200mg/L 的麦芽烯模拟油的乳化性能，以及不同沥青质浓度条件下麦芽烯 IPIP 与温度的关系（二）

图 5.8（a）表明，当温度从 30℃升高到 40℃时，IPIP 保持在 50%，随后随着温度的进一步升高而降低。当沥青质浓度增加到 100mg/L 时，如图 5.8（b）所示，总 IPIP 增加。具体来说，在 40℃，IPIP 达到 60%，高于 30℃。然而，IPIP 仍然在这个温度以上降低。

当沥青质浓度为 150mg/L 时［图 5.8（c）］，转折点温度上升到 50℃，当沥青质浓度为 200mg/L 时，转折点温度进一步上升到 60℃［图 5.8（d）］。如图 5.8（e）所示，随着沥青质浓度的增加，含沥青质的麦芽烯的乳化性能变得更像 SP 油。这可归因于胶质和沥青质之间的相互作用。随着温度的升高，麦芽烯的胶质-沥青质质量比接近 SP 油（5∶1），有效地降低了 SP 原油的乳化。因此，确定了胶质与沥青质的最佳质量比为 5∶1，确保了胶质与沥青质之间最强的相互作用，并在高温下得到较高的 IPIP。

5.2.2　原油乳化的热作用分析

为了研究加热方式对原油乳化能力的影响，首先测定了油水在 25℃和 80℃下的乳化行为（图 5.9），然后进一步研究了加热时机、加热速率对原油乳化能力的影响，并研究了加热时机的有效作用时间。

如图 5.9 所示，在 25℃和 80℃时，原油的转相点分别是 70% 和 50%。另外，由于连续油相黏度的降低，乳状液黏度随温度的升高显著下降。在 25℃时，原油的乳化能力最强，可以将含水率为 70% 的油水混合物通过搅拌形成油包水乳液。然而，在80℃时原油只能将同等体积的水通过搅拌转变为油包水乳状液。温度对乳化能力的影响可归因于温度的升高降低了连续相黏度，减弱了空间位阻效应，并且增加了液滴间的碰撞频率。含水率为70%时，25℃的油水可以被完全乳化，然而80℃的原油只能增溶1mL的水。因此，在之后所有的乳化实验中，含水率均被设定为70%。

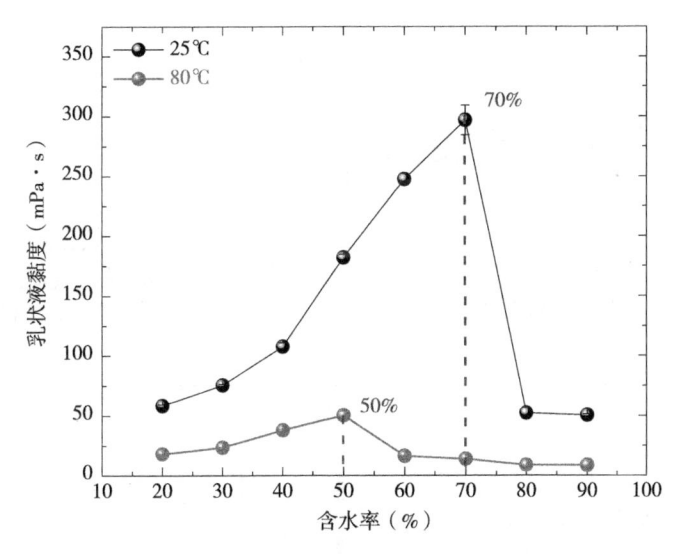

图5.9 不同含水量油水混合物在25℃和80℃下的乳化行为

如图5.10所示，研究了原油在不同加热方式下的乳化能力。在所有乳化实验中，油水通过搅拌的方式均形成了油包水乳状液，说明原油中的天然表面活性剂，比如胶质和沥青质，具有较低的亲水亲油平衡值，更倾向于将水包裹进油中。油水混合物在经过搅拌后，被分成了两层。上层为乳液层，下层为自由水层。据观察，加热时机越早，即初始油水温度越低，乳液层体积越接近全部体积，说明水相几乎全部进入了油相中，内相体积增大，原油乳化能力增加。这种在加热过程中，原油的乳化能力得到了短暂提高的现象被定义为加热效应。

然而，当加热速率在0.857~1.655℃/min范围内变化时，原油的乳化能力几乎保持不变。此外，图5.10（c）显示了不同加热时机对原油乳化能力的有效作用时间影响。据观察，乳液体积随额外加热时间的变化而变化。

当额外加热时间小于10min时,乳液体积略微下降,然而,当额外加热时间大于10min时,乳液体积迅速降低。因此,将加热效应的有效时间考虑为10min。

(a)不同加热温度的影响

(b)不同加热速率对原油乳化能力的影响

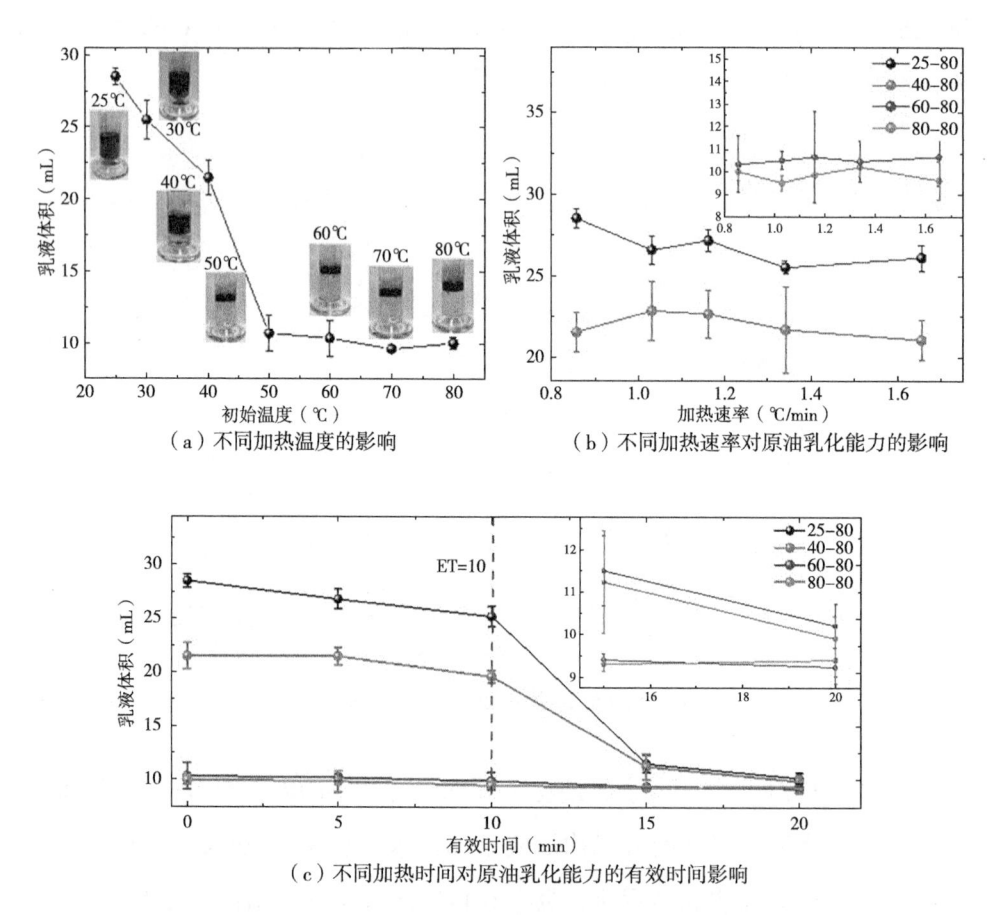

(c)不同加热时间对原油乳化能力的有效时间影响

图5.10 不同加热方式对原油乳化能力的影响

原油的乳化能力可以被理解为原油自身的特性,由原油中的天然表面活性剂决定。当温度降低时,激发了原油的潜在的乳化能力,使原油的活性处于激发态,并且是长期存在的。在本研究中,当温度为25℃时,原油具有最大的乳化能力。然而,当温度进一步降低时,原油的乳化能力可能增大,这里需要考虑原油的析蜡温度。原油活性在加热时机的影响下进入了短暂的激发态,具有较高的乳化能力。并在一段时间后,原油的乳化能力又恢复到正常水平。这种因为加热引起原油乳化能力短暂提高的现象,被定义为加热效应。值得注意的一点是,当原油从 25℃加热到 80℃时所表现出的乳化能力非常接近于原油在 25℃时的乳化能力。适当地推测一下,假如将原油从 10℃加热至 80℃时,原油的乳化能力可能会超过原油在 25℃时的乳化能力。

5.2.3 温度对原油乳化的作用机理

综上所述,SP 油的沥青质组分对其独特的乳化性能和明显的界面特征起着至关重要的作用。发现胶质与沥青质质量比为 5∶1 是最佳的,并且对这些性能有显著贡献。这可能是由于 SP 油中沥青质分子的分子间作用力比其他普通油更强。此外,分散剂胶质的存在增强了沥青质在油水界面的吸附。通过分子相互作用,形成具有一定空间位阻的稳定界面膜。SP 油乳化特性示意图如图 5.11 所示。一般来说,沥青质相对平均分子量最高,其次是胶质。因此,小分子指的是原油组分,而不是沥青质和胶质(图 5.11)。

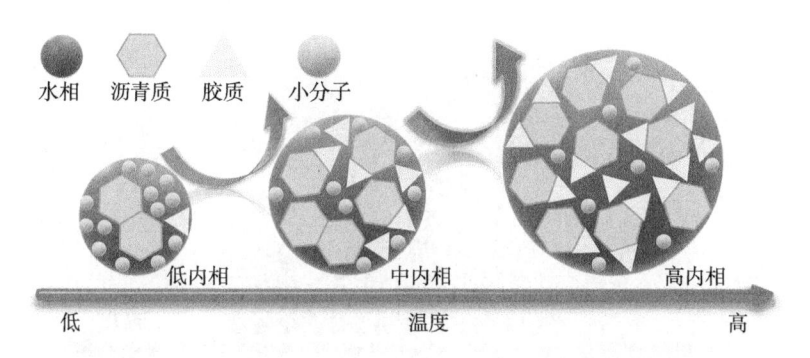

图 5.11　SP 油在较高温度下具有较高内相的机理示意图

随着温度的升高,沥青质更有效地分散,更容易向界面迁移,从而形成更强的界面膜。这个过程可以防止小分子附着在油水界面上。因此,在较高的温度下,界面上存在较少的小分子,导致界面张力增加。然而,尽管 SP 油中的沥青质组分表现出很强的分子间作用力,但它在高温下仍然表现出弱的相互作用和较低的热稳定性。因此,SP 油形成的乳液在高温下变得不那么热稳定。

如图 5.12 所示，在长期研究中，温度对原油乳化能力的影响通常是直接从 A 到 C，忽略了中间过程 B。然而，在本研究中发现，加热效应对原油的乳化能力起着至关重要的作用。一般来说，在低温条件下，沥青质在分子间通过 π–π 堆积和分子内、分子间氢键缔合大分子，这将导致沥青质在原油中的分散能力较差。因此，在低温条件下，沥青质分子在油水界面的覆盖率较低，导致界面张力较高。然而，界面上的分子和界面上的分子可以通过氢键与自由分子连接。从而增强了界面膜的强度，并在界面膜周围形成了实际的位阻效应。这将使原油具有良好的界面黏弹性和优异的乳化能力。在高温下，沥青质的分散和迁移速率会促进沥青质在界面上的吸附，增加沥青质分子在界面上的分布密度。这将导致低界面张力。此外，高温会促进频繁的布朗运动，这将对分子间的氢键构成重大挑战。因此，界面处分子之间以及界面处分子与自由分子之间的氢键变得极其不稳定，显著破坏了膜的强度，严重削弱了位阻效应。因此，原油的界面黏弹性和乳化能力在高温下会变差。

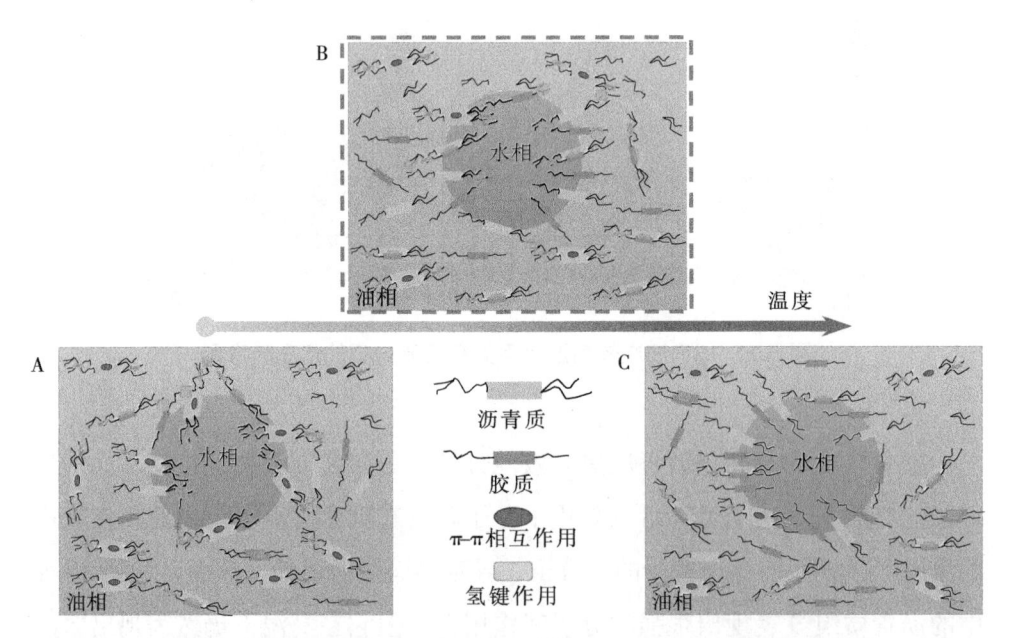

图 5.12 热效应对原油乳化能力影响机理示意图，A 为 25℃时稳定油水界面，B 为 25-80 次加热时的准稳定油水界面，C 为 80℃时稳定油水界面

5.3 高含水作用下的原油乳化性能

5.3.1 高含水的影响

在水驱油藏开发过程中，油水流动时间的差异，孔喉及管柱尺寸的变化，地层温度的不同，渗透率的非均质性以及乳液含水率的改变，这些因素都有可能引起原油乳化能力的突变。因此，研究了剪切时间、剪切速率、温度、含水率以及不同含水率乳液对原油乳化能力的影响（图 5.13）。特别地，原油乳化能力指原油包裹水的能力，而实际含水率指乳液中含水量与乳液体积之比。因此，在本小节中，实际含水率被用于量化表征原油的乳化能力。

在图 5.13（a）中，原油最大的乳化能力随剪切时间的增加而增强，在剪切时间大于 20min 后不再改变。在 55% 含水率处，可以观察到随剪切时间的增加，原油乳化能力得到了明显的改善。这可归因于剪切时间过短，油水乳化不完全。然而，原油最大乳化能力不受剪切速率的影响［图 5.13（b）］。在任意含水率处，400r/min 剪切速率对应的原油乳化能力均小于 600 ~ 1000r/min 剪切速率的。这说明在 400r/min 剪切速率下油水乳化不充分。可以合理地推测一下，若剪切速率进一步减小，原油乳化能力可能为 0。换句话说，油水的乳化类似于油藏的流体的流动，需要一个启动剪切速率。在图 5.13（c）中，温度的增加削弱了原油的最大乳化能力。一方面，温度的提高减弱了沥青质之间的聚集程度，降低了原油黏度；另一方面，温度的增加加强了分子的无规则运动，破坏了分子间作用力（比如氢键）。在剪切时间、剪切速率和温度作用时，有一个共同的现象，那就是在相变之后，原油乳化能力急剧降低，如图 5.13（a），图 5.13（b）和图 5.13（c）中黑色虚线框所示。原油乳化能力变差的宏观解释是乳液中含水量的减少。

油水自乳化理论及在稠油注水开发中的应用

(a) 剪切时间

(b) 剪切速率

(c) 温度

(d) 含水率

(e) 不同含水率乳液对原油乳化能力的影响

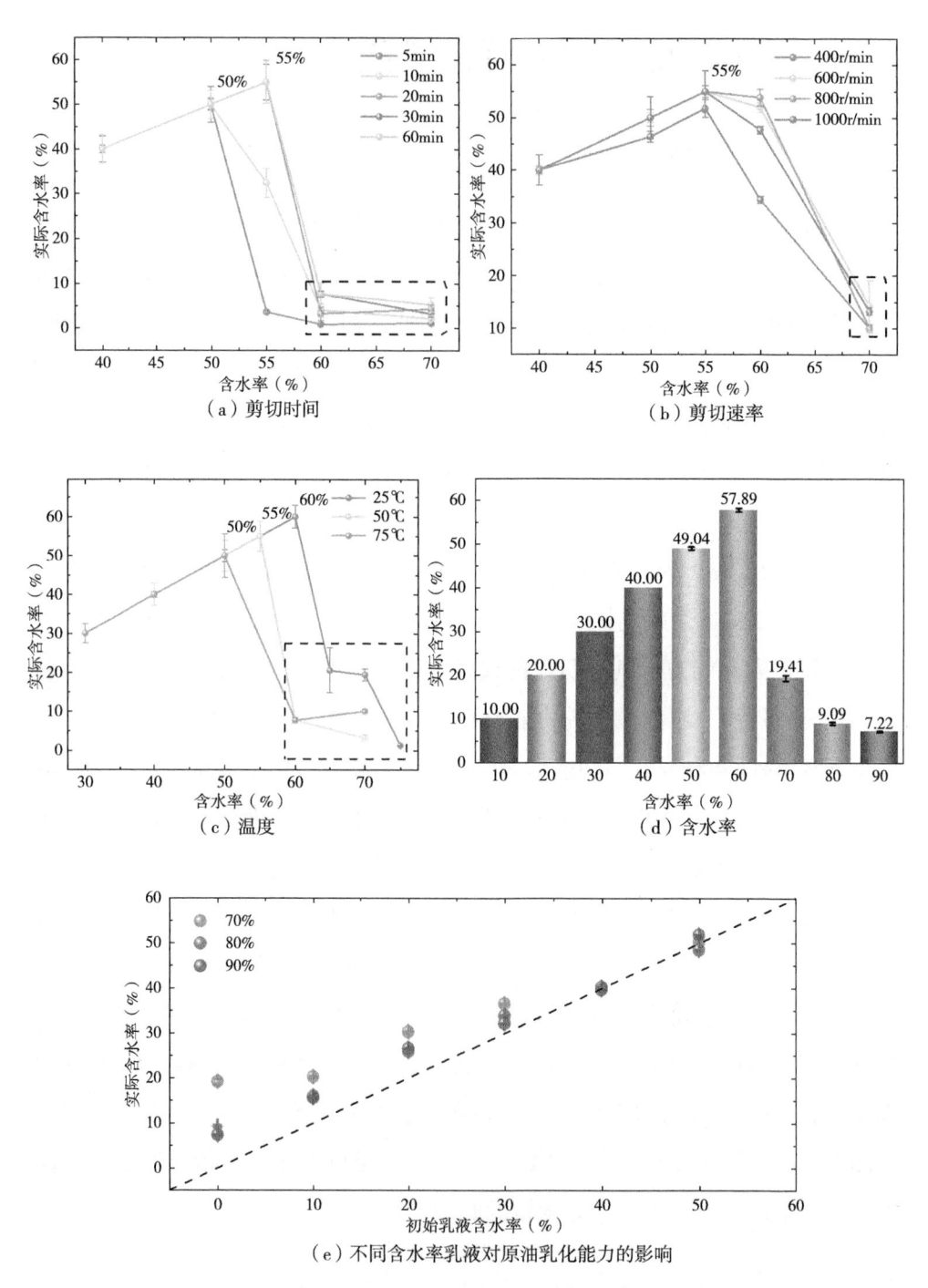

图 5.13 剪切时间、剪切速率、温度、含水量和不同含水率乳液对原油乳化能力的影响

5　油水自乳化信息数据库

为了明确含水率对原油乳化能力的影响，更详细的含水率下的油水乳化结果被显示在了图5.13（d）中。直观的乳化结果被展示在了图5.14中。原油的最大乳化能力出现在含水率为60%处［图5.13（d）］；在60%含水率之前，油水几乎完全乳化（图5.14）；在相变之后，原油乳化能力骤降，底部出现大量自由水（图5.14）。在之前的研究中，7种油水自乳化实验被测定了。实验表明：在相变之后，原油乳化能力迅速降低了。需要说明的一点是，7种原油囊括了轻质原油，中质原油和重质原油。这间接地说明了在高含水率下原油乳化能力的削弱是一个普遍现象。

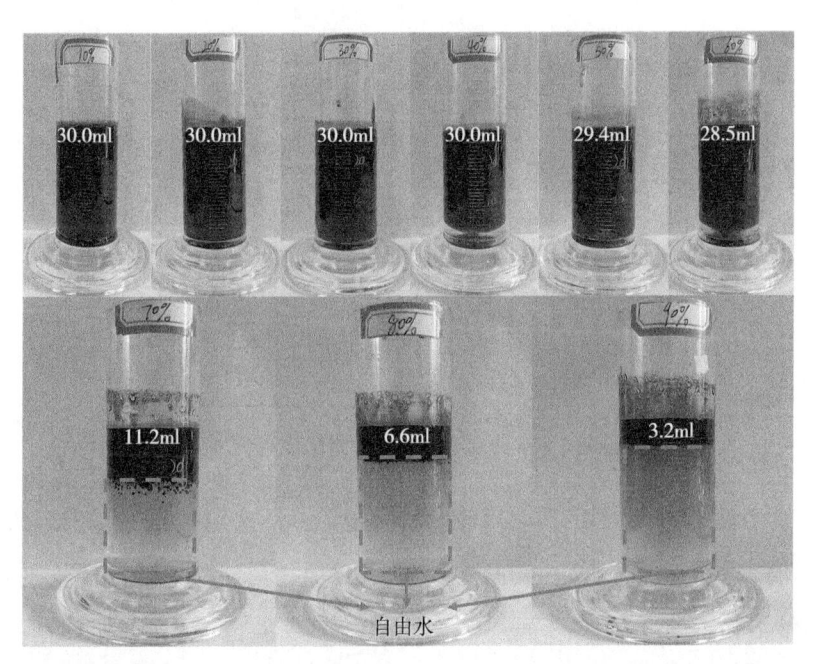

图5.14　含水率为10% ~ 90%时油水乳化；10% ~ 90%含水量对应的乳状液体积分别为30.0mL、30.0mL、30.0mL、30.0mL、29.4mL、28.5mL、11.2mL、6.6mL、3.2mL

为了进一步说明高含水率对原油乳化能力的影响，开展了乳液遇水再乳化实验。在油水由混合物经过搅拌形成乳液的过程中，这个过程被认为是一个乳液逐级形成的过程。其中，首先原油包裹少量的水，随着搅拌的进行，原油中包裹的水越来越多，直至原油乳化能力上限结束。油水逐级乳化示意图如图5.15所示。在实验中，向10%，20%，30%，40%和50%含水率的乳液中添加水，使其形成总含水率为70%，80%和90%的混合物。在初始时刻乳液含水率越低，乳液的额外增溶水量越多，即当初始时刻只有油水两相时，额外增溶水量最大。当初始时刻乳液含水率越高时，乳液额外增溶水量不断降低，甚至为负值（80%含水率和初始50%含水率）。另外，总含水率越低，乳液额外增溶水量越高。这说明了在高含水率下原油乳化能力受到限制，过多的水量会导致乳液不稳定，甚至破乳析出。因此，在高含水率条件下，可通过乳液遇水再乳化的方式提高原油的乳化能力。

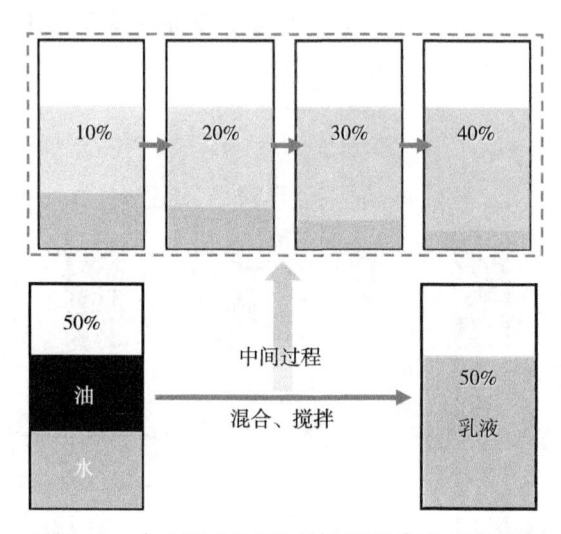

图 5.15　含水率为 50% 的乳液逐步形成示意图

在整个实验过程中，乳液类型均为油包水。这可以通过亲水亲脂平衡（HLB）值来解释。通过判断表面活性剂 HLB 值，可以确定表面活性剂是水溶性还是油溶性。水溶性的表面活性剂倾向于形成水包油乳液，而油溶性的表面活性剂更倾向于形成油包水乳液。原油中的天然表面活性剂、胶质、沥青质和石油酸，对乳液的形成起着关键作用，它们都具有较低的 HLB 值。因此，在油水自乳化过程中，乳液一般都以油包水的形式存在。

5.3.2　高含水对原油乳化的作用机理

基于上述研究结果，在高含水率下，原油乳化能力与乳液的界面膜强度，液滴尺寸分布以及空间位阻效应有着密切的联系。其中，乳液的界面膜强度与胶质和沥青质在界面上的分布以及分子作用有关。另外，均匀的乳液尺寸以及较强的空间位阻效应可以有效地抑制液滴的聚集。

在油水自乳化过程中，界面膜的稳固大多依赖于原油中的沥青质和胶质。沥青质主要通过氢键，$\pi-\pi$ 堆叠和范德华力聚集在油水界面上，并通过横向作用增加了界面膜强度。为了方便理解，低含水率对油水界面的影响机制示意图如图 5.16 所示。随着原油中包裹的水的增加，外界面附近会聚集越来越多的水滴。由于内外界面的竞争吸附以及空间位阻效应，沥青质和胶质会在内外界面上达到吸附和解吸的平衡状态。在这一过程中，内外界面上的沥青质分子也可通过氢键及范德华力，甚至少量的 $\pi-\pi$ 堆叠，进行组合和聚集。乳液中含水率的增加将加剧这一现象的发生。

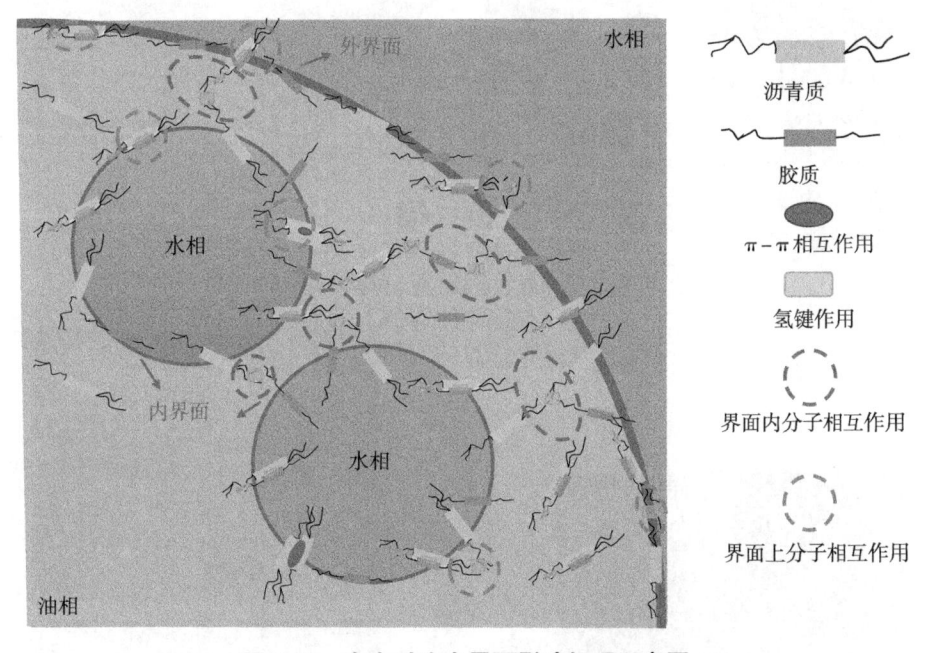

图 5.16 含水对油水界面影响机理示意图

从宏观和分子视角，对界面膜强度、液滴尺寸以及空间位阻在其中扮演的角色进行了描述，如图 5.17 所示。

在图 5.17（a）中，在高含水率下，通过搅拌作用油滴和水滴将不断碰撞。由于天然表面活性剂在界面上的吸附，水滴被束缚在原油中从而形成乳液。形成的乳液液滴又不断与水滴继续发生碰撞，由于过量的水的存在直至达到平衡状态。在分子层面上［图 5.17（b）］，初始时刻，沥青质和胶质吸附到油水界面上，并通过氢键，π-π 堆叠以及范德华力在界面上以及界面之间进行连接。同时，界面上的沥青质和胶质也可以通过氢键作用连接原油中的自由分子。这些行为可以有助于提高界面膜强度并形成有效的空间位阻效应。然而，过量的水将继续与原油以及原油中的水滴进行碰撞。自由水滴与乳液液滴的碰撞结果是要么液滴尺寸变大要么乳液液滴破裂。这将显著破坏分子间的作用力，从而削弱薄膜强度以及空间位阻。不稳定的薄膜以及不均匀的液滴将促进液滴的聚并和破裂，进而抑制了原油的乳化性能。

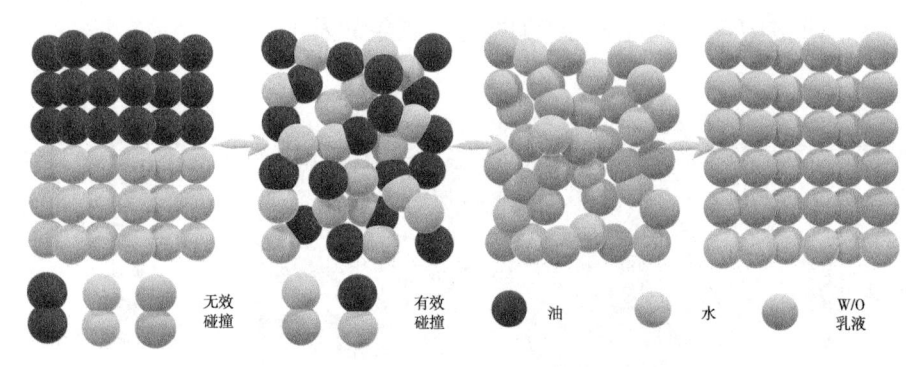

（a）高含水率下油水乳化过程宏观示意图

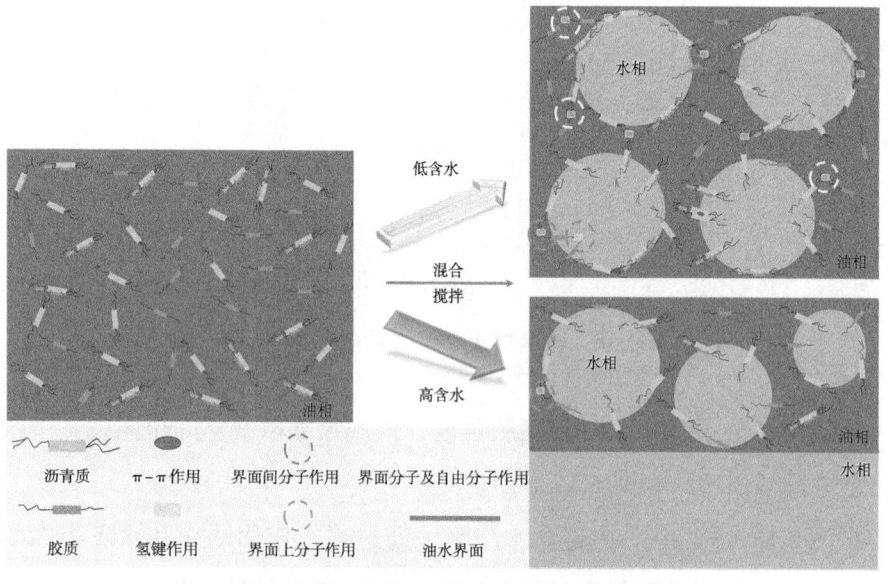

（b）高含水率对原油乳化能力影响机理示意图

图 5.17　高含水率对原油乳化能力影响机理示意图

5.4 高内相稀油的乳化特性

5.4.1 稀油高内相的关键影响因素

稀油乳状液具有多种性质，包括转相点、内相体积，乳状液黏度和稳定性等。其中，转相点是相对最重要的。因为转相点对应相同条件下最大的乳状液黏度，最高的内相体积，同时也对应着乳状液黏度随含水率变化趋势发生突变的点。可能影响稀油乳液相变的因素很多，如酸碱度、矿化度、离子种类、剪切强度和温度。结合乳状液生成必备条件和油水所处的地层环境，本文考虑了剪切时间、剪切速率和温度对稀油乳状液相变的影响，进一步分析了稀油在这3种外界因素作用下的相变特征。

图 5.18（a）描述了剪切时间对不同含水率下稀油乳状液黏度的影响。随着剪切时间的增加，乳状液的黏度呈倍数增长。特别是在高含水率区域，乳状液黏度出现了显著性增长，在 75% 含水率处，乳状液黏度由 5min 下的 400mPa·s 增加到 30min 的 1200mPa·s，几乎增长了 3 倍。与稀油黏度 13.74mPa·s 相比，最高黏度是其近 100 倍，增黏效果明显。但是，剪切时间的增加没有使稀油乳液的相变点发生转移，在这 5 种剪切时间下，稀油乳液的转相点一直为 75%。图 5.18（b）表明，当剪切速率由 400r/min 向 1000r/min 变化时，稀油乳状液的相变点总是保持在 75%。这说明了剪切时间和剪切速率这两种外界因素对稀油乳液的相变贡献度几乎为 0。

乳液液滴聚并是一个熵增和放热的过程，是一个自发过程。由于油水界面膜的存在，抑制了聚并现象。随着温度的不断上升，连续相油相的黏度减小。稀油由最大转相点 80% 逐渐降低至 80℃时的 60%[图 5.18（c）]。温度的变化明显改变了稀油乳状液特性，使相变位置发生了显著的偏移。一方面，温度的升高，减弱了油相中沥青质和胶质等分子间作用力，减弱了空间位阻效应。空间位阻的降低导致了水滴之间更容易发生聚并现象。另一方面，随着温度的增加，油水界面上沥青质和胶质等分子间的作用力也被削弱了，这将破坏界面膜的强度。此外，温度的升高会引起分子热运动加剧，增加水滴之间的碰撞频率。总之，温度对稀油乳状液相变的影响是通过改变沥青质和胶质等分子间的作用来间接实现的。

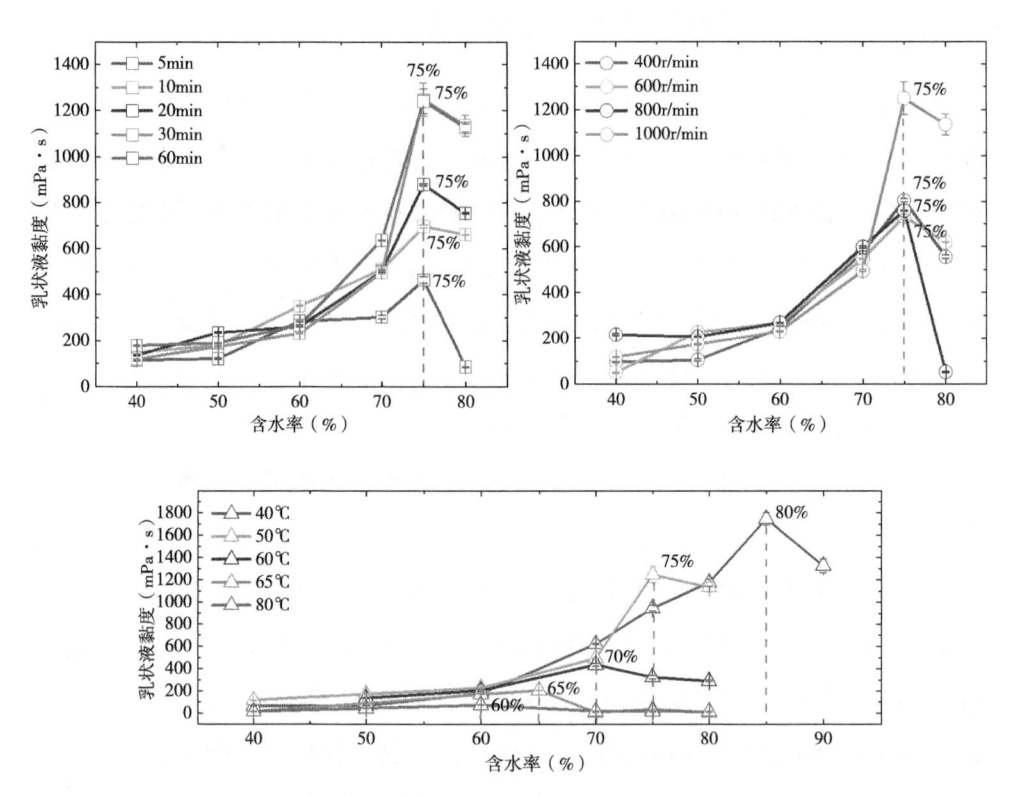

图5.18 不同剪切时间、剪切速率和温度下稀油乳状液黏度与含水量的关系

另外，在50℃下稀油的转相点高达75%，根据转相点的大小划分，该原油属于高相变原油。这可能会归结于蜡的析出，由于50℃低于析蜡点（WAT）。但是当温度为60℃时，相变点为70%，仍然表现出高相变特征。这说明了稀油的高相变的根本不是蜡析出所致，同时也与外部因素几乎无关。以前的研究发现了重油相变的关键是沥青质和胶质的协同作用所致。再结合本小节中稀油的高含蜡特征，认为稀油的高相变可能与沥青质、胶质和蜡相关。

以上研究结果表明，稀油的相变是由稀油自身的组成决定的，与外界因素无关，可以认为是稀油内在属性。因此，接下来开始讨论沥青质、胶质和蜡之间的相互作用与稀油高相变的联系。

作为空白对照，基础油与水的乳化结果如图5.19（a）所示。可以看出，乳状液的相变发生在20%含水率处，对应的最大黏度为15.51mPa·s。这说明了基础油本身活性很低，几乎不含界面活性物质。图5.19（b）为不同浓度沥青质对油水乳化效果的影响。当沥青质浓度为100mg/L时，相变点为40%，最大黏度为94.41mPa·s。随着沥青质浓度的增加，相变点由40%增长到60%。在1500mg/L浓度下，最大黏度变成了261.1mPa·s，与基础油黏度0.76mPa·s相比，黏度增长了344倍。而胶质浓度由100mg/L增加到1500mg/L时，相变点也由40%上升至45%［图5.19（c）］。对于蜡，随着蜡浓度增加，相变点有所偏移，在1500mg/L下，相变点为35%［图5.19（d）］。仅从单组分对稀油相变的贡献而言，沥青质最大，其次是胶质，蜡的贡献最小。

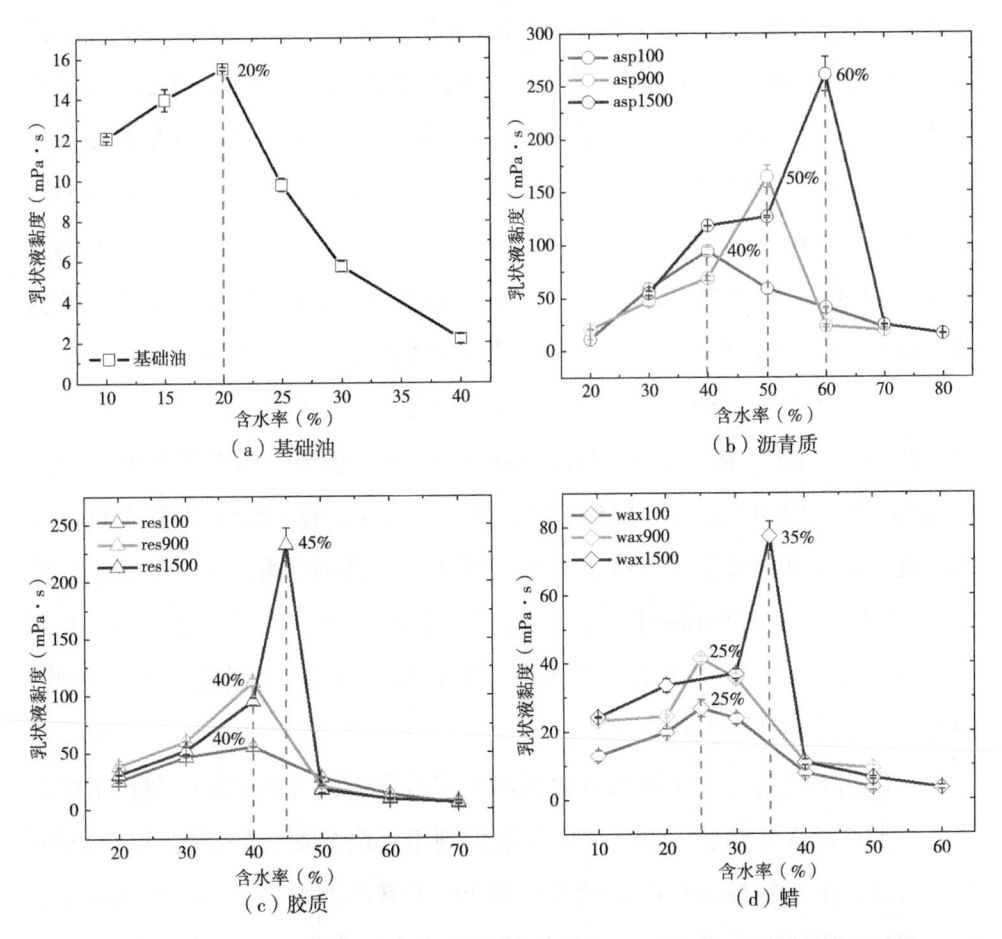

图5.19 基础油、沥青质、胶质、蜡作用下不同含水量油水乳状液黏度的变化

另外，在100mg/L和900mg/L浓度下，胶质和蜡的相变没有产生变化，分别为40%和25%。因此，在后续实验中，添加的胶质和蜡的浓度最多为900mg/L。相变点的变化只考虑为沥青质、胶质、蜡之间的相互作用，而不是由于浓度变化引起的。

通过向含有100mg/L沥青质的基础油中分别加入100mg/L，300mg/L，500mg/L，700mg/L，900mg/L浓度的胶质，研究沥青质和胶质的比例对稀油相变的影响。如图5.20（a）所示，随着胶质的加入，相变点呈现上升趋势，尤其是加入500mg/L的胶质时，相变点达到最大值，为60%。然而，随着胶质浓度的进一步增加，相变点减小至55%。与100mg/L的沥青质单独作用相比，胶质的加入都起到了正向作用，并出现了最佳浓度比，1∶5。这与重油相似，胶质浓度并不是越高越好，过量的胶质将抑制相变点的增长。图5.20（b）显示了不同浓度比的胶质和蜡对稀油相变的影响。单从相变点的变化来看，通过向胶质中不断加入蜡，相变点似乎一直保持在40%，维持了胶质单独作用时的相变点大小。这说明胶质和蜡之间的相互作用很弱，不足以改善相变。另外，随着蜡浓度的增加，乳状液黏度整体上呈下降趋势。在40%含水率处，添加了100mg/L蜡的乳液最大黏度为57.61mPa·s；在蜡浓度为900mg/L时，乳液黏度为22.06mPa·s，下降了61.71%。这可能是蜡的添加导致了连续油相黏度下降。

沥青质与蜡之间的相互作用对稀油相变的贡献情况如图5.20（c）和图5.20（d）所示。随着蜡的加入，相变点呈上升趋势，相变点由45%增大至50%，最大增加到60%。但随着蜡的进一步增加，在1200mg/L和1500mg/L蜡浓度下，相变点降到了35%，比沥青质单独作用时的相变点（40%）还低5%。在700mg/L和900mg/L蜡浓度时，相变点都是60%，但是900mg/L蜡浓度对应的乳状液黏度更大，说明沥青质和蜡之间的相互作用更强。因此，沥青质和蜡的最佳浓度比为1∶9。

在以前的研究中，稀油很难达到高相变特征，这可能的原因包括了沥青质含量低以及含蜡量低。本研究的原油展现出了高相变，并且属于高含蜡原油。所以，推测蜡极有可能是稀油高相变的关键因素之一。而蜡和沥青质之间的相互作用更加证明了蜡是稀油高相变的潜在因素之一。

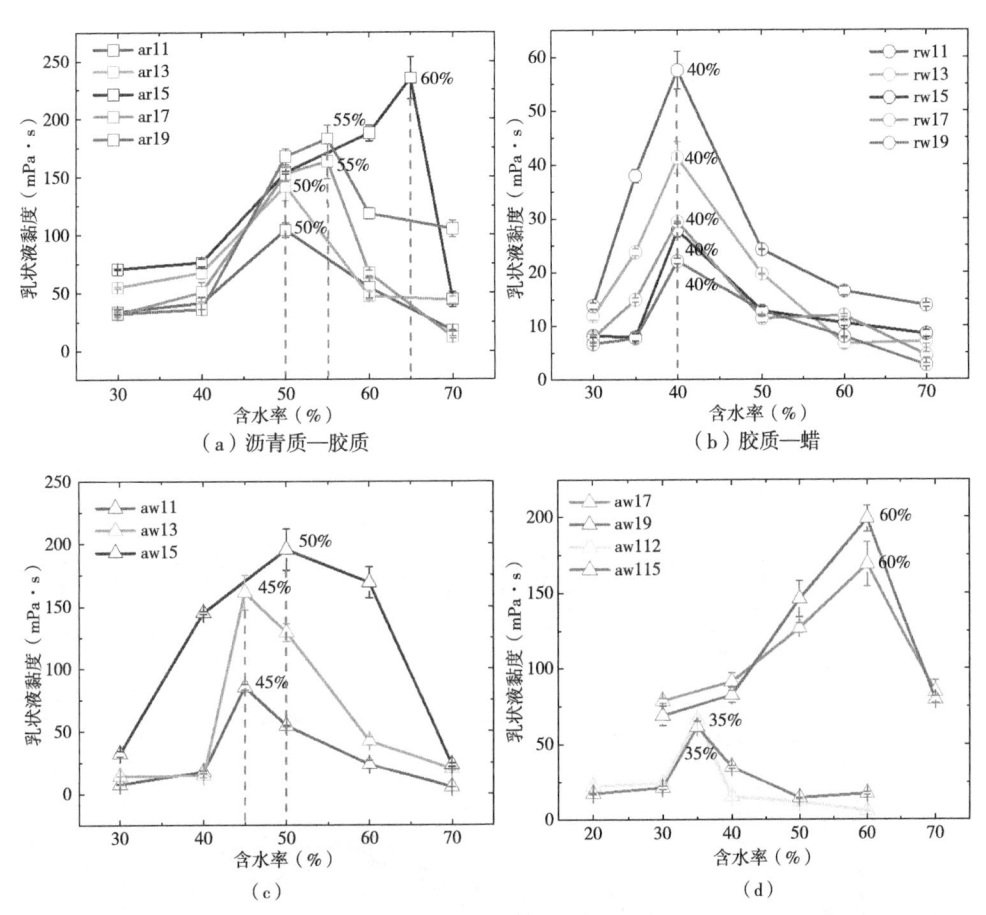

图 5.20 沥青质－胶质、胶质－蜡、沥青质－蜡相互作用对油水乳状液的影响

通过向含沥青质和胶质的基础油中添加不同浓度的蜡，研究沥青质、胶质和蜡这三者之间的相互作用对稀油高相变的贡献，如图 5.21 所示。在图 5.21（a）中，随着蜡加入浓度比为 1∶1 的沥青质和胶质的基础油中，相变点由最低的 45% 增长到最大的 55%，并随后又降低至 45%。与不加蜡时的 50% 相变点相比，只有加入 300r/min 蜡的相变点出现了增长。在图 5.21（b）中，增大了沥青质和胶质间的比例，整体相变情况明显好于浓度比为 1∶1 的沥青质和胶质。在沥青质∶胶质∶蜡的比例为 1∶3∶3 时，相变点为最大值，65%，并且通过乳液黏度分析，1∶3∶3 浓度比的模拟油乳化效果好于 1∶3∶5 的模拟油。当向 1∶5 的沥青质胶质模拟油中加入蜡时，乳化效果整体很好［图 5.21（c）］。随着蜡浓度的增加，相变点呈上升的趋势。在 900mg/L

蜡浓度下，相变点出现了最大值，为 80%。胶质和蜡的含量应该在一个合理的范围，并不是说含量越高相变效果就越好。只有当沥青质、胶质和蜡的比例适当时，它们三者之间才会发挥出最佳的协同效果，这是稀油高相变的合理说明。

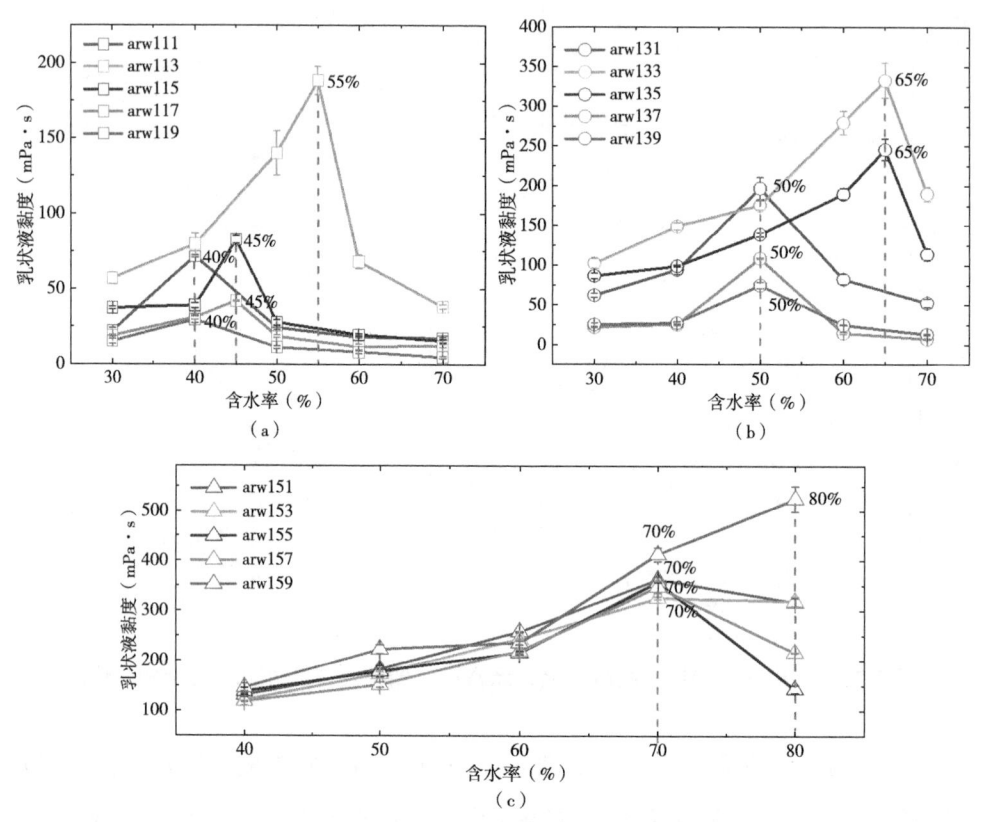

图 5.21 沥青烯 – 胶质和不同浓度蜡对相变的影响

为了能更加形象展示沥青质、胶质、蜡之间的相互作用对相变点的影响，利用了颜色和形状大小代表相变点的高低，如图 5.22 所示。颜色越紫（图 5.22 中色标值越靠近 0.75），形状越大，则相变点越高；颜色越蓝（图 5.22 中色标值越靠近 0.15），形状越小，则相变点越低。在大部分比例下，相变点都小于 70%，这说明只有在合适的比例下沥青质，胶质和蜡之间才能发挥强烈的正向作用，使得稀油达到高相变的状态。这也是为什么绝大多数稀油只拥有低相变或者中相变的能力。在浓度比为 1∶5∶9 时，沥青质，胶质和蜡之间表现出最佳的协同作用效果。这说明稀油高相变的关键因素就是沥青质，胶质和蜡，且比例为 1∶5∶9。

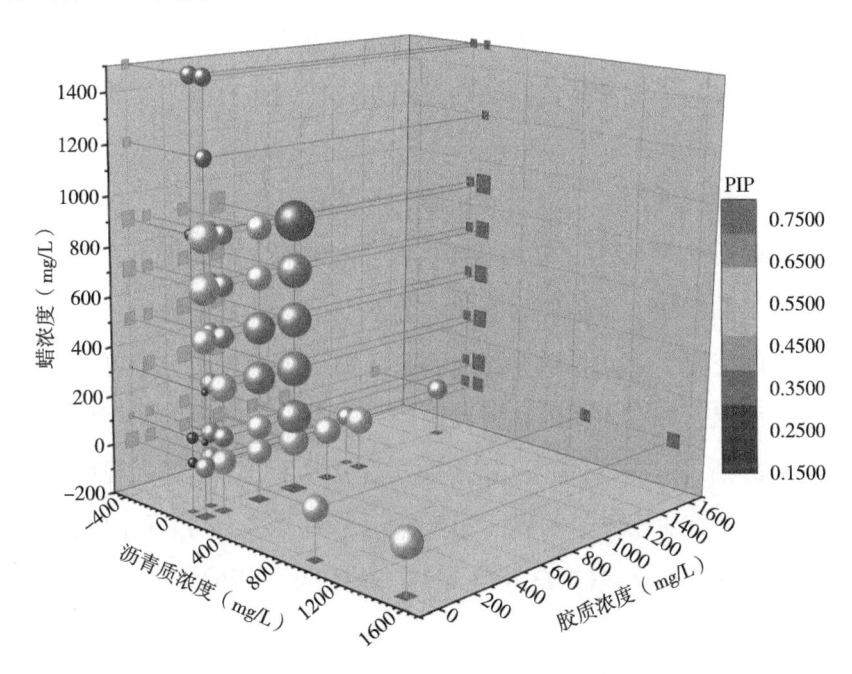

图 5.22　不同浓度沥青质、胶质和蜡对相转变点的影响

5.4.2　原油关键族组分对稀油内相体积变化的作用机理

根据前期实验结果，对稀油内相体积变化机理进行了探讨。结果表明：沥青质 – 胶质 – 蜡的界面活性依次为沥青质 – 胶质 – 蜡。大量实验证实，分子量从大到小依次为沥青质、胶质、蜡。在相同浓度下，分子量较小的蜡分子倾向于快速吸附到油水界面，吸附量最高。

另一方面，沥青质具有更多的极性基团，这通过分子间相互作用增强了界面膜的机械强度。因此，沥青质具有较高的界面张力和较高的界面模量，而蜡具有较低的界面张力和较低的复数模量。

沥青质、胶质和蜡中的分子间作用力可归因于氢键、π – π 堆叠、范德华力、疏水相互作用等。这些官能团，如羟基、酮和醇，可以参与氢键。此外，疏水相互作用是由于极性或带电基团之间的排斥作用而产生的。沥青质、胶质和蜡通常含有疏水分子或基团，使它们能够通过疏水作用相互作用。

沥青质、胶质和蜡的分散剂和溶剂可以有效地将较大的沥青质聚集体转化为较小的分子。因此，沥青质–胶质和沥青质–蜡之间的相互作用力很强。在只含沥青质的模拟油中加入胶质和蜡可以改善模拟油的界面张力，增强界面膜的强度。胶质和蜡之间也存在弱相互作用，有利于胶质和蜡在油相中溶解。

为了更好地说明沥青质、胶质和蜡之间的相互作用行为，提供了它们相互作用的示意图（图5.23）。在沥青质、胶质和蜡存在的情况下，蜡不仅能抑制沥青质分子的聚集，还能作为胶质的分散剂。此外，蜡分子可以填补界面和油相之间的空隙。因此，随着胶质和蜡的加入，沥青质分子可以更好地吸附在油水界面上，并在界面处和附近积聚。通过分子间相互作用形成强界面膜，如图5.23所示。分子间相互作用根据其位置可分为三类：界面相互作用[图5.23（a）]、与油相分子的界面相互作用[图5.23（b）]和油相分子间相互作用[图5.23（c）]。图5.23（d）是这三种相互作用的综合。

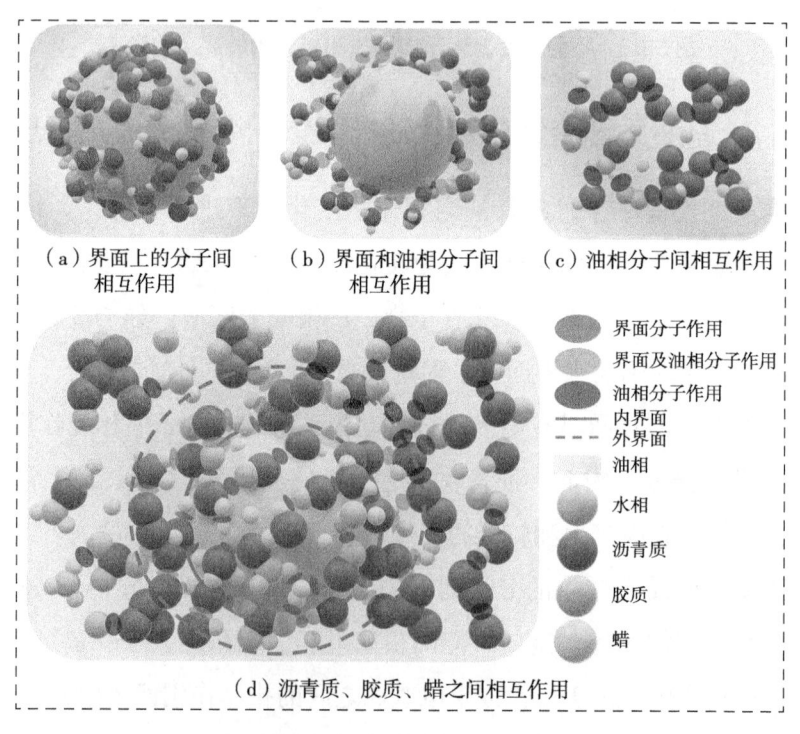

图5.23 沥青质、胶质和蜡的分子间相互作用示意图

首先，沥青质、胶质和蜡在界面处通过分子间相互作用形成固体层结构。界面膜的厚度由界面分子和油相分子之间的相互作用决定。在图5.23中，实线表示界面膜的内界面，虚线表示界面膜的外界面，界面膜的有效厚度位于内外界面之间。在给定的温度和压力下，界面膜的强度由表面活性剂的活性、界面膜的结构和分子之间的相互作用决定。此外，在油相中还存在分子间相互作用，这产生了一定的位阻，为界面膜提供了额外的保护。

因此，在沥青质：胶质：蜡＝1：5：9的最佳比例下，沥青质通过胶质和蜡之间的良好协同作用在油水界面及其周围被广泛吸附。它通过分子间的相互作用，集中在界面处，形成一层强而厚的界面膜。这提供了足够的界面强度，以容纳更多的水分子，并表现出较高的内相乳化性能。

5.5 内相转折点预测相关方法的建立

5.5.1 内相体积转变点自由能模型的建立

基于乳化信息数据库中油水的黏度和密度，并对原油进行分类，建立了不同类型原油乳化液相变点预测模型［式（5.1）至式（5.3）］，并给出模型的适用范围。与其他模型的结果相比［式（5.4）至式（5.9）］，本方法对相变点的预测误差较小，平均误差为4.47%。尤其是在稠油相变点的预测上，新模型显示出绝对优势，预测误差仅为1.48%（图5.25）。同时结合油品的界面张力和相变点数据进行分析，得出结论：新模型适用于界面张力随温度升高而降低的原油（图5.26）。

轻质原油相变点模型：

$$\varepsilon_w = \frac{1}{1+\left(\dfrac{\rho_o}{\rho_w}\right)^{-0.3639}\left(\dfrac{\mu_o}{\mu_w}\right)^{-0.5442}} \quad (5.1)$$

中质原油相变点模型：

$$\varepsilon_w = \cfrac{1}{1+\left(\cfrac{\rho_o}{\rho_w}\right)^{-7.7676}\left(\cfrac{\mu_o}{\mu_w}\right)^{-0.5604}} \qquad (5.2)$$

重质原油相变点模型：

$$\varepsilon_w = \cfrac{1}{1+\left(\cfrac{\rho_o}{\rho_w}\right)^{-17.3148}\left(\cfrac{\mu_o}{\mu_w}\right)^{-0.3080}} \qquad (5.3)$$

式中　ε_w——相变点，%；

　　　ρ_o——原油密度，g/cm³；

　　　ρ_w——地层水密度，g/cm³；

　　　μ_o——原油黏度，mPa·s；

　　　μ_w——地层水黏度，mPa·s。

$$\varepsilon_w = 1 - (1+(\mu_o/\mu_w)^{0.5})^{-1} \qquad (5.4)$$

$$\varepsilon_w = 0.5 + 0.1108 \lg(\mu_o/\mu_w); \quad \mu_w = 1\text{mPa·s} \qquad (5.5)$$

$$\varepsilon_w = 1 - \cfrac{1}{1+\left(\cfrac{\rho_o}{\rho_w}\right)^{1.15}\left(\cfrac{\mu_o}{\mu_w}\right)^{0.3}} \qquad (5.6)$$

$$\varepsilon_w = 1 - \cfrac{1}{1+\left(\cfrac{\rho_o}{\rho_w}\right)^{5/6}\left(\cfrac{\mu_o}{\mu_w}\right)^{1/6}} \qquad (5.7)$$

$$\varepsilon_w = 1 - \cfrac{1}{1+\left(\cfrac{\rho_o}{\rho_w}\right)^{0.6}\left(\cfrac{\mu_o}{\mu_w}\right)^{0.4}} \qquad (5.8)$$

$$\varepsilon_w = 1 - \cfrac{1}{1+\left(\cfrac{\rho_o}{\rho_w}\right)^{0.37}\left(\cfrac{\mu_o}{\mu_w}\right)^{0.3}} \qquad (5.9)$$

(a)相变点实测值与理论值的比较

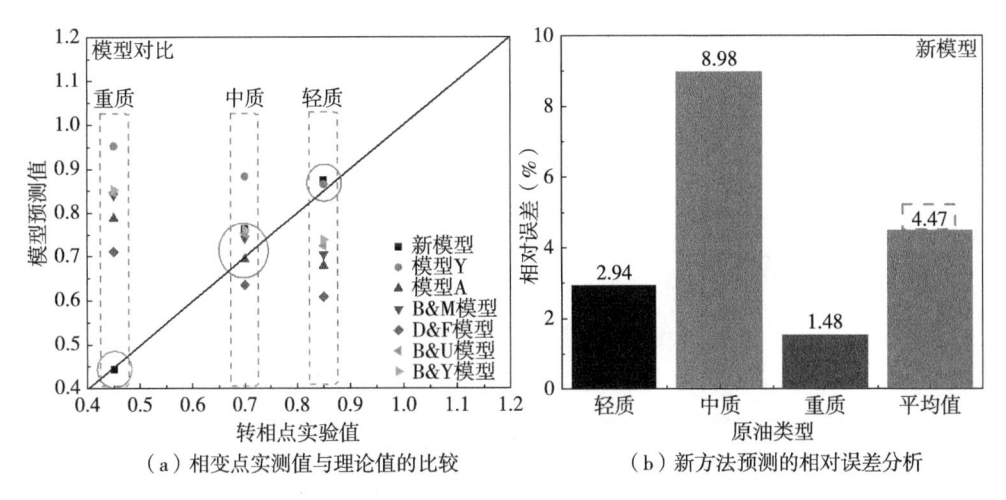

(b)新方法预测的相对误差分析

图 5.24　相变点预测方法的对比和分析

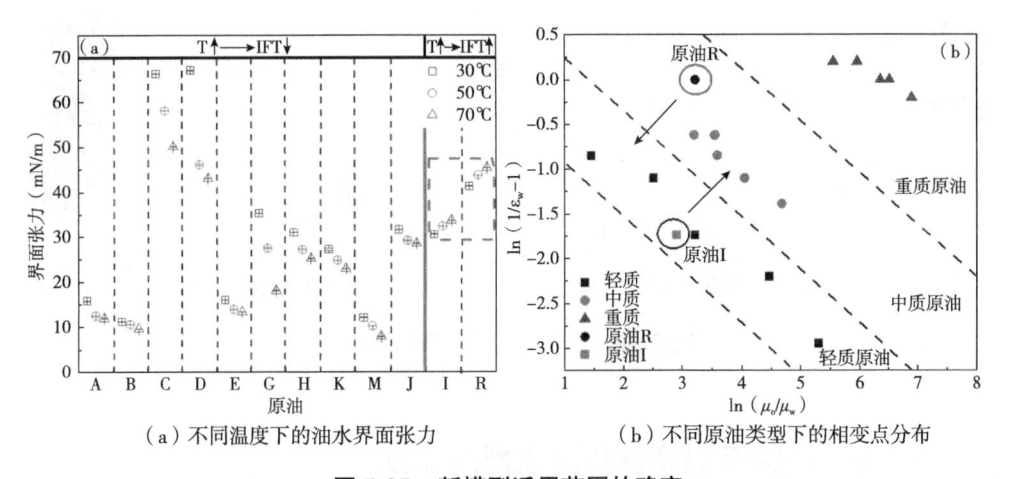

(a)不同温度下的油水界面张力

(b)不同原油类型下的相变点分布

图 5.25　新模型适用范围的确定

5.5.2　内相体积转变点经验模型的建立

基于乳化信息库中原油密度，并对原油进行分类，建立了不同类型原油乳化液相变点经验公式[公式（5.10）至公式（5.12）]。与已有的相变点经验公式[公式（5.4）、公式（5.5）]相比，新模型的平均误差为4.63%（<5%），远小于现有回归模型的平均误差（38.07%、50.45%），具有更高的计算精度（图5.26）。

161

轻质原油经验方程：

$$\varepsilon_w = 0.6184 \times \mu_o^{0.0866} \quad (5.10)$$

中质原油经验方程：

$$\varepsilon_w = 0.0018 \times \mu_o + 0.6079 \quad (5.11)$$

重质原油经验方程：

$$\varepsilon_w = 0.0001 \times \mu_o + 0.4063 \quad (5.12)$$

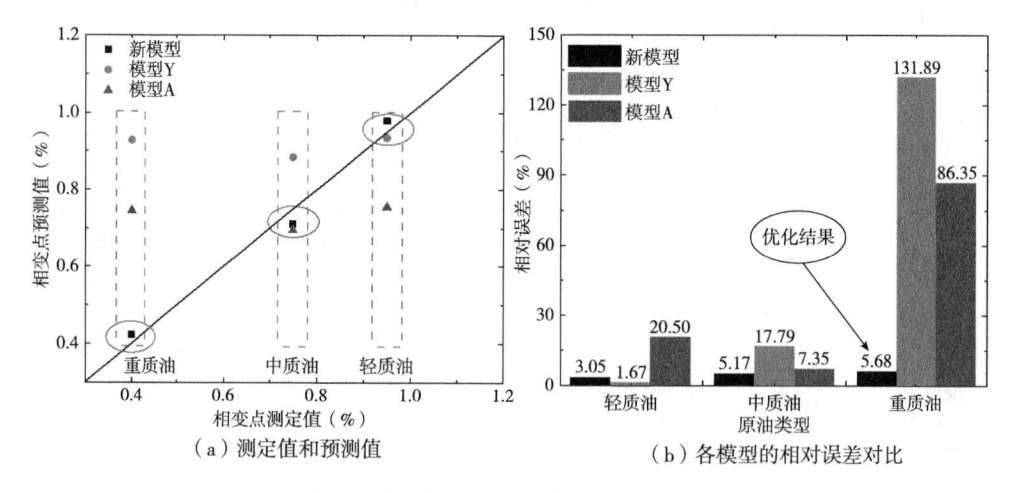

图 5.26 相变点模型计算结果对比

5.5.3 乳状液相体积预测模型的建立

基于乳化数据库中的油水乳化数据样本，实验研究发现乳化液黏度和乳化液内相体积之间满足指数关系 [图 5.27、公式（5.13）]，进而初步构建了油水乳化反应动力学方程 [公式（5.13）至公式（5.18）]。

$$\mu = \mu_o \times e^{a \cdot f_w^*} \quad (5.13)$$

$$V_e = \frac{100 - f_w}{100 - f_w^*} V_a \quad (5.14)$$

$$f_w^* = b \cdot ln\left[2.5 \cdot \left(\frac{k+0.4}{k+1}\right) \cdot e^f\right] \quad (5.15)$$

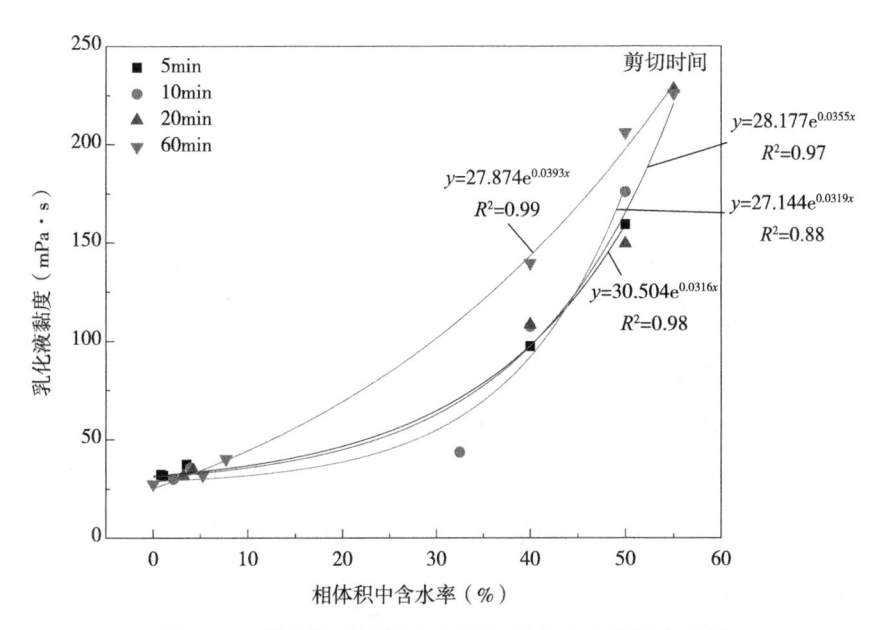

图 5.27　某原油乳液黏度与相体积中含水率拟合曲线

$$f = a_1(a_2 f_w + a_3 f_w^2 + a_4 f_w^3 + a_5 f_w^4 + a_6 f_w^5) \times T^{a_7} \tag{5.16}$$

$$\mu_o = 10^{(0.71523\text{API}+22.13766)}(1.8T+32)^{(0.269024\text{API}-8.268047)} \tag{5.17}$$

$$\mu_w = 0.021482\left((T-8.435)+[(T-8.435)^2+8078.4]^{0.5}\right)-1.2 \tag{5.18}$$

式中　μ——乳化液黏度，mPa·s；

a——常数，其值与温度、剪切时间、剪切速率等因素有关；

f_w^*——乳液相体积中的含水率，%；

f_w——含水率，%；

V_e——乳液体积，mL；

V_a——油水总体积，mL；

b——关于温度、剪切速率、剪切时间的函数，$b=f(T, \tau, t)$；

k——水的黏度与原油黏度之比；

a_1，a_2，a_3，a_4，a_5，a_6，a_7——常数，可由乳液黏度拟合得到；

T——实验温度，℃。

5.5.4 原油黏度预测方法的建立

本小节将幂函数模型和指数模型进行加权组合，建立了一个新的模型。根据不同的聚类特征对油样进行分类，并建立相应的模型。为提高模型的精度，拓宽模型的适用性，建立了平均加权系数方程、常数方程和密度修正方程。通过与经典模型、基于数据的幂函数模型和基于数据的指数模型的比较，对新模型进行了验证和评价。

为了确保清晰和完整，新模型中包含的所有方程都被完整列出。本小节提出了4种新模型，即总方程、平均加权系数方程、常数方程和密度修正方程。在 7.36 s^{-1} 的剪切速率下测量或预测所有方程中涉及的黏度。

（1）总方程。

$$\mu_{Ti}=a\overline{f_1}T_i^b+c\,\overline{f_2}\,\mathrm{e}^{dTi}$$

（2）平均加权系数方程。

轻质：

$$\overline{f_1}=-79474\rho_o^4+255014\rho_o^3-306585\rho_o^2+163670\rho_o+32735.82$$

中质：

$$\overline{f_1}=-24546\rho_o^3+65425\rho_o^2-58112\rho_o+17200.42$$

重质：

$$\overline{f_1}=504.25\rho_o^2-917.7\rho_o+417.87$$

（3）常数方程。

轻质：

$$a=10^{242.96}\rho_o^2-378.81\rho_o+148.93$$

$$b=-155.59\rho_o^2+250.44\rho_o-101.48$$

$$c=10^{60.656}\rho_o^2-86.121\rho_o+30.591$$

$$d=-3.5433\rho_o^2+5.7319\rho_o-2.3321$$

中质：

$$a=10^{930.59221}\rho_o^2-1585.79386\rho_o+679.58785$$

$$b=-382.55501\rho_o^2+654.58134\rho_o-281.64663$$

$$c=10^{463.81587}\rho_o^2-787.56916\rho_o+336.27697$$

$$d=-7.10042\rho_o^2+12.12132\rho_o-5.20445$$

重质：

$$a=10^{2472.26439}\rho_o^2-4426.68894\rho_o+1988.30456$$

$$b=-2987.98201\rho_o^2+5459.02692\rho_o-2496.43434$$

$$c=10^{309.0245}\rho_o^2-502.7180\rho_o+205.21764$$

$$d=4916.96591\rho_o^3-13663.83648\rho_o^2+12655.51262\rho_o-3906.84407$$

（4）密度修正方程。

轻质：

$$\mu_{o50}=10^{11.551}\rho_o-9.0519$$

中质：

$$\mu_{o50}=e^{714.69534}\rho_o^2-1211.06378\rho_o+515.86688$$

重质：

$$\mu_{o50}=10^{-1893.012568}\rho_o^2+3532.64379\rho_o-1644.88105$$

所有油的黏度预测误差见表5.1。新模型的综合平均误差最小，仅为3.67%。基于实验数据的幂函数模型和指数模型的平均误差分别为3.92%和5.35%。结果表明，新模型在黏度预测精度上优于基于实验数据的幂函数模型和指数模型。新模型的综合平均误差较小，表明其对各种类型油的黏度估计能力有所提高。总的来说，与本研究中考虑的其他模型相比，新模型的平均误差较低，表明其预测石油黏度的精度和可靠性更高。

表 5.1　油黏度模型计算的平均相对误差　　　　　　　　单位：%

类型	基于数据的幂函数模型	基于数据的指数模型	新模型
Q5	1.87	3.13	2.46
Q9	2.35	1.26	1.54
柴油	6.15	3.63	4.68
M3	1.37	9.32	4.12
M7	1.92	6.80	5.01
M12	2.75	4.67	3.94
H1	11.03	8.64	3.91
平均值	3.92	5.35	3.67

如前所述，可以预期基于实验数据的模型具有最高的计算精度。然而，与基于实验数据的模型相比，本文提出的新模型具有更高的精度。这为支持新模型的正确性和可靠性提供了强有力的证据。

新模型在黏度预测精度方面优于基于实验数据的模型，这表明了该方法的有效性。结果表明，幂函数模型与指数模型的加权组合，结合密度修正方程，可以显著提高不同类型油类黏度预测的准确性。

与基于实验数据的模型相比，新模型具有更高的精度，从而增强了对其精确估计石油黏度能力的信心。这一发现强调了开发创新建模方法的重要性，这些方法可以提高黏度预测在石油工业实际应用中的准确性和可靠性。

6 W/O 乳状液自适应流度控制性能研究

水驱、聚表二元驱和碱驱等过程中往往会避免形成 W/O 乳状液，而倾向于形成 O/W 乳状液，普遍认为 W/O 乳状液的形成会增加渗流阻力，使流体更难被采出[49-50]。但通过部分现场试验发现，W/O 乳状液的形成对驱油的积极作用很显著，特别是在稠油水驱过程中。

W/O 乳状液黏度高于原油黏度，水驱过程中如果在地层中形成足够大且稳定的 W/O 乳状液段塞，将会明显降低驱替相和被驱替相的流度比，提高水驱波及体积。同时，W/O 乳状液黏度和液滴尺寸随内相体积分数的增加而增加。一般情况下，水驱优势通道渗透率高，含水高，油水乳化倾向于形成具有高内相高黏度的 W/O 乳状液；而在渗透率较低的水驱未波及区域，含水饱和度低，更倾向于形成低内相低黏度的 W/O 乳状液。因此，可以说 W/O 乳状液在非均质地层具有一定自适应流度控制潜力。

基于 W/O 乳状液的这一特性，本章通过在不同含水（以下"含水"均特指油水乳化前的含水条件，不指乳状液内相含水百分数）条件下搅拌配制 W/O 乳状液，通过单岩心和并联岩心实验，模拟稠油注水过程中就地形成 W/O 乳状液的驱替过程，考察不同含水下形成的 W/O 乳状液的流度控制能力，以及对不同非均质地层的剖面改善作用，建立不同含水条件下 W/O 乳状液非均质调控图版。同时，通过平板模型实验和低场核磁共振驱油实验研究了 W/O 乳状液存在下的稠油水驱后油水分布特征，基于可视化技术进一步表征了 W/O 乳状液的流度控制能力。

6.1 实验研究方法

6.1.1 实验材料

（1）实验用油：新疆油田 J 油藏稠油。

（2）实验用水：地层水、模拟注入水（离子组成见表 6.1）。

（3）驱油体系：在不同含水条件（10%、20%、30%、40%、50%、60%、70%、80%、90%）下配制一系列乳状液。

（4）实验岩心：不同渗透率的人造砂岩岩心，规格 $\phi 3.8cm \times 8cm$。

表 6.1　J 油藏注入水离子组成

水样	离子含量（mg/L）						总矿化度 （mg/L）
	HCO_3^-	Cl^-	SO_4^{2-}	Ca^{2+}	Mg^{2+}	Na^++K^+	
注入水	114.45	1965.35	49.39	5.7	31.31	1295.19	3461.39

6.1.2 实验仪器

主要实验仪器包括恒温烘箱、岩心夹持器（规格 $\phi 3.8cm \times 8cm$）、恒压恒速泵、手动泵、中间容器、六通阀、压力表、真空泵、恒温鼓风干燥箱、精密电子天平、游标卡尺、玻璃仪器若干等。

6.1.3 岩心基本参数测定

（1）将干净岩心置于90℃恒温鼓风干燥箱中烘干至恒重，称量干重，并测量岩心的长度和直径，计算岩心总体积。

（2）在真空状态下对岩心饱和地层水，并测湿重，根据干重湿重之差计算岩心孔隙体积（PV）和孔隙度（ϕ）。

（3）按照图6.1所示流程建立渗透率测试装置，设置烘箱温度为油藏温度55℃，将饱和水后的岩心置于岩心夹持器中，用模拟地层水以一定的流速进行驱替，记录稳定时的驱替压力，根据达西定律计算岩心水测渗透率（K）。

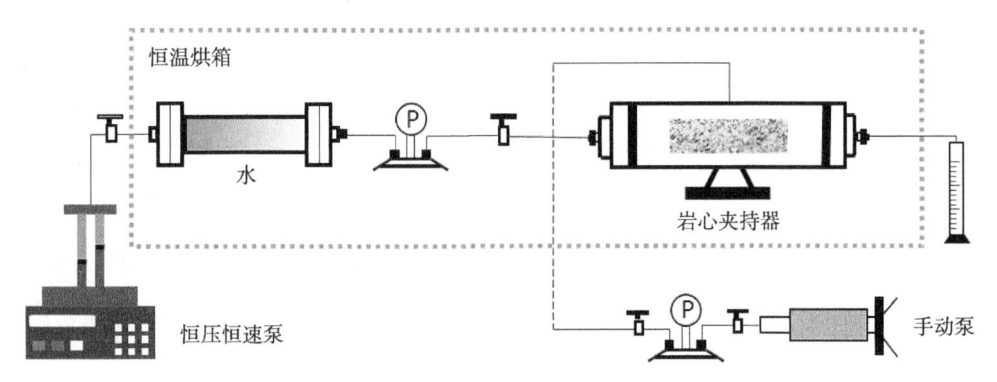

图 6.1 渗透率测试装置流程图

6.1.4 视阻力系数和有效黏度的表征

（1）视阻力系数的测定。

由于吸附和滞留作用，聚合物和凝胶等在驱替过程中和后续水驱过程中均能降低多孔介质的渗透率，阻力系数（R_f）与残余阻力系数（R_{rf}）常被用来评价其改善流度比和降低油藏渗透率的能力[200-201]。而 W/O 乳状液黏度远高于水相黏度，其分散相液滴在岩石表面吸附以及在孔隙喉道的滞留封堵，也具有改善流度比和降低多孔介质渗透率的能力。乳状液的阻力系数和残余阻力系数均是在不含油条件下测定的，与实际油藏驱油情况有所偏差，这里通过在岩心中建立原始含油饱和度，获取乳状液存在条件下水驱油过程中的压力变化，计算"视阻力系数"，进一步评价乳状液在整个水驱过程中的阻力特性和流度控制能力。这里"视阻力系数"定义为乳状液形成条件下水驱过程的压力与乳状液不形成条件下水驱过程的压力比值，表达式如下：

$$R_s = \frac{\Delta p_{ed}}{\Delta p_{wd}} \tag{6.1}$$

式中　R_s——乳状液的视阻力系数，无量纲；

　　　Δp_{ed}，Δp_{wd}——乳状液形成和不形成时的水驱压差，MPa。

根据岩心基本参数测定结果（表 6.2），选取符合实验渗透率要求的岩心进行单岩心实验，研究不同含水和不同渗透率条件下乳状液在多孔介质中的流动特性。整个实验在 J 油藏温度 55℃下进行，实验装置流程如图 6.2 所示，具体实验步骤如下：

①以 0.2mL/min 的注入速度对岩心饱和油，直至岩心出口端不再出水，根据出水量计算原始含油饱和度；

②以 0.1mL/min 的速度先注入 1PV 配制好的乳状液，建立稳定的 W/O 乳状液段塞，然后以相同速度注水驱替，以模拟水驱过程就地乳状液驱，当岩心出口端含水达到 98% 时停止驱替，记录整个过程中的压力数据及产油、产水量。

另外，不形成 W/O 乳状液的水驱实验，整个过程进行注水驱替，其他步骤相同。

表 6.2　视阻力系数测定用岩心基本参数

实验编号	岩心编号	水测渗透率（mD）	孔隙度（%）	原始含油饱和度（%）	乳状液含水（%）
1	100-10	70.95	11.54	63.87	10
2	100-21	68.81	10.95	59.74	20
3	100-145	66.37	10.65	62.98	30
4	100-32	66.52	11.47	58.12	40
5	100-236	62.30	10.79	59.70	50
6	100-181	70.62	10.72	63.13	60
7	100-239	71.46	11.17	59.67	70
8	100-192	63.50	10.94	62.07	80
9	100-112	65.34	10.67	64.11	90
10	100-213	65.86	11.77	56.22	水驱
11	20-3	12.91	7.45	59.34	30
12	50-4	24.63	10.23	63.24	30
13	200-12	108.22	13.53	67.89	30
14	500-7	163.45	17.21	65.89	30
15	20-11	11.32	6.34	57.32	60
16	50-9	22.69	11.34	61.23	60

续表

实验编号	岩心编号	水测渗透率（mD）	孔隙度（%）	原始含油饱和度（%）	乳状液含水（%）
17	200-3	110.45	13.75	67.98	60
18	500-12	160.42	16.54	69.23	60
19	20-13	9.43	6.92	55.22	水驱
20	50-12	23.26	10.45	59.53	水驱
21	200-4	112.65	12.95	67.54	水驱
22	500-21	168.21	17.96	70.32	水驱

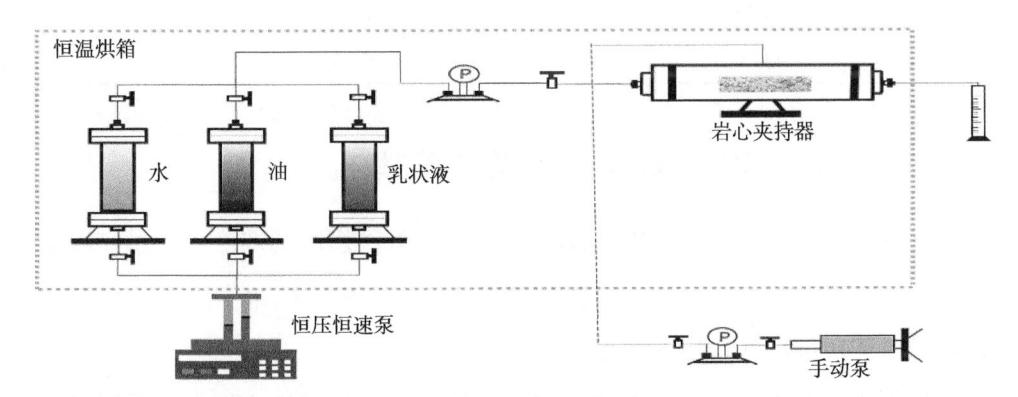

图 6.2 单岩心实验装置流程图

（2）有效黏度的测定。

引入有效黏度来评价乳状液在多孔介质中的流动阻力，表达式如下：

$$\mu_{app} = \frac{K \nabla p_e}{v} \times 0.0864 \quad (6.2)$$

式中 ∇p_e——乳状液驱压力梯度，MPa/m；

K——岩心渗透率，mD；

v——注入线速度，m/d。

实验用岩心基本参数见表 6.3，具体实验步骤：以 0.1mL/min 的速度向一定渗透率的岩心中注入一定含水条件下形成的乳状液，直至压力降稳定，记录稳定压力 Δp_e，采用式（6.2）计算乳状液在多孔介质中的有效黏度。

表 6.3 岩心基本参数

实验编号	岩心编号	水测渗透率（mD）	孔隙度（%）	乳状液含水（%）
23	20–15	11.54	7.56	30
24	50–11	26.69	11.97	30
25	100–85	77.75	11.96	30
26	200–21	110.54	12.62	30
27	500–8	163.28	14.41	30
28	20–2	12.96	6.43	60
29	50–21	24.74	9.59	60
30	100–74	63.52	10.91	60
31	200–13	109.43	12.72	60
32	600–3	157.62	18.64	60

6.1.5 W/O 乳状液对非均质的调控能力

并联岩心实验可以通过获取不同级差高、低渗岩心的产液量占总产液量的百分比（即分流率），进一步明确稠油水驱过程中不同含水条件下形成的 W/O 乳状液对储层非均质的调控能力。

根据岩心基本参数测定结果，选取不同水测渗透率岩心组合成不同渗透率级差并联岩心模型，进行驱替实验，岩心基本参数见表 6.4。在设定的某一相同级差下，从高含水乳状液依次往低含水进行实验，直至某一含水的乳状液不能再启动低渗层，停止这一级差的实验，剩余的更低含水乳状液不再进行实验，因为这部分乳状液也不能再启动低渗层。整个实验在油藏温度下进行，实验装置流程如图 6.3 所示。具体实验步骤如下：

（1）按常规流程对岩心饱和油，建立原始含油饱和度；

（2）将不同渗透率的岩心按要求的级差组合，以 0.2mL/min 的速度先注入 1PV 配制好的乳状液，建立稳定的 W/O 乳状液段塞，然后以相同速度注水驱替，以模拟水驱过程就地乳状液驱，当高、低渗岩心出口端综合含水达到 98% 时停止驱替，记录整个过程中的压力以及高、低渗岩心产液、产油和产水数据，计算高、低渗岩心中的分流率。

表 6.4 并联岩心实验用岩心基本参数

实验编号	岩心编号	水测渗透率（mD）	孔隙度（%）	原始含油饱和度（%）	渗透率级差	乳状液含水（%）
33	100–41	65.31	10.98	71.54	3.04	10
	60–25	21.45	6.55	62.31		
34	100–288	60.51	10.52	68.12	2.95	20
	60–9	20.48	7.31	66.54		
35	100–4	69.52	11.46	66.82	3.11	30
	60–20	22.35	7.07	60.21		
36	100–121	63.41	11.56	65.26	3.02	40
	55–12	21.02	7.69	61.14		
37	100–11	61.90	10.97	69.55	3.06	50
	55–9	20.21	7.97	73.83		
38	100–8	66.10	11.88	62.56	3.07	60
	60–22	21.55	8.43	68.49		
39	100–2	61.05	11.21	65.27	3.04	70
	55–8	20.10	9.94	75.39		
40	100–177	70.16	11.09	65.13	3.19	80
	55–1	21.96	6.87	71.29		
41	100–87	68.09	11.58	72.39	3.14	90
	60–29	21.67	8.12	65.11		
42	150–17	105.57	12.92	75.67	6.28	20
	60–8	16.81	10.04	61.46		
43	150–23	103.25	14.56	76.21	6.15	30
	60–1	16.79	10.36	61.45		
44	150–48	104.23	15.34	69.47	6.23	40
	60–14	16.73	9.52	62.31		
45	150–2	101.89	13.57	72.33	5.96	50
	70–22	17.10	10.16	59.38		

续表

实验编号	岩心编号	水测渗透率（mD）	孔隙度（%）	原始含油饱和度（%）	渗透率级差	乳状液含水（%）
46	150–9	102.75	16.79	70.45	6.02	60
	60–19	17.07	9.83	58.94		
47	150–3	106.62	14.75	75.54	5.87	70
	70–6	18.16	10.41	61.11		
48	170–10	113.64	14.25	76.32	6.19	80
	60–7	18.36	9.93	60.26		
49	170–7	111.39	14.13	74.58	5.91	90
	70–1	18.85	10.07	59.31		
50	150–32	99.32	13.81	74.13	9.24	50
	20–9	10.75	7.26	55.42		
51	150–45	97.25	15.54	77.12	8.93	60
	20–12	10.89	8.21	59.22		
52	150–21	103.42	16.52	75.31	9.10	70
	20–24	11.36	9.32	60.26		
53	150–4	98.23	15.84	73.12	9.27	80
	20–1	10.60	8.95	58.67		
54	170–6	105.30	16.38	73.41	9.04	90
	20–5	11.65	8.17	55.47		
55	150–11	102.17	12.34	75.61	12.31	70
	15–3	8.30	7.29	48.21		
56	170–5	105.77	15.56	72.17	11.94	80
	15–9	8.86	8.12	50.32		
57	170–15	108.45	15.65	75.21	12.17	90
	15–1	8.92	6.33	51.75		

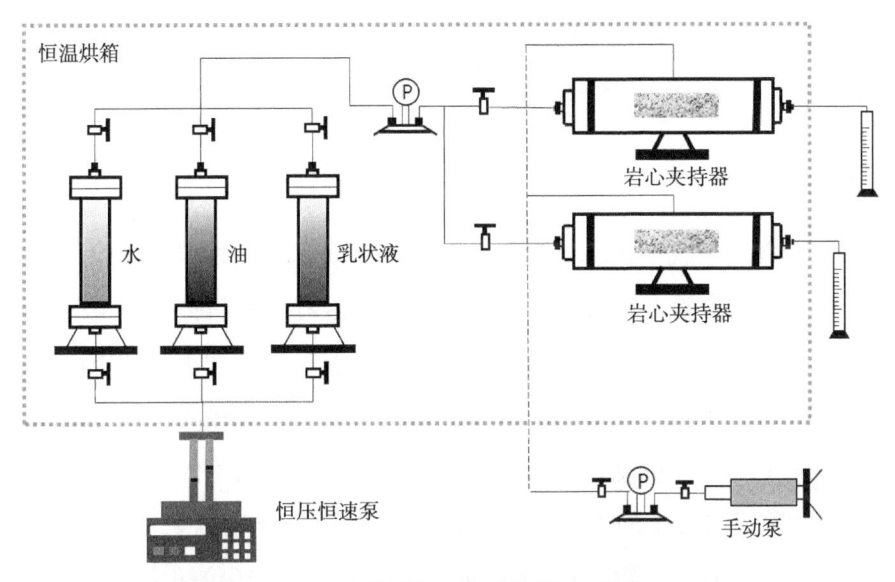

图 6.3　并联岩心实验装置流程图

6.1.6　W/O 乳状液驱油的可视化表征

平板可视化实验可以直观获取驱替过程中的油水分布情况，明确 W/O 乳状液的存在对稠油水驱波及效率的影响。该实验除了 6.1.2 所示的部分仪器外，还包括平板模型、超高倍照相机及数据采集器。

用粗砂（30~40 目）和细砂（60~80 目）填制具有非均质性的平板模型，渗透率不同的部分用筛网隔开，避免窜流。按流程图 6.4 连接好装置，依次

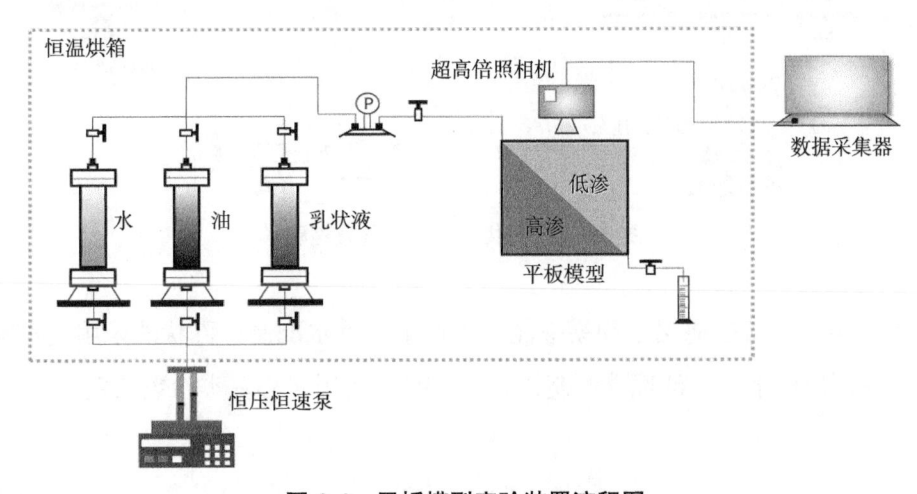

图 6.4　平板模型实验装置流程图

饱和水、油。以 0.1mL/min 速度水驱至含水 98%，然后注入乳状液 0.5PV，接着再进行水驱，在整个过程中利用摄像机记录油水分布情况。

6.1.7　W/O 乳状液驱油核磁共振实验

低场核磁共振成像技术是近年来石油行业兴起的一种岩心实验分析新手段，与岩心流动实验相结合可以直观监测驱替过程中的流体分布情况，揭示驱替剂的作用机理，具有无损样品且可视的优点。不同大小孔隙中流体对应的横向弛豫时间 T_2 不同，不同流体饱和度对应的信号幅度不同。弛豫时间正比于孔隙大小，信号幅度正比于流体饱和度，通过对信号的反演处理可以获得不同驱替阶段岩心中的含油饱和度变化和剩余油分布情况。

低场核磁共振实验除了 6.1.2 所列的部分仪器外，还包括核磁共振仪，实验装置流程图如图 6.5 所示。

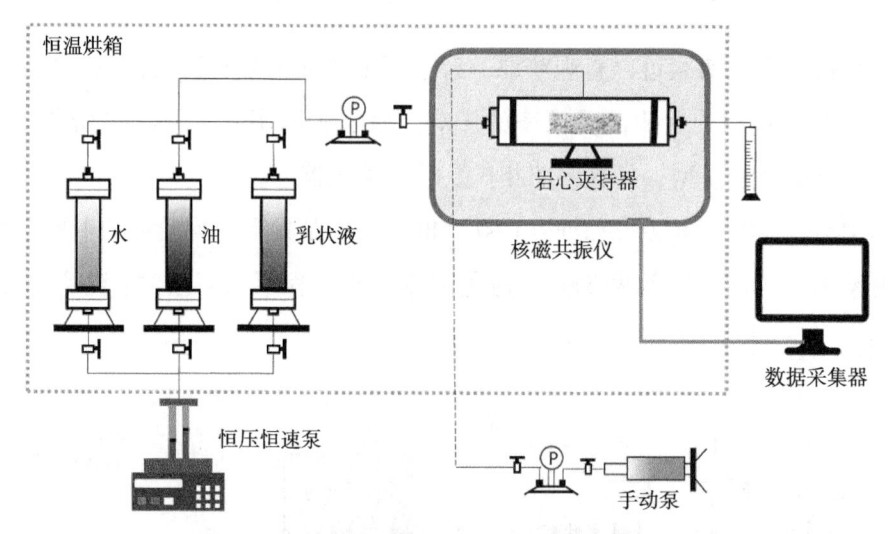

图 6.5　核磁共振实验装置流程图

该实验中模拟地层水和模拟注入水均采用重水配制，乳状液采用重水配制的模拟地层水和原油搅拌配制，含水 35%。所用岩心基本参数见表 6.5。

表 6.5 岩心基本参数表

岩心编号	长度（cm）	直径（cm）	水测渗透率（mD）	孔隙体积（cm³）	孔隙度（%）	原始含油体积（cm³）	原始含油饱和度（%）	备注
100-15	6.253	2.545	56.96	6.34	19.94	4.5	70.98	不形成W/O乳状液
100-13	6.149	2.527	54.57	6.55	21.25	4.6	70.23	形成W/O乳状液

（1）不考虑W/O乳状液生成的稠油水驱实验。

①按常规流程测量岩心孔隙体积和孔隙度，并饱和油；

②驱替前进行核磁共振扫描，获得岩心初始含油饱和度分布及T_2谱图。

③直接以0.1mL/min注入速度进行模拟注入水驱，直至岩心出口端含水达到98%。驱替过中每隔一段时间进行核磁共振扫描，获得T_2谱图和伪彩图。

（2）考虑W/O乳状液生成的稠油水驱实验。

步骤①、②重复上组实验，以0.1mL/min的速度先累计注入乳状液体系1PV，然后进行后续注水驱替，直至岩心出口端含水达到98%。驱替过程中每隔一段时间进行核磁共振扫描，获得T_2谱图和伪彩图。

6.2 W/O乳状液自适应流度控制能力

当温度一定时，不考虑剪切速率的影响，乳状液黏度与外相黏度密切相关，可以用修正的Einstein公式表示：

$$\eta=\eta_0\frac{1}{1-k\varphi} \tag{6.3}$$

式中 φ——乳液体积分数；

k——校正系数。

由式（6.3）可知，W/O乳状液黏度η高于外相黏度η_0，即油相黏度。油、水在地层下剪切形成 W/O 乳状液，一方面增加了油相的渗流阻力，另一方面代替水成为油相的直接排驱相，改善了驱替相和被驱替相的流度比。因此有必要进一步量化乳状液黏度相对原油的增加程度，有助于评价乳状液的流度控制能力。这里采用相对黏度 η_r，即乳状液与原油的黏度比 (η/η_o) 来表征乳状液黏度相对于原油黏度的增加幅度。

$$\eta_r = \frac{\eta}{\eta_o} \tag{6.4}$$

驱替相和被驱替相的流度比公式为

$$M = \frac{K_{re}\eta}{K_{ro}\eta_o} \tag{6.5}$$

式中　M——驱替相与被驱替相流度比；

　　　K_{re}——乳状液相相对渗透率；

　　　K_{ro}——油相相对渗透率。

结合式（6.4），流度比简化为

$$M = \frac{K_{re}\eta_r}{K_{ro}} \tag{6.6}$$

由式（6.6）可知，乳状液相对黏度越大，流度比越低，流度控制能力越强。乳状液的自适应流度控制潜力主要体现在以下两个方面。

（1）乳状液的剪切稀释性使其一定程度上"堵大不堵小"。

含水一定时，乳状液相对黏度受到剪切强度、剪切时间、矿化度和 pH 值的综合影响。基于第 4 章实验结果获得不同条件下乳状液的相对黏度，如图 6.6 所示。含水固定 35% 时，乳状液相对黏度在 1.22~4.77 范围内变化。在实验剪切速率范围内，乳状液表现出明显的剪切稀释性。随剪切速率增加，乳状液黏度下降而稠油黏度基本不发生变化，所以乳状液相对黏度变化趋势与表观黏度一致，与剪切速率成反比关系。地层条件下的剪切速率与注入速度、渗透率和孔隙度存在以下关系：

$$\gamma = 2.5 \frac{4v}{\sqrt{8K/\phi}} \tag{6.7}$$

式中 v——注入速度，m/s；

　　　K——地层渗透率，mD；

　　　ϕ——地层孔隙度。

因此，低渗区域或小孔道中剪切速率大，乳状液表观黏度小，高渗区域或大孔道中剪切速率小，乳状液表观黏度大，乳状液在一定程度上表现出"堵大不堵小"的自适应控制能力。同时乳状液的非牛顿流体特性使其在高压下更易流动，还可以增加乳状液在低渗区的流动性，减弱 W/O 乳状液增黏导致渗流阻力增加这一不利影响。在低渗区启动的情况下，驱替压力高，W/O 乳状液表观黏度降低，流动性增强。

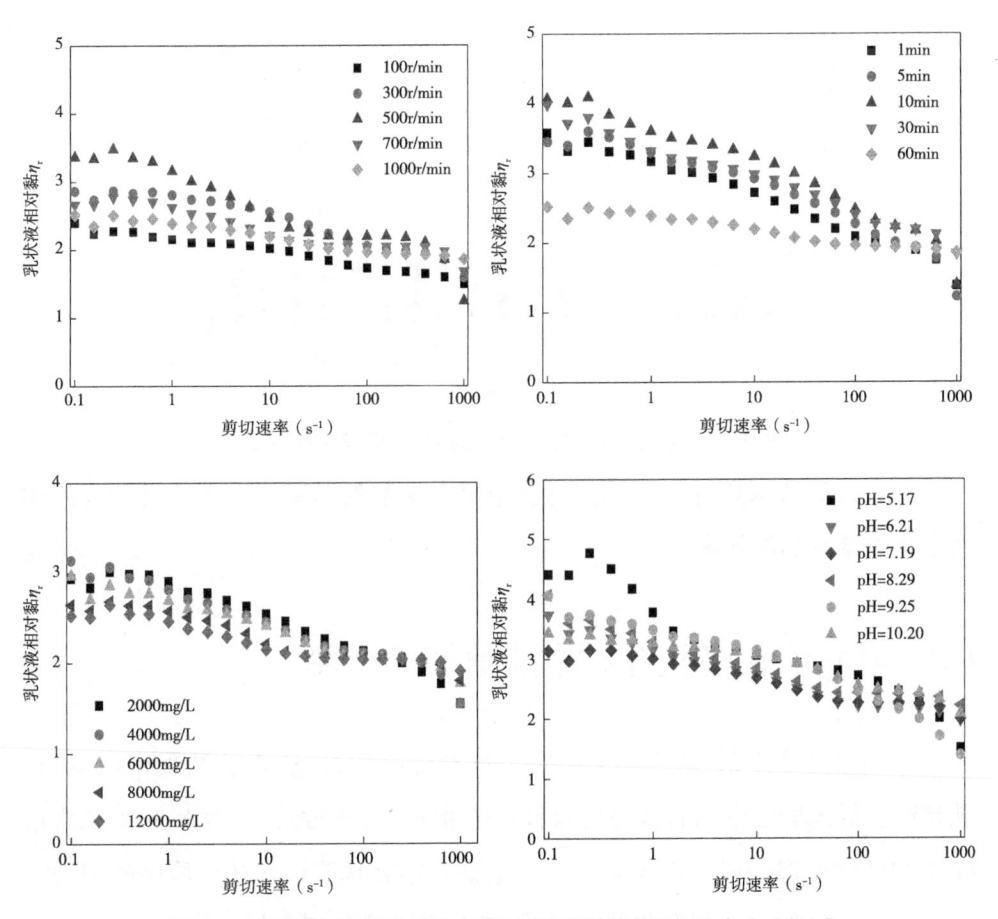

图 6.6 不同条件下形成的 W/O 乳状液相对黏度（含水 35%）

（2）高低渗层的含水控制生成乳状液的黏度和粒径。

乳状液的流度自适应变化能力还主要体现在含水对黏度和分散相液滴尺寸的控制上。随着含水增加，所形成乳状液的相对黏度和粒径总体上呈上升趋势（图6.7）。而往往高渗区域对应渗流优势通道，含水饱和度高，此时倾向于形成高内相高黏度大尺寸乳状液，而低渗区正好相反，倾向于形成低内相低黏度小尺寸乳状液，正好满足高低渗层对黏度和粒径的不同"需求"，这是乳状液自适应流度控制特性的另一重要体现。

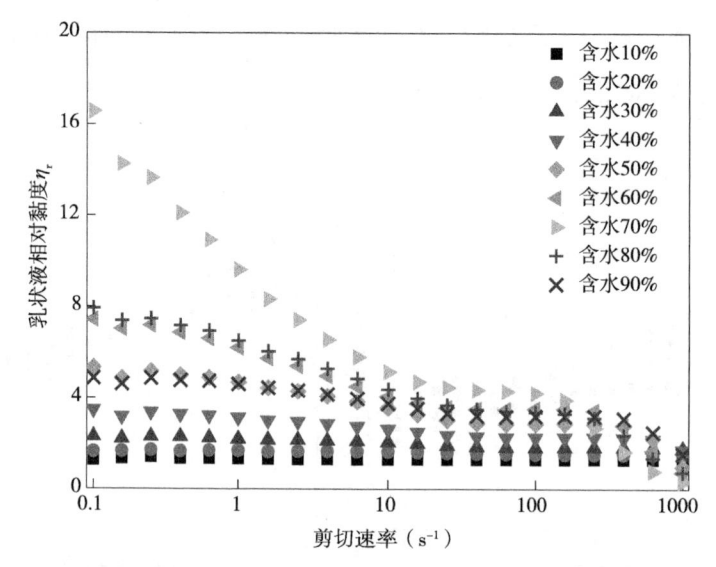

图 6.7 不同含水条件下形成的 W/O 乳状液相对黏度

此外，高含水条件下形成的乳状液具备更强的黏弹性，也有助于提高稠油水驱的微观驱油效率。

6.3 乳状液在多孔介质中的剪切稀释性

不同渗透率下乳状液的有效黏度如图6.8所示，从实验结果可以看出，乳状液在低渗岩心中的有效黏度反而低于相对高渗的岩心，含水30%和含水60%的乳状液都表现出相同的趋势，这证实了乳状液在多孔介质中的剪切稀释性。乳状液的剪切稀释性在一定程度上可以降低其在低渗层的流动阻力，具有"堵大不堵小"的自适应性。

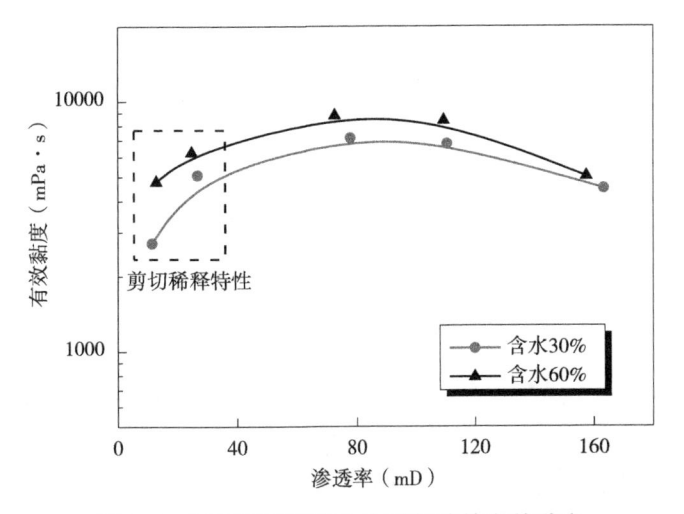

图 6.8 不同渗透率岩心中乳状液的有效黏度

6.4 W/O 乳状液在多孔介质中的阻力特性

6.4.1 不同含水条件下乳状液的"视阻力系数"

在建立原始含油饱和度的情况下，不同含水条件下形成的 W/O 乳状液的驱替压差如图 6.9 所示，换算得到的视阻力系数如图 6.10 所示。整体上，随着含水的增加，乳状液的视阻力系数呈先上升后下降趋势，在含水 70% 时有最大值，这与乳状液黏度的变化趋势一致。在注乳状液阶段，含水大于等于 60% 时形成的乳状液的视阻力系数明显增加，但乳状液黏度并无急增现象，分析原因是黏度增加和乳状液粒径增大的协同作用引起的。相比于注乳状液阶段，后续注水阶段的视阻力系数差异更大。乳状液的最大视阻力系数在含水小于等于 60% 时出现在注乳状液阶段，而含水大于等于 70% 时出现在后续注水阶段，而且后续注水阶段的视阻力系数显著高于注乳状液阶段，在 40 上下波动。这说明相比于无 W/O 乳状液形成的水驱，即使后续水驱破坏了先前形成的乳状液段塞，残留的乳状液依然会产生较高的运移阻力，这 Yu Long 等的研究结果相似[202]。这种特性使得高含水条件下形成的乳状液具有更强更持续的流度控制能力，可以有效增加高渗区的运移阻力，改变后续注入流体的液流方向。同时观察到，当含水达到 70% 后，在后续水驱阶段，驱替压差曲线波动明显，这与分散相液滴的封堵行为有关。

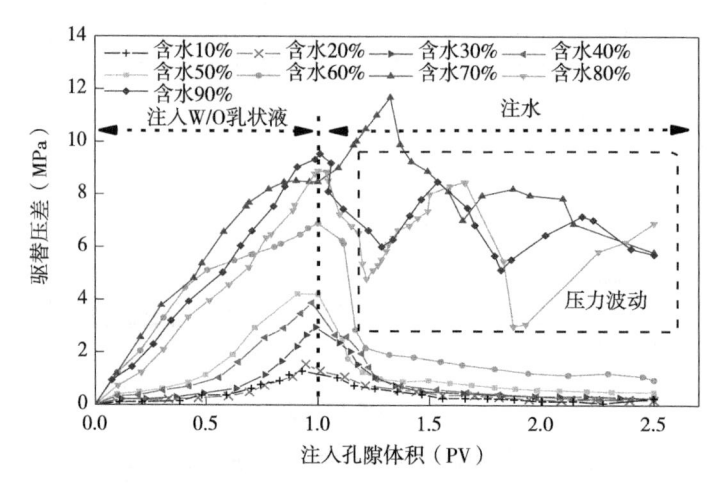

图6.9 不同含水条件下形成W/O乳状液的驱替压差

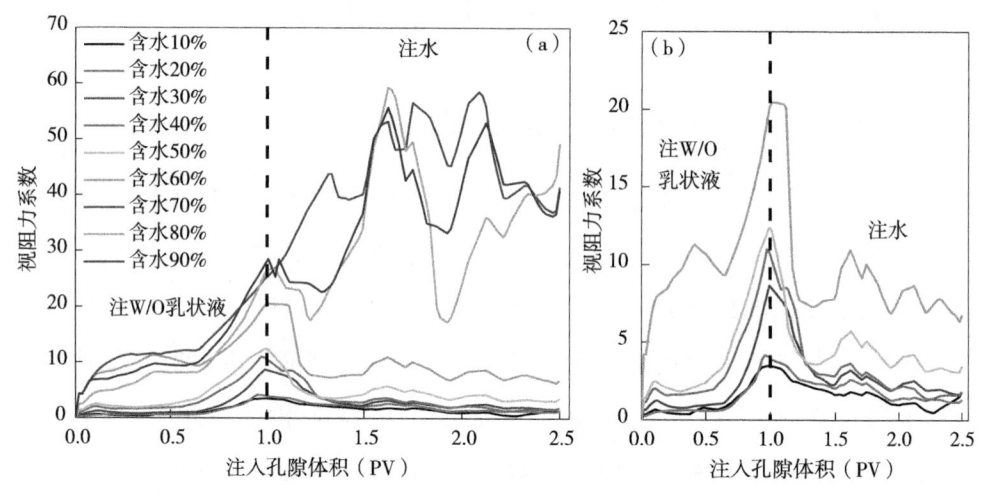

图6.10 不同含水条件下形成W/O乳状液的视阻力系数（b为a中部分曲线的放大）

同时，不同渗透率条件下乳状液的流动特性也存在显著差异，如图6.11和图6.12所示。对于不形成W/O乳状液的稠油水驱来说，渗透率越高，水窜时机越早，体现在驱替压差开始下降的时间点越靠前［图6.11（c）］。水驱过程如果形成了W/O乳状液，驱替阻力将显著提高，低渗岩心增加更为明显。对于相同含水条件下形成的乳状液来说，渗透率越小，驱替压差越大，乳状液流动阻力越大。低渗岩心孔喉尺寸比高渗小，乳状液液滴在低渗透性多孔介质中流动时更容易被小的收缩喉道捕集。因此，低渗岩心中阻挡流体流动的乳状

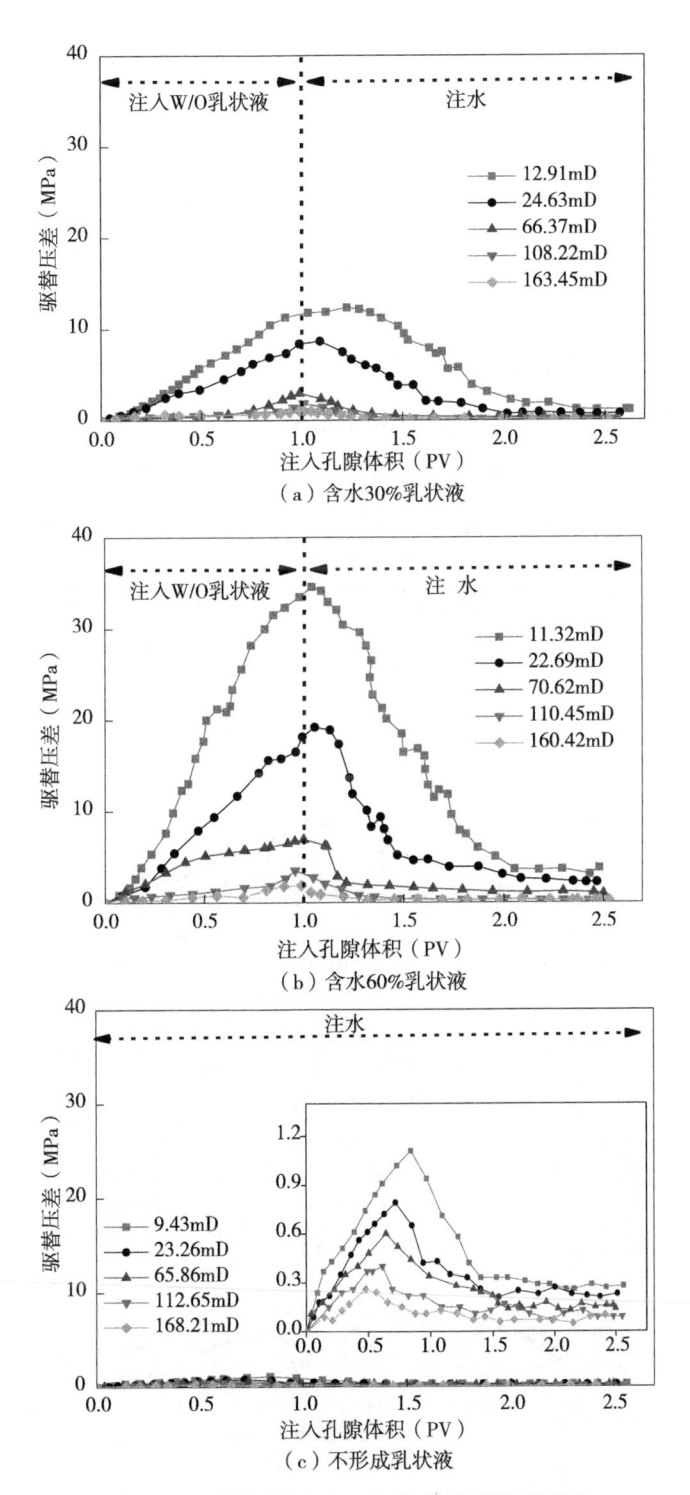

图 6.11 不同渗透下 W/O 乳状液的驱替压差

液液滴数量比高渗岩心多。随着孔喉的变小，乳状液液滴堵塞引起的贾敏效应叠加将更明显。因此，随着渗透率的降低，乳状液可以产生更高的渗流阻力。此外，注入乳状液的段塞尺寸对其封堵性能也有很大影响。随着乳状液注入孔隙体积的增加，视阻力系数逐渐增大，而渗透率越低，最大视阻力系数出现位置越靠后，这也说明乳状液液滴在低渗岩心中更易被捕集，移动较慢，在渗透率为 11.32 ~ 12.95mD 时，最大视阻力系数出现在后续注水 0.5PV 后，而在高渗岩心中乳状液液滴易被后续驱替水冲刷，因此乳状液前缘移动较快，突破较早。相同渗透率下，含水 30% 乳状液产生的运移阻力小于含水 60% 的乳状液。如果要产生相同的封堵效果，高渗岩心需要黏度和液滴尺寸更大的乳状液，而实际油藏中乳状液的"自适应生成"特性可以满足这一要求。

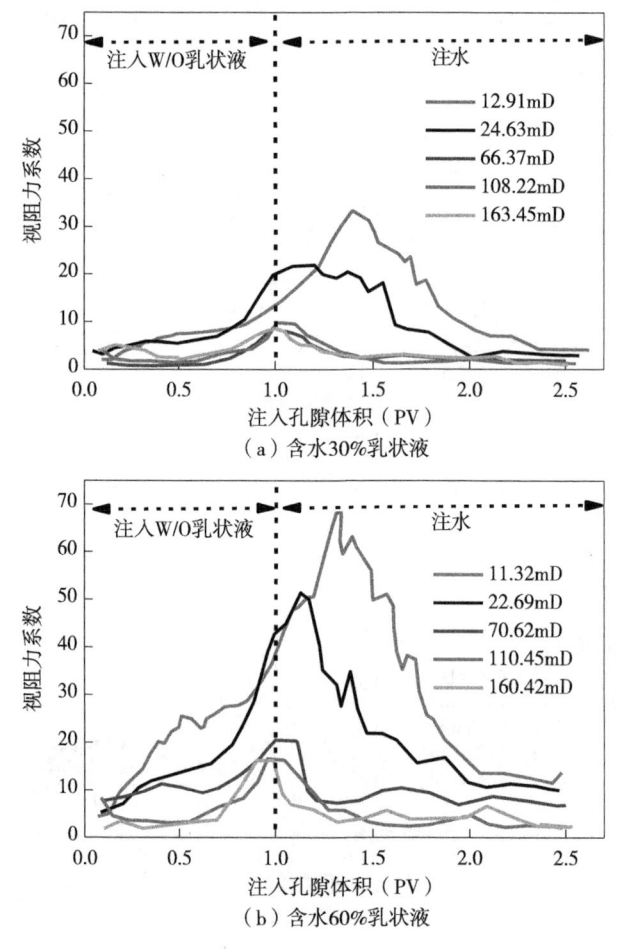

（a）含水30%乳状液

（b）含水60%乳状液

图 6.12 不同渗透率下 W/O 乳状液的视阻力系数

6.4.2 W/O乳状液阻力及其阻力特性

含水 60% 和 80% 形成的乳状液、含水 50% 和 90% 形成的乳状液黏度接近而粒径分布和平均值相差较大，所以这里通过对比两者在单岩心中的阻力特性进一步分析分散相液滴大小对乳状液流度控制性能的影响。岩心的平均孔喉直径可通过下式换算获得：

$$d_\mathrm{m} = 2 \cdot \sqrt{\frac{8K}{\phi}} \tag{6.8}$$

式中 d_m——多孔介质平均孔隙直径，μm；

K——多孔介质平均渗透率，$10^3 mD$；

ϕ——多孔介质平均孔隙度，无量纲。

赵清民等采用粒径匹配因子表征乳状液液滴粒径与孔隙直径的匹配关系[203]：

$$R = \frac{d_\mathrm{m}}{d_\mathrm{e}} \tag{6.9}$$

式中 R——粒径匹配因子；

d_e——乳状液液滴平均粒径，μm。

这里对比的两组不同含水条件下形成的乳状液的平均粒径、粒径匹配因子等相关实验参数见表 6.6。

表 6.6 不同粒径大小乳状液阻力特性测定实验参数

对比组数编号	实验编号	岩心编号	平均孔喉直径（μm）	乳状液平均粒径（μm）	粒径匹配因子	乳状液含水（%）
1	5	100–236	4.30	4.67	0.92	50
1	9	100–112	4.43	6.43	0.69	90
2	6	100–181	4.31	4.28	1.01	60
2	8	100–192	4.59	4.92	0.93	80

图 6.13 分别为不同粒径大小乳状液在多孔介质中的视阻力系数。由实验结果可知，除黏度外，乳状液流度控制能力主要受分散相液滴粒径的控制。乳状液黏度接近时，分散相液滴粒径越大，乳状液建立的"视阻力系数"越大，流度控制能力越强。特别是在后续注水阶段，两者差异更显著。

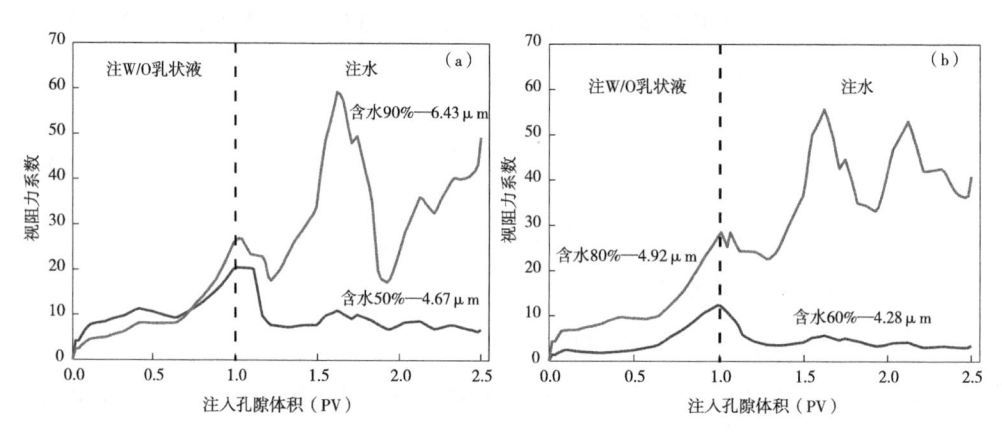

图 6.13 不同粒径乳状液"视阻力系数"

当乳状液直径大于孔隙直径时，即粒径匹配因子小于 1 时，乳状液建立的运移阻力更大。这与不同尺寸分散相液滴封堵孔喉方式不同有关。分散相液滴主要通过以下三种方式堵塞孔喉（图 6.14）：(1) 单个分散相大液滴的封堵；(2) 多个分散相小液滴吸附于孔隙壁上引起堵塞；(3) 大小不同的乳状液液滴以无序拥挤的状态堆积在孔喉处形成堵塞。当乳状液液滴运移至比其尺寸小的狭窄喉道时，需要变形才能通过［图 6.14（a）］，乳状液前缘通过变形进入喉道，而乳状液后缘由于界面张力作用力图保持球形，导致乳状液前后弯液面曲率不同，使得乳状液在运移过程中产生附加阻力，这种现象被称作贾敏效应，由其产生的附加阻力可通过公式（6.10）计算：

$$p_c = p_1 - p_2 = 2\sigma_{ow}\left(\frac{\cos\theta_1}{r_1} - \frac{\cos\theta_2}{r_2}\right) \tag{6.10}$$

式中　p_c——毛细管阻力，mN；

σ_{ow}——油水界面张力，mN/m；

p_1，p_2——乳状液前缘、后缘压力，mN；

r_1，r_2——乳状液前缘、后缘半径，m；

θ_1，θ_2——乳状液前缘、后缘接触角，(°)。

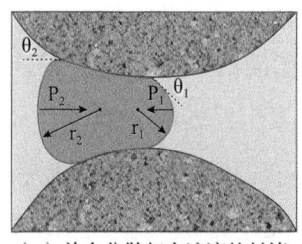

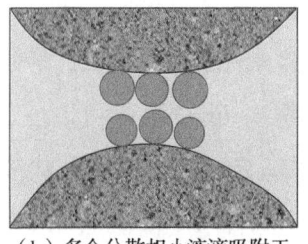

(a) 单个分散相大液滴的封堵　　(b) 多个分散相小液滴吸附于孔隙壁上引起堵塞　　(c) 大小不同的乳状液滴以无序拥挤的状态堆积在孔喉处形成堵塞

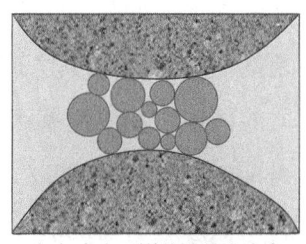

图 6.14　乳状液分散相液滴封堵孔喉的三种方式

当乳状液直径大于孔隙直径时以第一种封堵方式为主，乳状液直径小于孔隙直径时以后两种封堵方式为主。第一种封堵方式由于贾敏效应会产生附加的阻力，所以封堵强度远大于后两种。

此外，含水 60% 和 80% 两种乳状液的粒径匹配因子相差不大（0.93 和 1.01），但从图 6.13（b）中可以看出，两者的视阻力系数相差很大。这与赵清民等[203]的实验结果存在一定差异。在他们实验中，匹配因子为 1.02 和 0.92 的乳状液产生的最大阻力系数很接近（66.3 和 61.7）。究其原因，认为乳状液运移阻力大小除了与分散相液滴平均大小有关外，还与其尺寸分布相关。含水 80% 的乳状液分布很不均匀，大尺寸液滴占比高，所以在岩心中的运移阻力远大于含水 60% 的乳状液。同时实验发现，相比于粒径较小的乳状液，粒径较大的乳状液（含水 ≥ 70%）在后续注水阶段压力波动特别明显，忽上忽下，曲线呈折线形状，这是大尺寸分散相液滴在狭窄孔喉的一系列"堵塞 – 变形通过 – 再堵塞"过程造成的。

6.5　W/O 乳状液对非均质调控能力

6.5.1　不同非均质下的分流率

不同含水条件下形成的 W/O 乳状液对不同渗透率级差下高、低渗岩心分流率的影响如图 6.15 至图 6.18 所示。由结果可知，在相同级差下，随着乳状液含水增加，低渗层的分流率逐渐增加，表明乳状液的非均质调控能力随含水的增加而增强。当含水增加至某一值时，低渗层的分流率大于高渗层，出现剖面反转现象，这是高含水条件下形成的 W/O 乳状液的强非均质调控能力的体现。在渗透率级差为 3、6、9 时，可以使剖面发生反转的分别是含水 ≥60%、含水 ≥70%、含水 =70% 下形成的乳状液。同时，渗透率级差越大，启动低渗层所需的乳状液最低含水越高。启动渗透率级差为 3、6、9 的低渗层的乳状液最低含水分别为 20%、30%、60%。在本实验中，渗透率级差为 12 时，所有含水下形成的乳状液均不能有效启动低渗层。

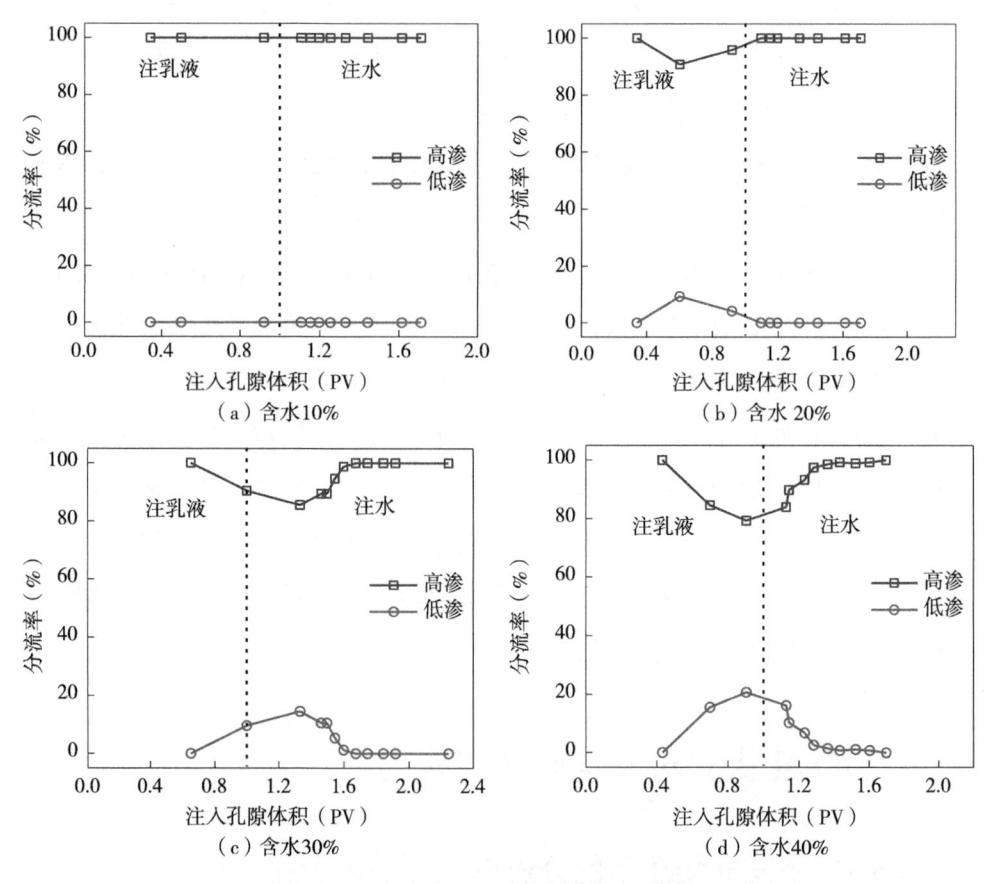

图 6.15 不同含水下形成 W/O 乳状液对高、低渗分流率的影响（渗透率级差 3）（一）

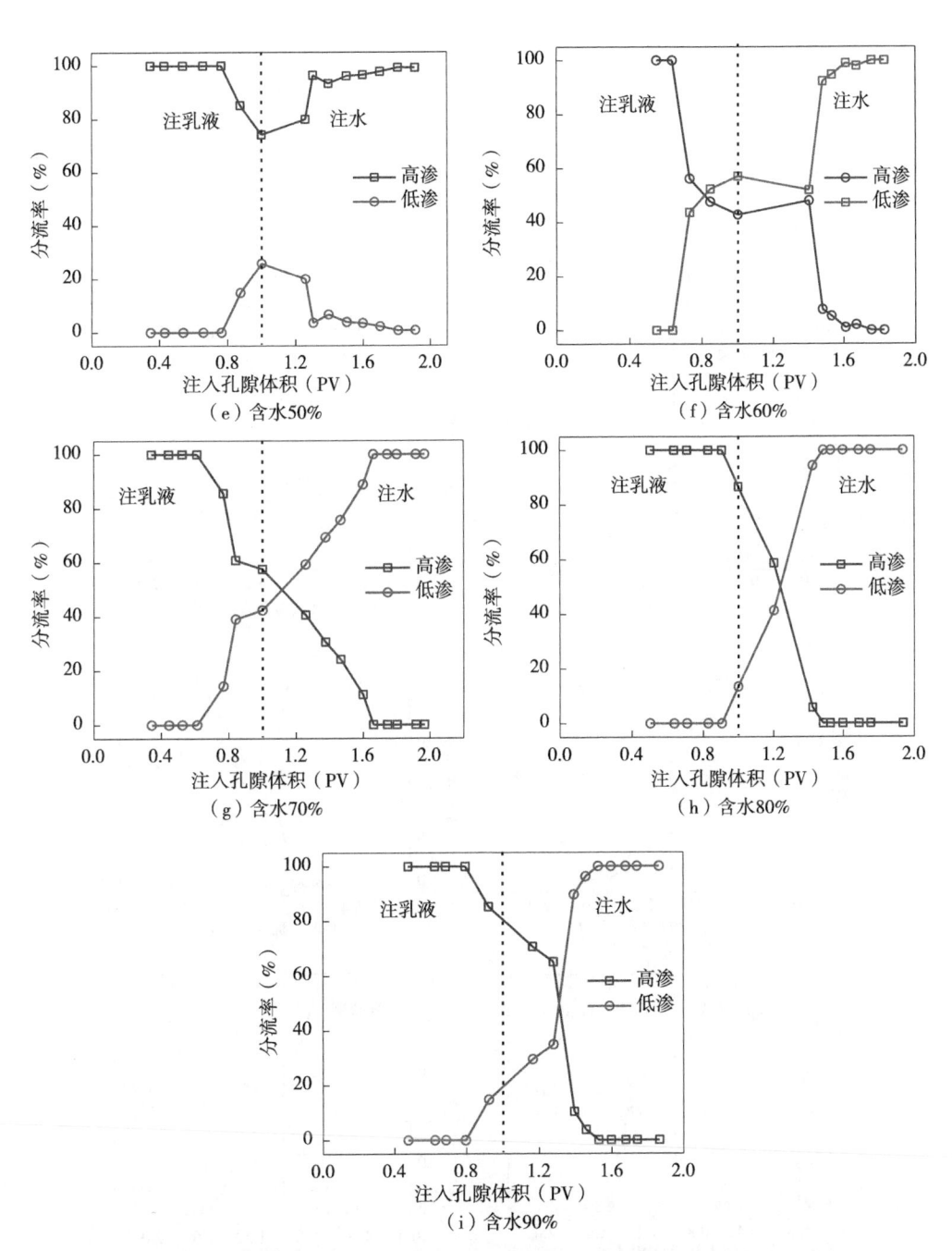

6 W/O乳状液自适应流度控制性能研究

图6.15 不同含水下形成W/O乳状液对高、低渗分流率的影响（渗透率级差3）（二）

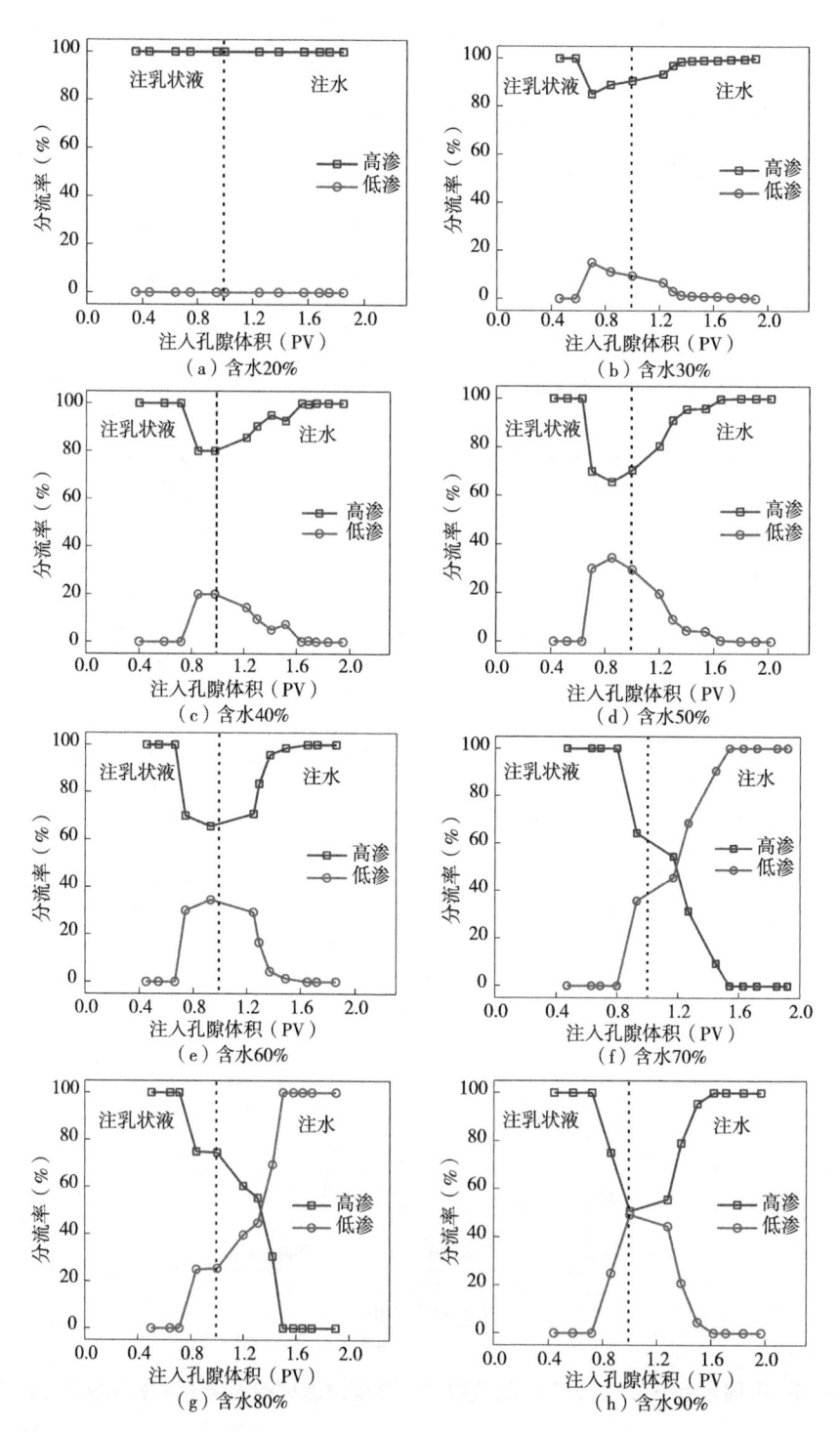

图6.16 不同含水下形成 W/O 乳状液对高、低渗分流率的影响（渗透率级差6）

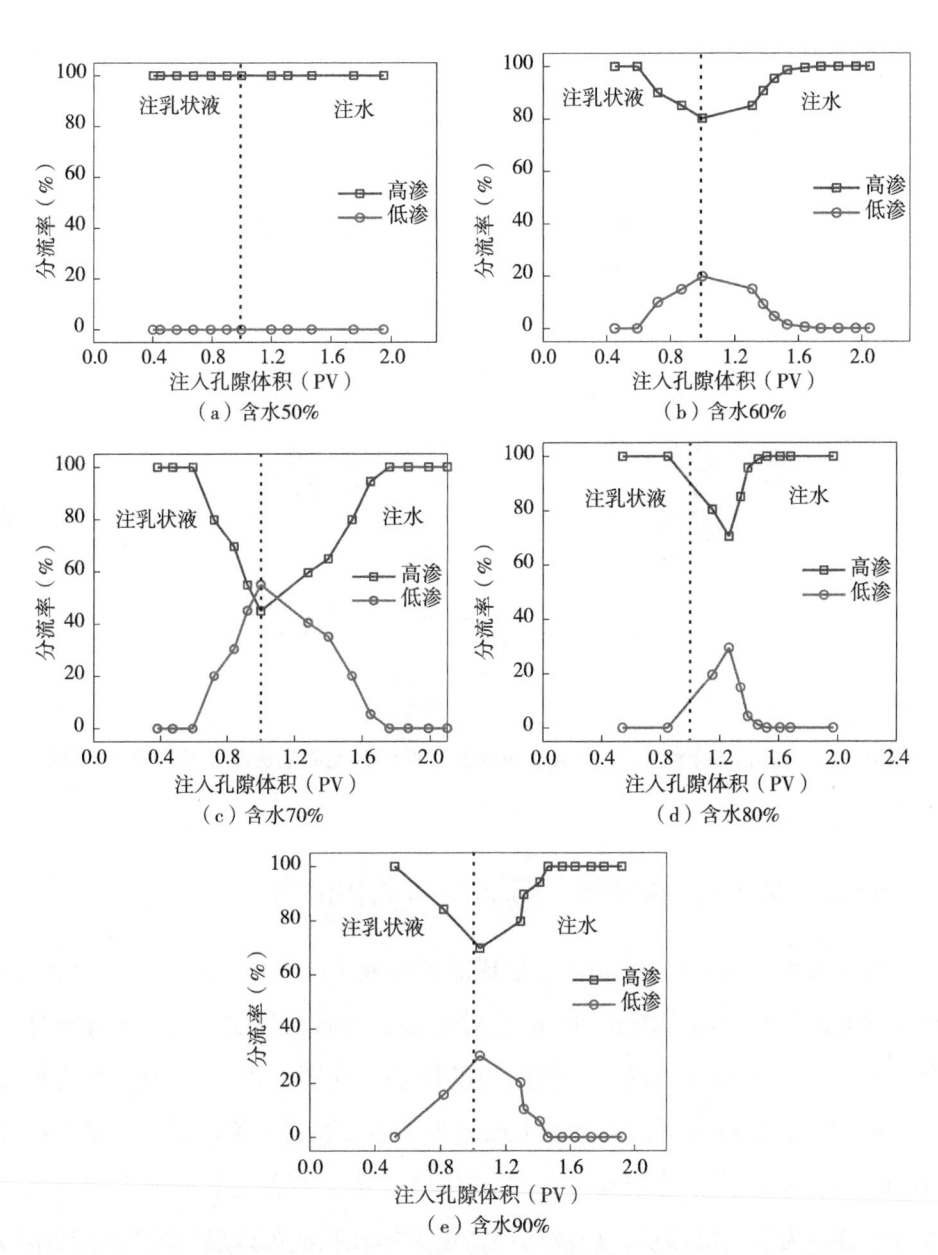

图 6.17　不同含水下形成 W/O 乳状液对高、低渗分流率的影响（渗透率级差 9）

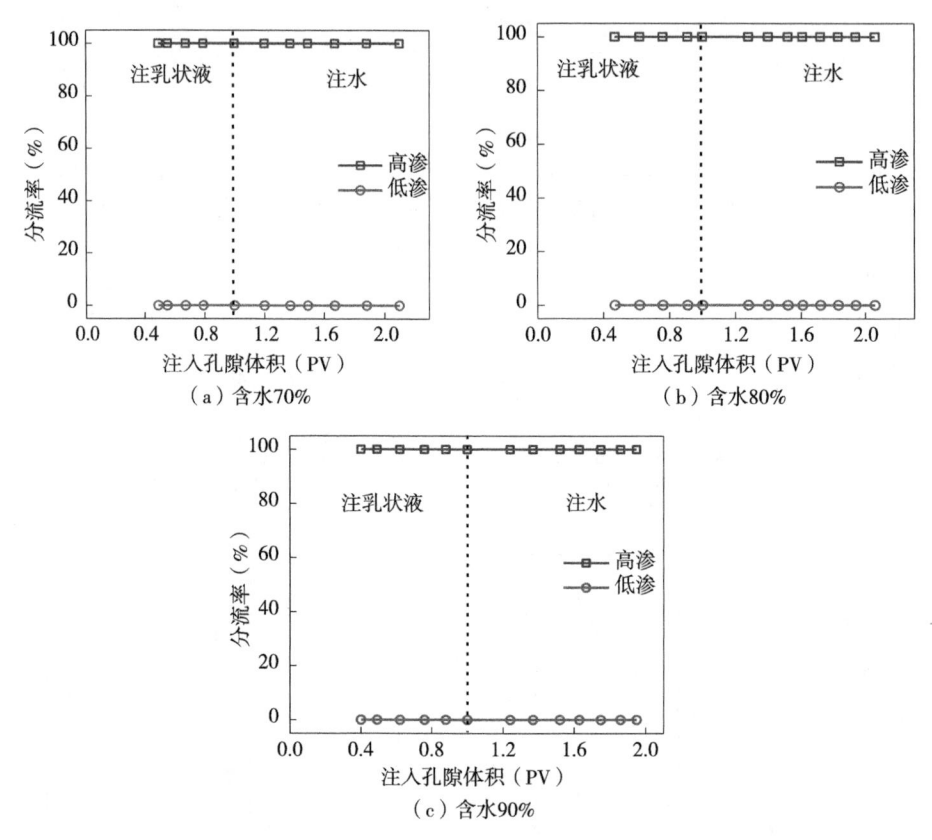

图 6.18　不同含水下形成 W/O 乳状液对高、低渗分流率的影响（渗透率级差 12）

6.5.2　W/O 乳状液粒径与非均质调控能力

分别对比含水 60% 和 80% 时形成的乳状液［图 6.19（a）］、含水 50% 和 90% 时形成的乳状液［图 6.19（b）］对低渗层的启动程度，进一步分析分散相液滴大小对乳状液非均质调控能力的影响。在图 6.19（a）中，平均粒径 6.43μm 的乳状液最大可启动渗透率级差为 9 的并联岩心低渗层，而平均粒径 4.67μm 的乳状液则不能启动。在图 6.19（b）中，两种乳状液最大均可启动渗透率级差为 9 的低渗层，但液滴尺寸更大的乳状液可以启动低渗层 50% 以上，而尺寸相对小的乳状液对低渗层的启动程度低于 50%。这表明，平均液滴尺寸大或大尺寸液滴占比高的乳状液具备更强的非均质调控能力。

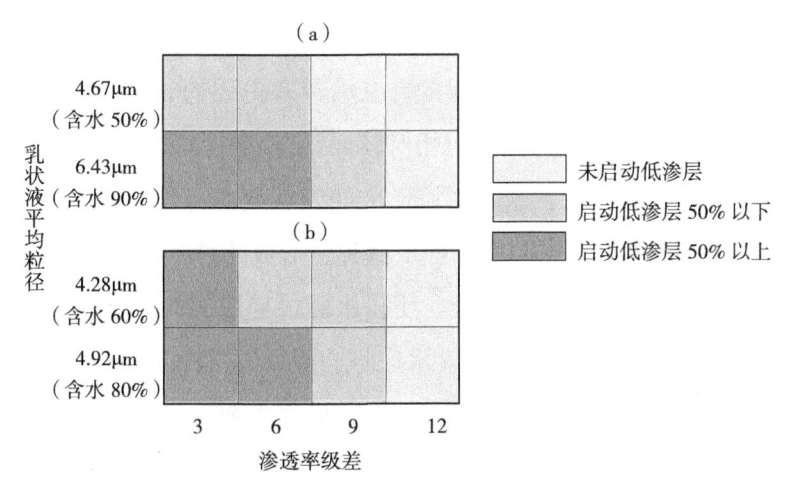

图 6.19 不同粒径乳状液非均质调控能力对比

6.5.3 W/O 乳状液非均质调控图版的建立

以低渗层最大分流率为指标，统计不同含水条件下形成的 W/O 乳状液在不同渗透率级差下对低渗层的启动程度，形成非均质调控图版，如图 6.20 所示。含水过低（≤10%）或渗透率级差过高（≥12），低渗层的最大分流率

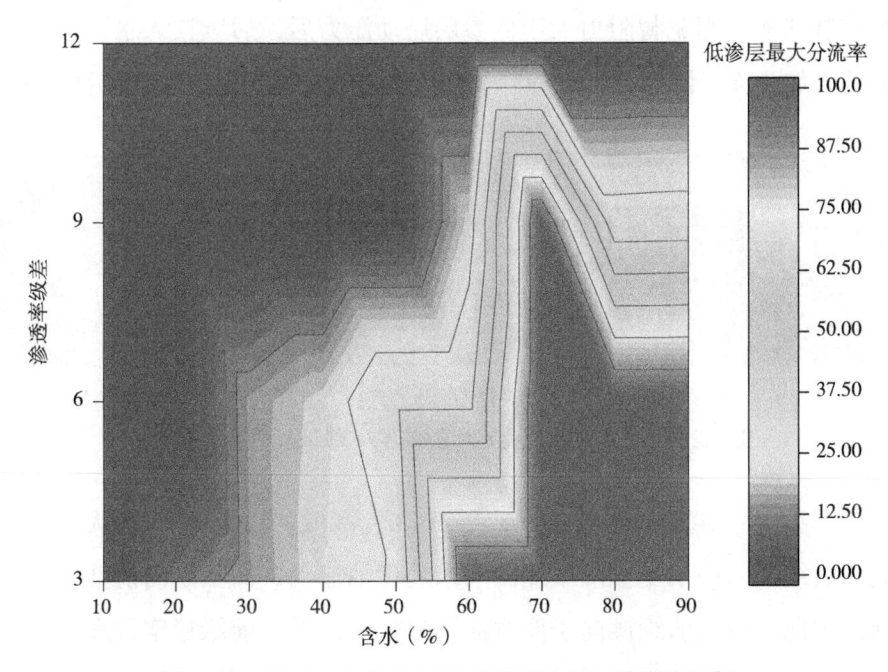

图 6.20 不同含水条件下形成乳状液非均质调控图版

为 0，乳状液均不能有效启动低渗层。渗透率级差越小，乳状液对低渗层的启动程度越大。高含水条件下形成的乳状液具有更强的非均质调控能力，低含水条件下形成的乳状液调控能力相对较弱。在实际油藏水驱过程中，高含水区域往往也是高渗区，在这个区域形成的乳状液本身需要具备很大的运移阻力才能实现有效调控。这与实际含水越高，形成的乳状液黏度和粒径越大，产生越大运移阻力的特性完美贴合。所以水驱过程形成的 W/O 乳状液具有一定的自适应流度控制能力，在高含水区域自动形成运移阻力大的 W/O 乳状液，在低含水区域形成运移阻力相对小的 W/O 乳状液。

6.6　W/O 乳状液对水驱前缘稳定机制

W/O 乳状液的自适应流度控制性能可以实现稠油水驱过程中的均衡驱替（图 6.21）。稠油注水过程中，注入水优先进入高渗通道驱替其中原油，随着驱替的进行，高渗层含油饱和度降低，含水饱和度增加，形成的乳状液黏度也逐渐增大，驱替阻力增加，此时后续注入水进入次高渗层驱替，驱替过程中形成乳状液，当驱替阻力大于低渗层启动压力后，后续注入水再进入低渗层驱替，如此逐级调控，可以抑制稠油水驱过程中的突进，实现均衡驱替。

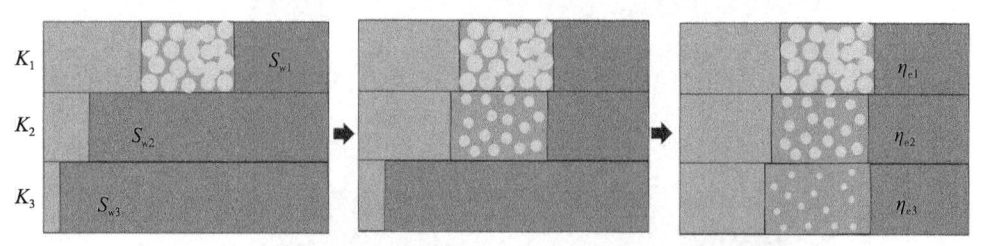

渗透率：$K_1 > K_2 > K_3$ → 含水饱和度：$S_{w1} > S_{w2} > S_{w3}$ → 乳状液黏度：$\eta_{e1} > \eta_{e2} > \eta_{e3}$

图 6.21　W/O 乳状液稳定水驱前缘机制示意图（纵向上）

而平面上，如果油水乳化形成了 W/O 乳状液，由于 W/O 乳状液的黏度较高，后续注入的水更倾向于侧向向未乳化油流动，而不是向前推动已乳化段塞。因此，驱替前缘倾向于变宽而不是变窄，乳化前缘稳定发育，黏性指进受到抑制（图 6.22）。

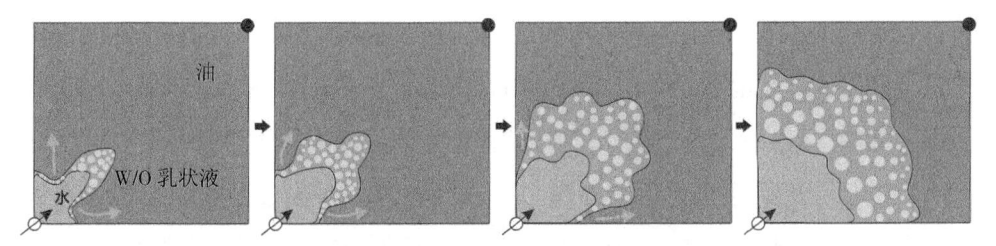

图 6.22　W/O 乳状液稳定水驱前缘机制示意图（平面上）

在不发生乳化的情况下，驱替水 – 油界面十分不稳定，易发生黏性指进和舌进，导致储层波及体积差［图 6.23（a）］。如果稠油水驱过程中发生了就地乳化，形成稳定的 W/O 乳状液段塞，将有助于维持水驱前缘的稳定，大大提高稠油水驱波及效率［图 6.23（b）］。

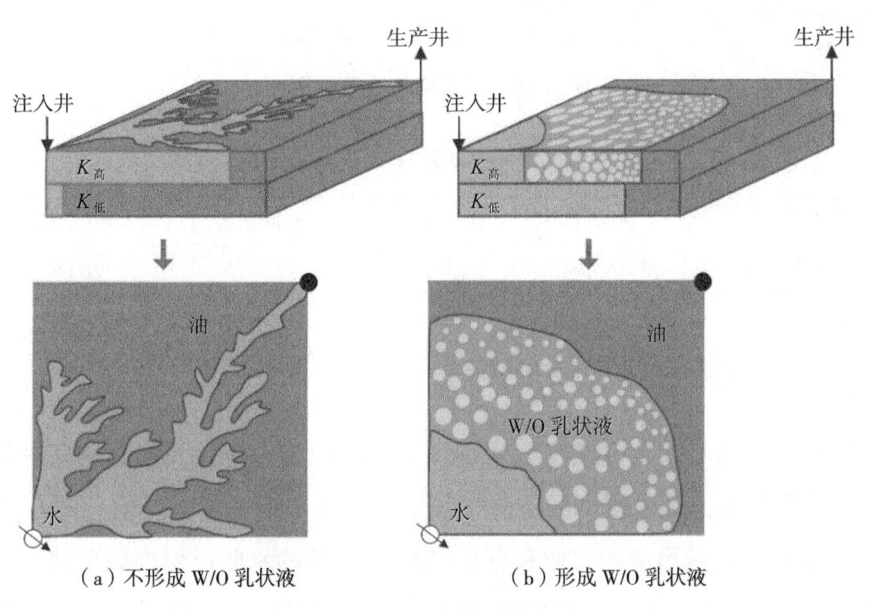

（a）不形成 W/O 乳状液　　　　（b）形成 W/O 乳状液

图 6.23　稠油水驱示意图

6.7　油水驱后油 – 水分布特征

6.7.1　油 – 水宏观分布特征

通过平板模型获得驱替过程中油水宏观分布如图 6.24 所示。水驱过程中，注入水沿高渗区突进，注水结束后，平面波及系数不到 50%，只启动了高渗区。为了模拟水驱过程中 W/O 乳状液的形成，注入 0.5PV 乳状液，乳状液优先进入高渗区，这也与实际地层中 W/O 乳状液优先在高渗区形成相符。由于乳状液在高渗区形成一定强度的封堵，使得高渗区渗流阻力大于低渗区，后续注入水启动低渗区剩余油。对图 6.24（c）和图 6.24（d）中波及区域面积进行统计，获得波及系数列于表 6.7 中。W/O 乳状液注入前后水驱波及系数由 46.80% 上升至 73.49%，增加 26.69%，体现了 W/O 乳状液良好的非均质调控能力。

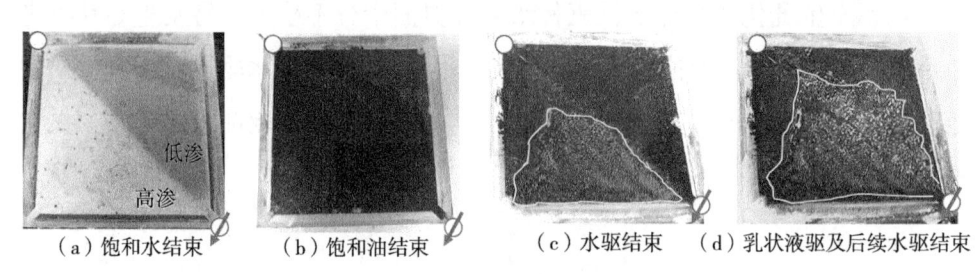

（a）饱和水结束　　（b）饱和油结束　　（c）水驱结束　　（d）乳状液驱及后续水驱结束

图 6.24　平板模型实验结果

表 6.7　不同驱替阶段波及系数统计

驱替阶段	水驱结束	乳状液 – 后续水驱结束	扩大值
波及系数（%）	46.80	73.49	26.69

6.7.2　剩余油微观分布特征

T_2 谱图的信号幅度变化在一定程度上可反映岩心中含油饱和度在驱替过程中的变化趋势，信号幅度的下降代表岩心中含油饱和度的降低。图 6.25 对比了无 W/O 乳状液形成的水驱和存在 W/O 乳状液的水驱过程中剩余油微观分布变化。相比于无 W/O 乳状液形成的水驱，如果形成了 W/O 乳状液，水驱过程含油饱和度变化更均匀，驱替结束后，岩心内整体含油饱和度较低，排除端面效应，无明显剩余油富集区域。而无 W/O 乳状液形成的水驱结束后，岩心部分区域剩余油较多，含油饱和度不均匀，这是常规稠油注水过程中的指进绕流现象造成的，而 W/O 乳状液的形成可以抑制这种现象。综上，剩余油的微观分布特征也反映出了 W/O 乳状液在水驱中良好的流度控制能力。

6 W/O乳状液自适应流度控制性能研究

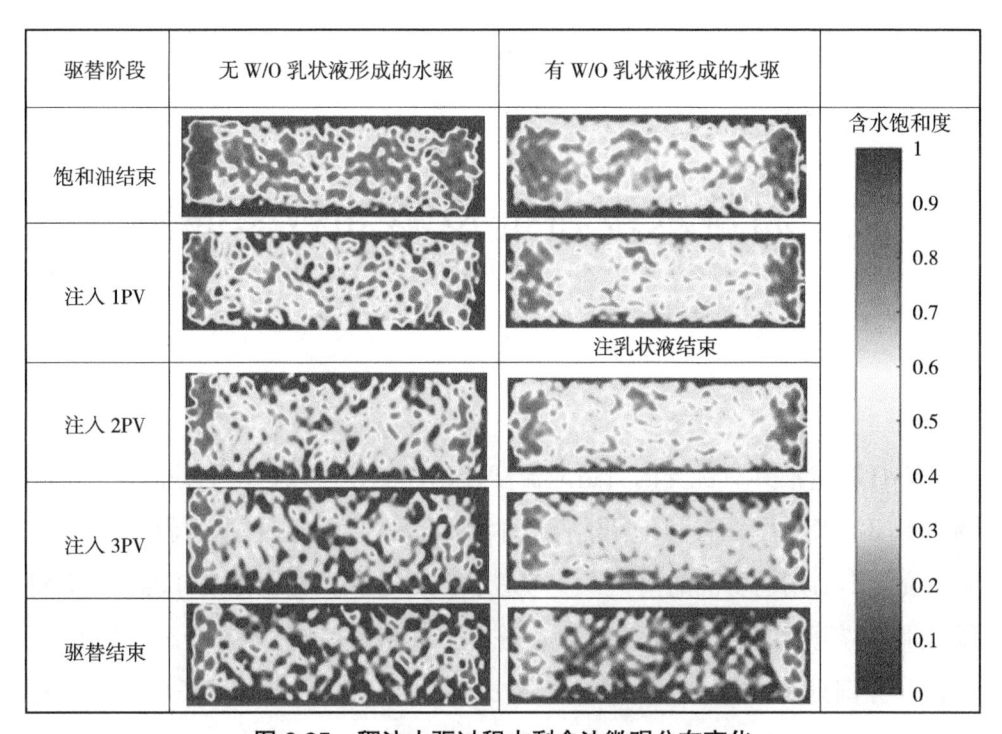

驱替阶段	无 W/O 乳状液形成的水驱	有 W/O 乳状液形成的水驱	含水饱和度
饱和油结束			1 0.9
注入 1PV			0.8 0.7
		注乳状液结束	0.6
注入 2PV			0.5 0.4
注入 3PV			0.3 0.2
驱替结束			0.1 0

图 6.25 稠油水驱过程中剩余油微观分布变化

7 油藏水驱特征及驱油效率研究

W/O 乳状液具有优异的自适应流度控制性能，可以稳定驱替前缘，提高稠油水驱波及效率，有利于稠油低成本高效开发。但国内外对稠油水驱特征的研究基本沿用轻质油的模型，未考虑水驱过程中就地形成 W/O 乳状液后对稠油水驱特征的影响。因此，本章在分析 J 油藏稠油水驱生产动态的基础上，结合部分国外稠油相似水驱特征，考虑不同油藏油水乳化性质的差异，对 Vittoratos 等提出的考虑 W/O 乳状液存在下的稠油水驱特征"概念"曲线[137]进行了改进和完善，同时考察了形成乳状液段塞大小、渗透率、形成乳状液的含水条件（乳状液含水）和油藏非均质性对稠油水驱特征和水驱效率的影响规律，进一步明确了 W/O 乳状液在稠油水驱中的重要作用。

7.1 岩心剪切中 W/O 乳状液的形成

为了进一步证实地层条件下 W/O 乳状液的形成，下面将通过物模实验模拟油水在岩心中的乳化情况。

7.1.1 实验方法

实验材料：稠油 J、地层水、模拟注入水、不同规格人造岩心（4cm×4cm×30cm 和 ϕ 3.8cm×8cm）、石英砂。

实验仪器：包括填砂管（规格 2.5cm×50cm）、岩心夹持器（规格 4cm×4cm×30cm）。

实验流程图参照图6.2，实验步骤如下：

（1）岩心或填砂管基本参数测定：①岩心烘干，测量尺寸并称干重，抽真空饱和水后称湿重，计算孔隙度并测定渗透率；②填砂管则先采用40~70目的石英砂进行填砂，填完砂称干重，随后驱替饱和水，流量稳定后测定渗透率，并称湿重，计算孔隙度；

（2）以0.2mL/min的速度饱和油，直至填砂管或岩心出口端不再出水，根据出水量计算原始含油饱和度，岩心参数见表7.1；

（3）以一定注入速度进行水驱，直至岩心出口端含水98%，收集不同阶段的出口端产出液，进行显微镜观察和黏度测试，分析乳状液形成情况。

表7.1 岩心剪切乳化实验参数

实验编号	流动距离（cm）	注入速度（m/d）	岩心/填砂管规格	渗透率（mD）	孔隙度（%）	原始含油饱和度（%）
58	8	1.15	Φ3.8cm×8cm	76.86	11.75	66.45
59	30	1.15	4cm×4cm×30cm	78.36	10.67	59.95
60	50	1.15	Φ2.5cm×50cm	78.23	22.04	70.25
61	100	1.15	Φ2.5cm×100cm	70.12	23.34	71.67
62	30	0.28	4cm×4cm×30cm	75.43	12.56	69.22
63	30	0.57	4cm×4cm×30cm	82.75	14.58	63.56
64	30	2.30	4cm×4cm×30cm	88.48	12.60	68.87

注：实验编号58-61为不同流动剪切距离实验，编号59、62-64为不同注入速度实验。

7.1.2 实验结果

（1）不同剪切流动距离下油水乳化情况。

固定注入速度1.15m/d（现场注入速度），研究流动剪切距离对油水乳化的影响，产出液微观图和黏度测定结果如图7.1和图7.2所示。油水在岩心中流动剪切距离过短（8cm）时不能很好的乳化，水滴在油相中的分散很少，并且产出液黏度相对于原油黏度并未增加。当油水流动剪切距离大于等于30cm时，在0.1PV时刻的产出液中即观察到了水滴在油相中的大量分散，但

油水自乳化理论及在稠油注水开发中的应用

其黏度仍然低于原油，而 0.3PV 时刻的产出液黏度明显高于原油黏度，表明油水经过 30cm 的剪切流动已然发生乳化，乳化时机早。并且流动剪切距离越长，形成的乳状液液滴越密集，黏度越高。

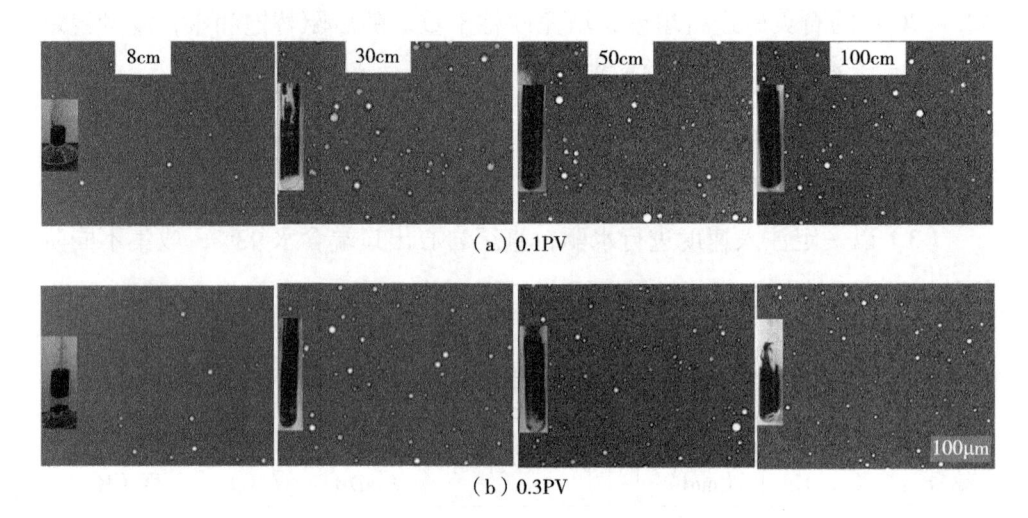

图 7.1 不同流动距离下产出液显微图片

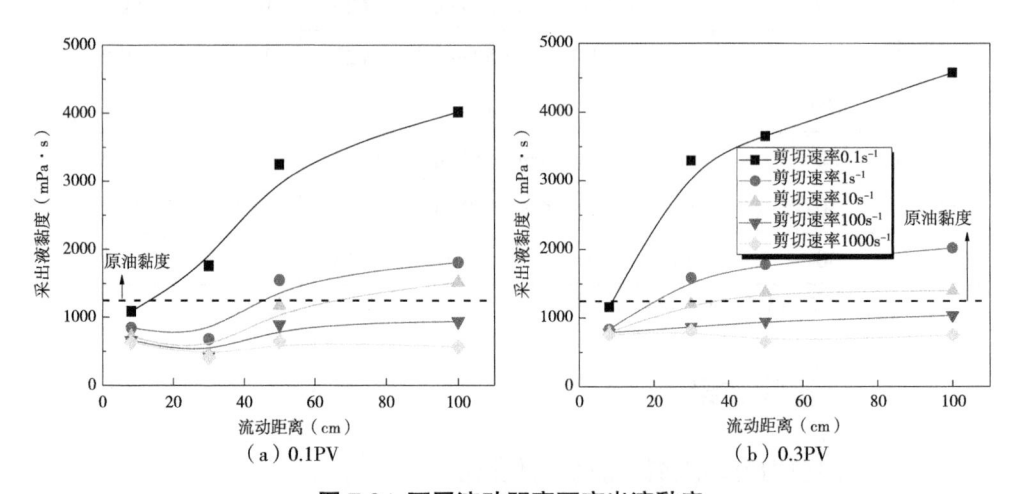

图 7.2 不同流动距离下产出液黏度

但需要注意的是，室内岩心剪切形成的乳状液黏度在低剪切速率下高于原油，而高剪切速率下普遍低于原油。这是因为室内岩心或填砂管长度的限制，导致油水受到的剪切作用有限，形成乳状液稳定性差。黏度测试过程中，乳状液在高剪切速率下发生了液滴聚并析出，造成测得的黏度低于原油。

(2)不同注入速度下油水乳化情况。

固定 30cm 的剪切流动距离,不同注入速度下的产出液微观图和黏度测定结果分别如图 7.3 和图 7.4 所示。注入速度过低(0.28m/d)时,油水乳化不好,只观察到了少量大水滴分散于油相中,产出液黏度也低于油相黏度,但不排除在更长的剪切流动距离下可以发生乳化。而注入速度达到 0.57m/d 后,油相中分散的水滴数量明显增多,0.3PV 时刻的产出液黏度在低剪切速率下高于原油,表明油水开始乳化。随着注入速度增加,油水在岩心中受到的剪切越剧烈,水相在油相中的分散更好,产出液黏度也越高。

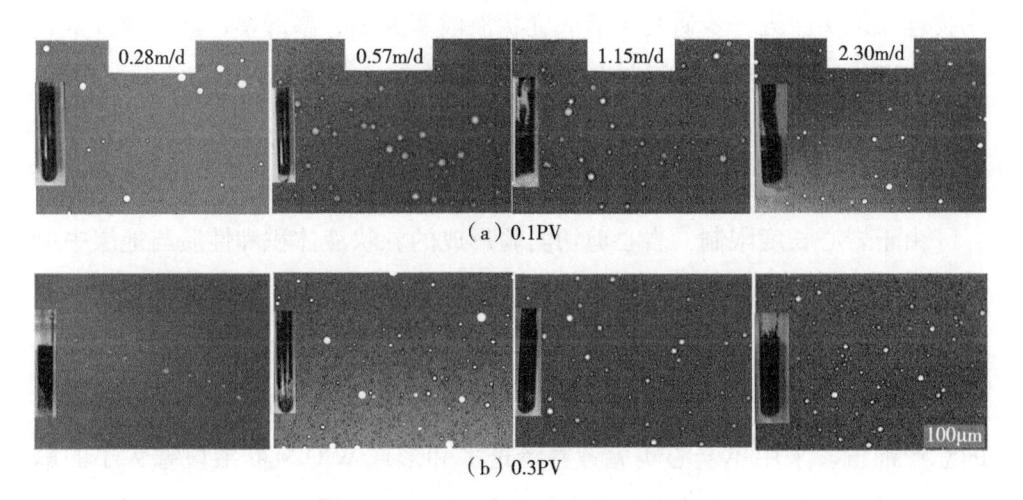

图 7.3 不同注入速度下产出液显微图片

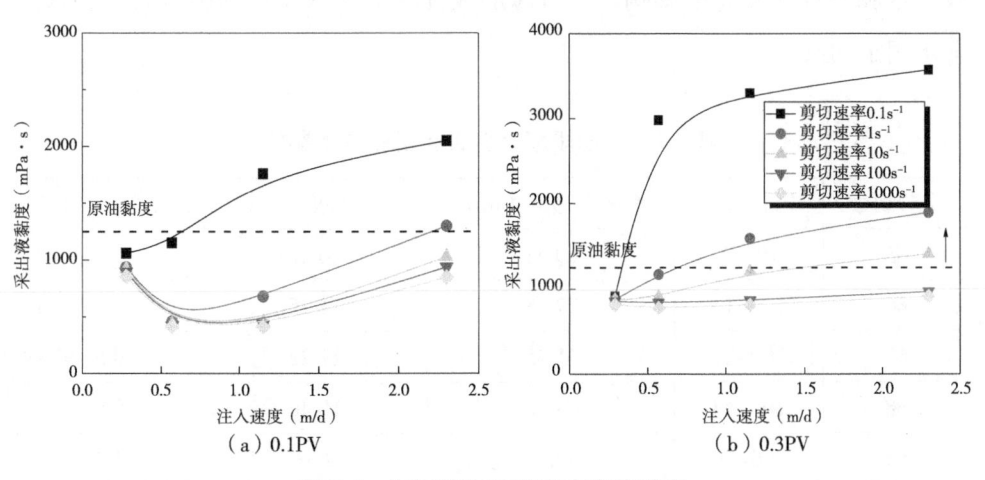

图 7.4 不同注入速度下产出液黏度

综上，通过岩心剪切乳化实验也证实了油水在地层中可以发生乳化，且乳化时机早。因此，基于现场实际生产动态和实验研究可以确定，J油藏水驱过程中发生了油水就地乳化，形成了稳定的W/O乳状液段塞，维持了驱替前缘的稳定，导致了稠油非常规的水驱特征。

7.2 W/O乳状液存在下稠油水驱特征及水驱效率影响因素

在稠油水驱特征"概念"曲线（W/O乳状液存在下）提出的基础上，采用物理模拟实验进一步研究了形成乳状液段塞大小、渗透率、乳状液含水和渗透率级差对稠油水驱特征和水驱效率的影响。

7.2.1 实验方法

由于岩心长度限制，岩心剪切实验形成的乳状液体积和性质与地层中形成的实际乳状液存在很大差异，因此在实验中采用人为注入配制乳状液的方式，建立类似地层中的"水－乳状液－油"驱替带。所以在计算驱油效率时，分母为岩心中原始含油量和注入乳状液的含油量之和，分子为产出液破乳后的总产油量。采用单岩心实验考察渗透率和形成W/O乳状液段塞大小的影响，不同段塞大小的实验岩心基本参数见表7.2；采用并联岩心实验考察乳状液含水和渗透率级差的影响。不考虑形成乳状液含水条件的影响时，乳状液含水固定30%。

表7.2 不同段塞大小实验岩心基本参数

实验编号	岩心编号	水测渗透率（mD）	孔隙度（%）	段塞大小（PV）
65	100–3	69.21	10.42	0.2
66	100–14	77.93	11.25	0.4
67	100–27	65.45	11.22	0.6
68	100–43	68.38	10.46	0.8
69	100–69	72.79	9.53	1.0

7.2.2 乳状液段塞大小的影响

通过注入配制好的 W/O 乳状液，在均质岩心中建立"水－乳状液－油"驱替条带，研究形成乳状液段塞大小对稠油水驱特征和驱油效率影响。从实验结果（图 7.5 和图 7.6）可以看出，如果稠油水驱过程中不形成 W/O 乳状液，由于水和稠油不利的流度比，水驱不存在无水采油期，初始 WOR 为 0.75，初始含水即高达 43%，随后 WOR 迅速上升至 49 以上，水油比曲线缺乏 I、II、III 阶段，只有第 VI 阶段，最终驱油效率为 25.82%。当形成 0.2PV 乳状液时，WOR 曲线趋势与不形成 W/O 乳状液相似，同样缺乏 I、II、III 阶段，只有 WOR 迅速上升的第 VI 阶段。因为相比于稠油，水和 W/O 乳状液间的流度差异更大，如果形成的 W/O 乳状液段塞体积过小，不能稳定"隔开"水相和油相，那么水相很容易指进穿过 W/O 乳状液段塞前缘，同样形成窜流。当形成乳状液段塞大小为 0.4PV 和 0.6PV 时，WOR 曲线出现了无水采油期 I，同时第 III 阶段开始发育，但持续时间较短。当乳状液段塞增大至 0.8PV 及以上时，第 III 阶段明显发育，WOR 水平段持续时间较长，同时无水采油期也明显延长，最终驱油效率在 42% 以上，相比于无 W/O 乳状液形成的稠油水

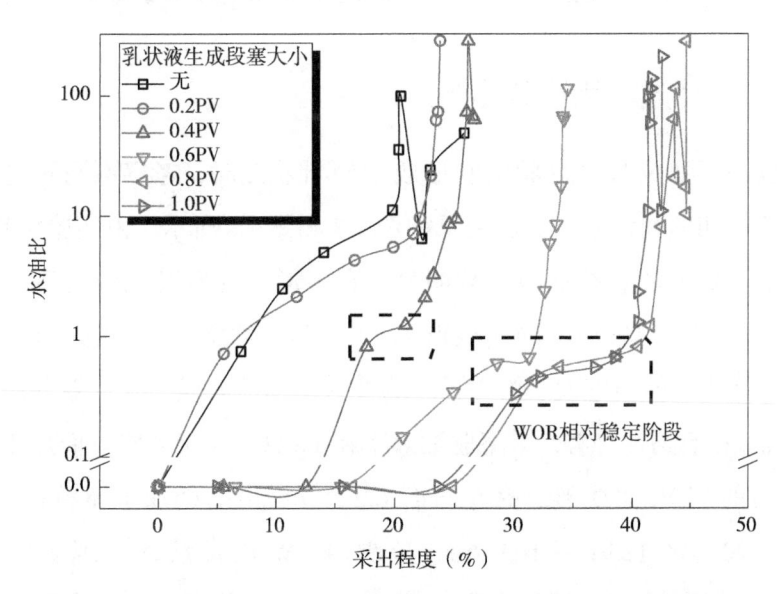

图 7.5　形成 W/O 乳状液段塞大小对稠油水驱特征曲线的影响

驱，驱油效率提高了 18.85%。因此，尽管稠油水驱过程形成的 W/O 乳状液由于良好的自适应流度控制作用，可以稳定驱替前缘，但形成的乳状液需要达到一定体积，即段塞达到一定厚度，才能抵挡后续注入水的突破，因为后续注入水与 W/O 乳状液段塞间同样是不利的流度比，注入水易穿过 W/O 乳状液段塞，沟通生产井。

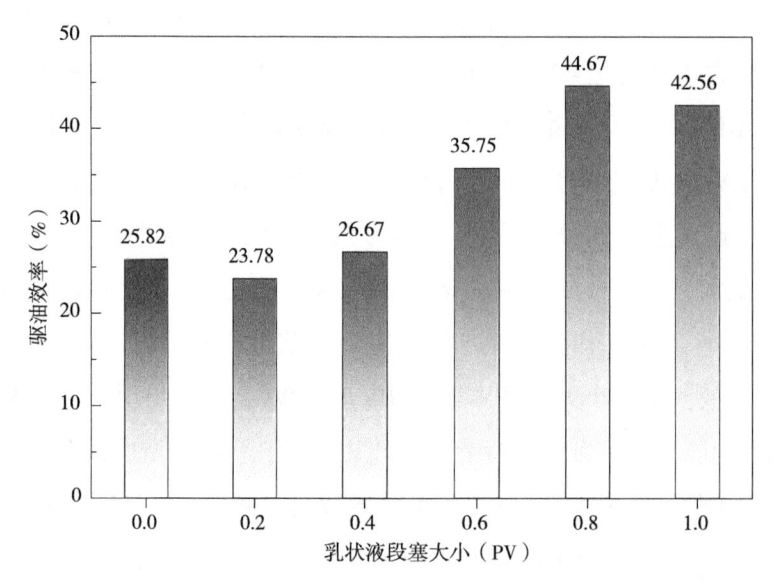

图 7.6 形成 W/O 乳状液段塞大小对稠油水驱效率的影响

7.2.3 渗透率大小的影响

分别在不形成 W/O 乳状液和形成 W/O 乳状液时，考察不同渗透率下稠油水驱特征和驱油效率，实验结果如图 7.7 和图 7.8 所示。由实验结果可知，两种情况下的水驱特征曲线差异明显。在不形成 W/O 乳状液的情况下，水驱特征曲线与常规轻质油的曲线形态[137]相似，即 WOR 曲线由两段直线组成，第二段直线的斜率大于第一段，为注入水窜流阶段。并且随着渗透率增加，驱油效率有增加趋势，最终驱油效率在 17.22% ~ 35.42%。而形成了 W/O 乳状液后的 WOR 曲线形态完全符合 6.2.2 节提出的稠油水驱特征"概念"曲线。在渗透率 12.91 ~ 163.45mD 范围内，WOR 曲线均出现明显的水平段，第 III 阶段的 WOR 值稳定在 0.2781 ~ 0.7646 范围内，最终驱油效率在

41.80%～61.93%之间。渗透率为108.22mD时的驱油效率最高，无水采油阶段I最长。在不同渗透率下，由于W/O乳状液的存在稳定了水驱前缘，出现含水稳定阶段，驱油效率均高于无W/O乳状液存在下的情况，增加幅度在11.23%至31.12%之间不等。

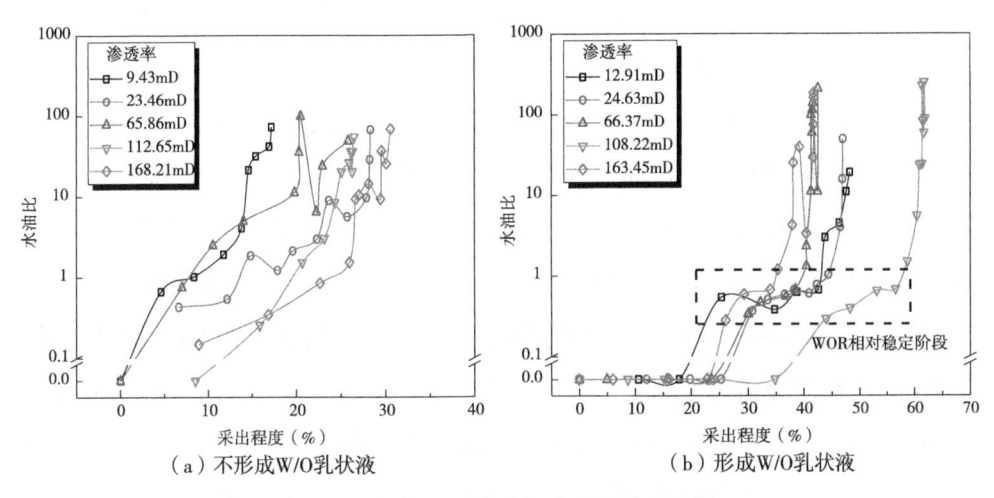

图7.7 不同渗透率下稠油水驱特征曲线

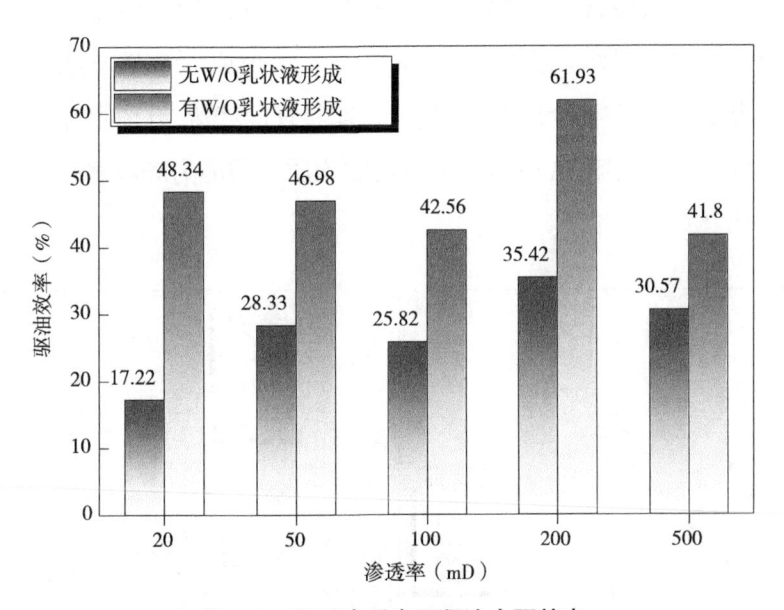

图7.8 不同渗透率下稠油水驱效率

7.2.4 乳状液含水的影响

分别在含水 10%、20%、30%、40%、50%、60%、70%、80%、90% 条件下配制乳状液，然后注入并联岩心模型（渗透率级差 3 左右），建立"水 – 乳状液 – 油"驱替条带，在非均质条件下研究乳状液含水对稠油水驱的影响，实验结果如图 7.9 和图 7.10 所示。在不形成 W/O 乳状液的情况下，水油比曲线同样缺乏 I、II、III 阶段，WOR 迅速上升。由于低渗层未启动，非均质条件下的驱油效率只有 15.87%。当形成含水 10% 的乳状液时，第 III 阶段有一定发育，WOR 稳定值较低（0.27），对应含水为 21%，高于乳状液实际含水，这是因为有部分自由水随着乳状液产出。随着形成乳状液含水的增加，第 III 阶段发育逐渐明显，WOR 水平段长度增加。当乳状液含水在 50% 及以上时，第 III 阶段长度显著增加。根据 5.4.3 部分的实验结果可知，随着乳状液含水增加，其对低渗层的启动程度增加。因此可以推断，乳状液对低渗层的启动可以延长水油比曲线的第 III 阶段。而乳状液含水为 50% 时，第 III 阶段最长，这是因为乳状液含水在 50% 及以下时，乳状液较为稳定，高于 50% 后，乳状液稳定性明显下降，虽然启动了低渗层，但形成的 W/O 乳状液段塞稳定性下降，容易被后续注入水突破，造成水驱特征曲线第 III 阶段缩短，这说明稠油水驱特征曲线的第 III 阶段受乳状液非均质调控能力和段塞稳定性的综合影响。

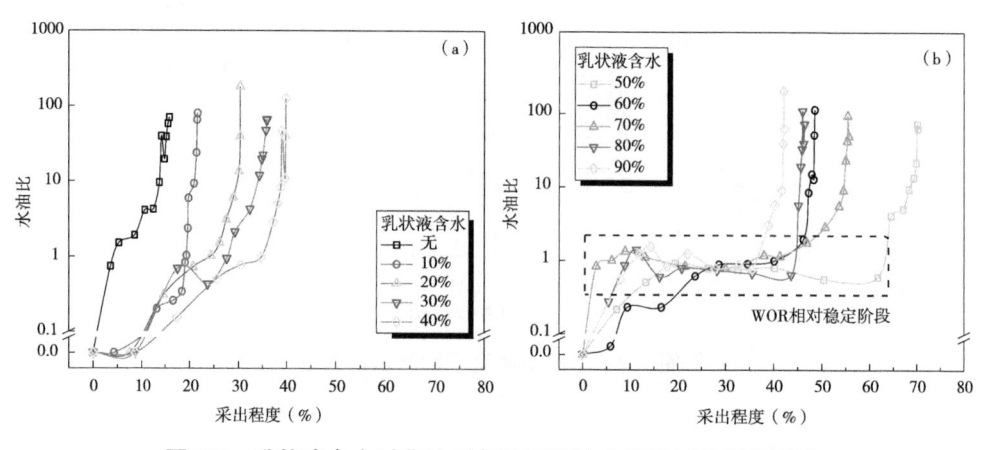

图 7.9 乳状液含水对非均质条件下稠油水驱特征曲线的影响

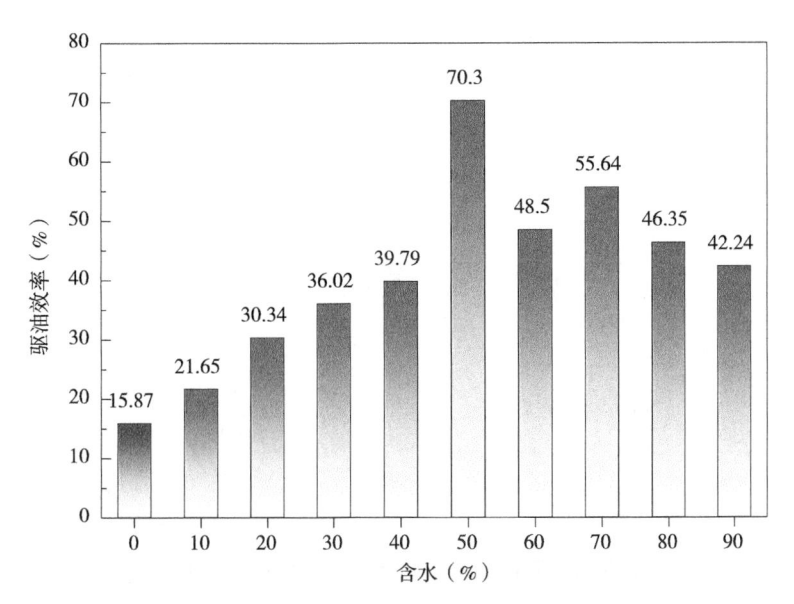

图 7.10 不同含水 W/O 乳状液形成后的稠油水驱效率

此外，与不形成 W/O 乳状液相比，在形成 W/O 乳状液的情况下，稠油水驱效率大幅增加，并且增加幅度高于均质条件下。乳状液含水为 30% 时，在均质和非均质条件下的稠油水驱效率增幅分别为 16.74% 和 20.15%。这说明，乳状液对驱油的有利作用在非均质条件下体现的更明显。同时，随着乳状液含水的增加，稠油水驱效率先增加后降低，在含水 50% 时有最大值 70.3%。

7.2.5 渗透率级差的影响

分别在渗透率级差为 3、6、9、12 的条件下，考察 W/O 乳状液（含水 30% 和含水 60%）的存在对稠油水驱特征和水驱效率的影响，实验结果如图 7.11 和图 7.12 所示。随着渗透率级差的增加，水油比曲线的第 III 阶段逐渐缩短，直至消失。对于含水 30% 的乳状液，渗透率级差为 3.02 和 6.23 时可以观察到明显的 WOR 水平段，而渗透率级差达到 9.14 后第 III 阶段完全消失。而含水为 60% 的乳状液，在渗透率级差为 3.07、6.02 和 8.93 时，均可以观察到明显的 WOR 水平段，渗透率级差为 12.22 时，第 III 阶段消失。这与乳状液对低渗层的启动能力相对应：含水 30% 的乳状液在渗透率级差为 9.14 和 12.05 时不能启动低渗层，而含水 60% 的乳状液在渗透率级差为 12.22 时不能启动低渗层。这也说明了乳状液对低渗层的启动可以延长 WOR 曲线的第 III 阶段。

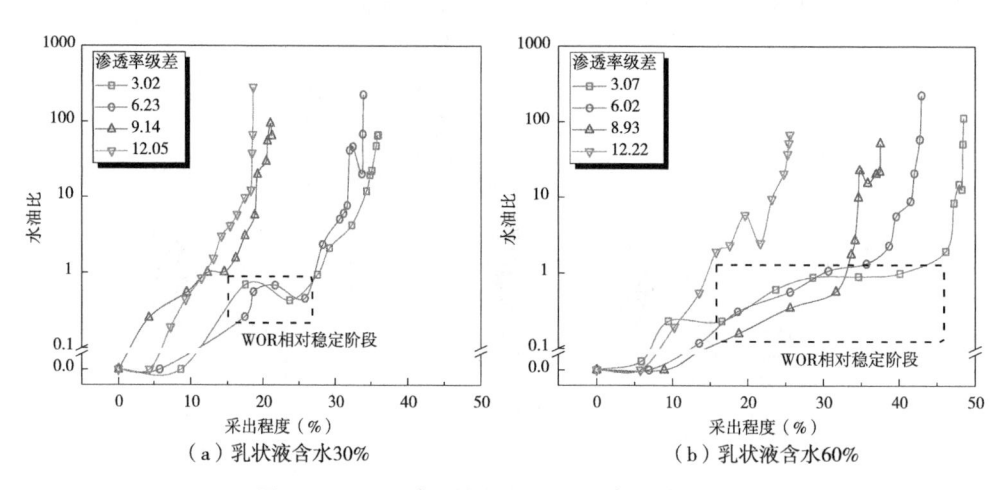

(a) 乳状液含水 30%

(b) 乳状液含水 60%

图 7.11 不同渗透率级差下稠油水驱特征曲线

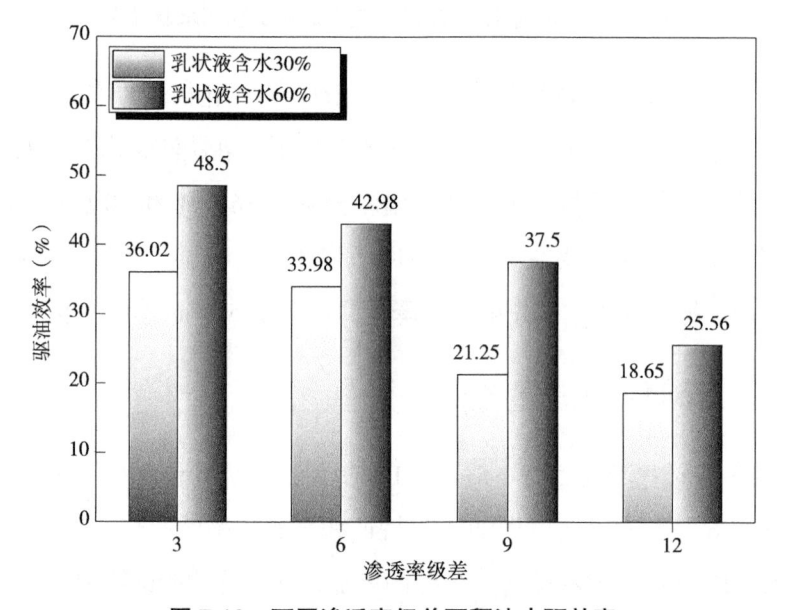

图 7.12 不同渗透率级差下稠油水驱效率

随着渗透率级差的增加，W/O 乳状液存在下的稠油水驱效率逐渐降低。渗透率级差从 3 增加至 12，对于含水 30% 和 60% 的乳状液，水驱效率分别从 36.02% 和 48.50% 降低至 18.65% 和 25.56%。实验结果表明：当油藏非均质性过强时，W/O 乳状液稳定驱替前缘的能力有限，稠油水驱含水率会迅速上升，驱油效率也会受到严重影响。

8 国内外典型案例

8.1 国内油田稠油水驱特征及产出液性质

8.1.1 试验区概况

J油藏埋藏深度为1317~1836m，渗透率级差为1.8~13.2，非均质变异系数为0.47~0.67，平均为0.6，属于中等非均质油藏。油层孔隙度14.54%~26.30%，平均为21.08%，渗透率为7.07~1254.18mD，平均为89.40mD，具有中孔、中渗特征。注水试验区原油地面黏度平均为1820mPa·s（50℃），地层水矿化度为12227.96mg/L，属于中深层普通稠油油藏。根据统计资料，地层温度下地面脱气原油黏度约是地层原油黏度的4.0倍，两者有以下关系：

$$\mu_{o\text{地层}} = 0.2529\mu_{o\text{地面}} \tag{8.1}$$

8.1.2 试验区生产动态

试验区采用反七点井网（图8.1）进行注水开发，部署7口注水井和12口采油井，井距150m，注采比和累积注采比均为1。

按常规水驱规律，水和稠油间属于不利流度比，易发生黏性指进或舌进，水驱波及体积低，水驱标定采收率只有15%。该区块从2011年9月开始注水，初期含水7.8%，第二年同期含水上升至45.6%，而后含水一直在27.8%~50.5%之间波动（图8.2），年平均含水在34.6%~42.2%之间，年

油水自乳化理论及在稠油注水开发中的应用

含水上升率甚至出现负值（图 8.3），目前采收率已经超过标定采收率 15%，不符合常规稠油水驱开发特征。

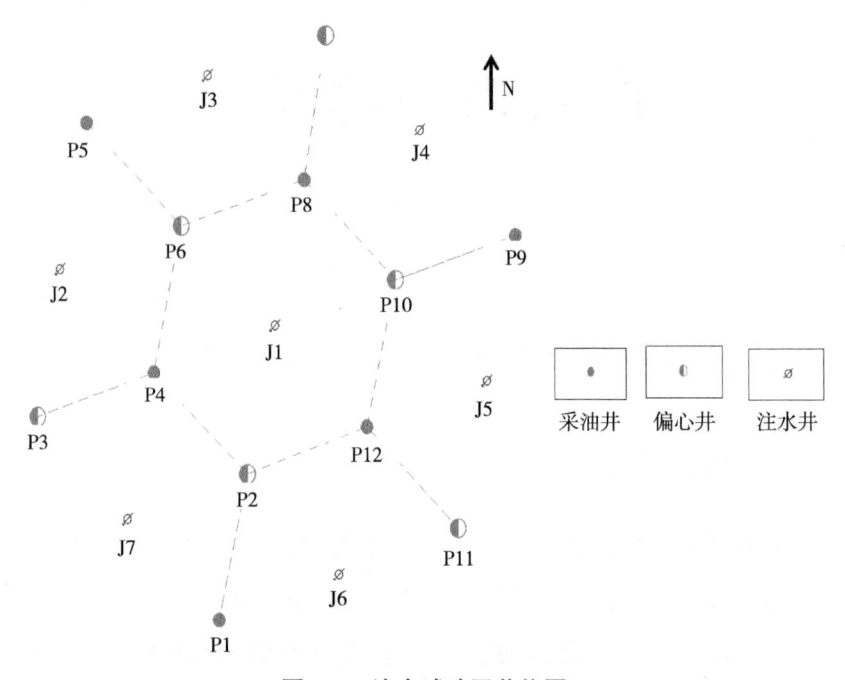

图 8.1　注水试验区井位图

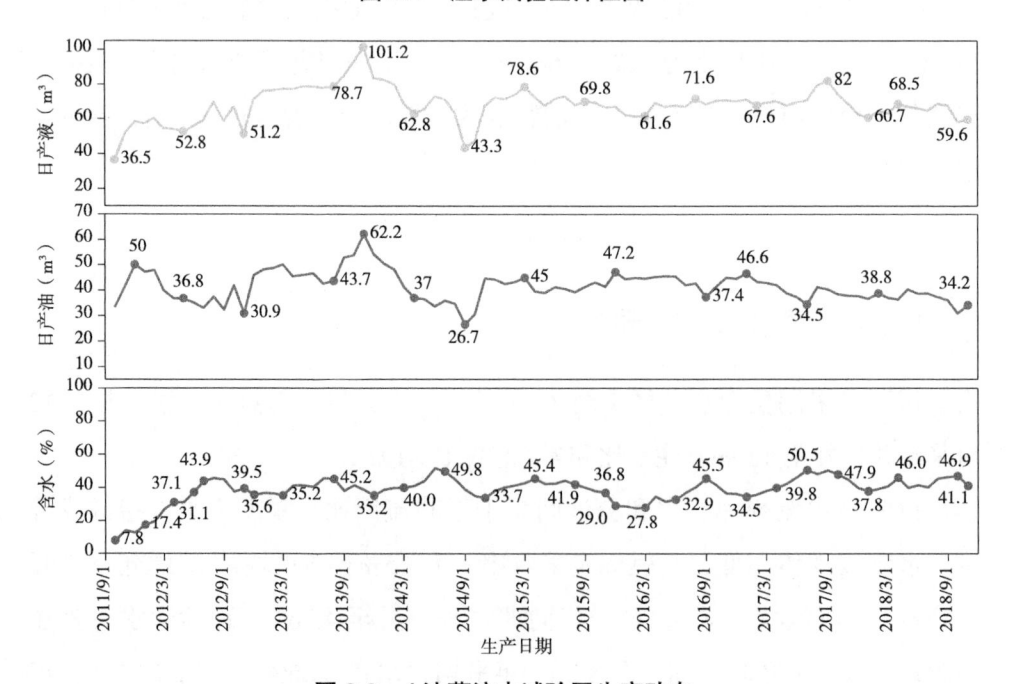

图 8.2　J 油藏注水试验区生产动态

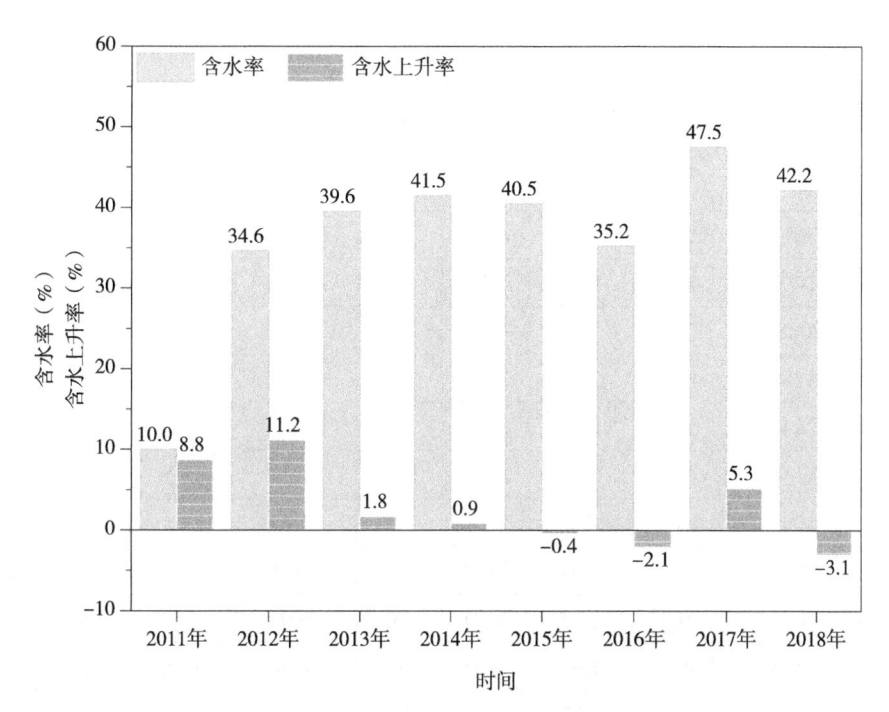

图 8.3 J 油藏注水试验区年含水率和含水上升率

8.1.3 现场产出乳状液性质

（1）乳状液类型和黏度。

J 油藏水驱另一个重要特征是，从注水开发以来一直稳定产出乳状液。部分产出液取样性质见表 8.1，可以看出产出乳状液均为 W/O 型，含水在 4.9% ~ 49.0%，相对黏度在 0.91 ~ 3.44。从整个区块来看，含水 40% 以下的产出液样品均为乳状液状态，基本不含游离水，含水 40% 以上的产出液含有部分游离水（图 8.4）。即使产出液含水高达 90% 以上，其中的乳状液依然为 W/O 型，这与室内实验结果一致。并且产出乳状液稳定性好，含水 50% 的乳状液在室温下放置 5 天后依然没有水析出（图 8.5）。

表 8.1 注水试验区部分产出乳状液性质测定

样品编号	乳状液黏度（mPa·s）	乳状液含水（%）	乳状液黏度增加倍数	乳状液类型	样品编号	乳状液黏度（mPa·s）	乳状液含水（%）	乳状液黏度增加倍数	乳状液类型
1#	3012	20.8	1.42	W/O	16#	966	31.2	1.14	W/O
2#	1403	45.6	1.53	W/O	17#	2186	24.5	1.65	W/O
3#	20384	25.1	2.52	W/O	18#	3337	36.8	2.36	W/O
4#	3750	47.1	2.57	W/O	19#	6357	49	3.36	W/O
5#	2249	5.9	0.91	W/O	20#	777	6.7	0.91	W/O
6#	1144	4.9	0.95	W/O	21#	2734	29.5	1.55	W/O
7#	1091	28.5	1.6	W/O	22#	1967	23.4	1.56	W/O
8#	2082	15	1.61	W/O	23#	5747	40.9	1.88	W/O
9#	1874	29.3	1.71	W/O	24#	3901	38	2.48	W/O
10#	2655	36.5	1.87	W/O	25#	3146	25.6	1.9	W/O
11#	3675	24.2	1.91	W/O	26#	2894	6	1.1	W/O
12#	20114	21.5	3.44	W/O	27#	1641	13.8	1.59	W/O
13#	462	6.4	0.98	W/O	28#	1978	16.6	1.31	W/O
14#	5619	35.6	3	W/O	29#	2260	34.7	2.19	W/O
15#	1237	21.9	1.66	W/O	30#	3199	27.2	1.68	W/O

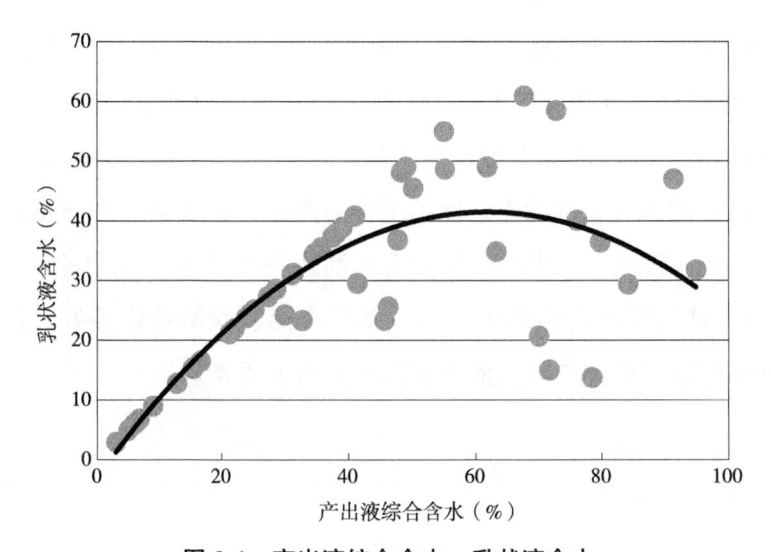

图 8.4 产出液综合含水 – 乳状液含水

（2）乳状液中氯离子含量。

J油藏地层水氯离子含量为6204.28mg/L，因为注入水氯离子含量低于地层水（表8.2），所以一般认为，若注入水进入地层后，很快与原油形成乳状液，与地层水交换较少，则产出乳状液中氯离子含量低，反之若形成乳状液晚，则氯离子含量高。

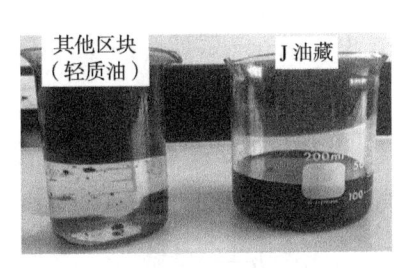

图 8.5　注水试验区现场采出液图片（含水 50%，放置 5d 后）

表 8.2　油田水氯离子含量

取样点	氯离子含量（mg/L）
水源井水（未加防膨剂）	158.17
注入水（加 0.3% 防膨剂）	1965.35
地层水	6204.28

从表8.3可以看出，乳状液水相中氯离子含量与注入水相当，说明注水早期即形成了乳状液，乳状液参与驱替原油。

表 8.3　产出乳状液中氯离子含量

样品编号	氯离子含量（mg/L）
1	974.88
2	2392.88
3	531.75
4	620.38

8.2　国内外稠油非常规水驱特征总结

W/O乳状液的存在使稠油水驱出现了非常规的动态。传统的lgWOR-R关系是基于针对非混相驱替的一维Buckley-Leverett前缘推进方程推导出来的，表达式如下[204]：

$$\log_{10}(\text{WOR}) = [b(1-S_{wc})/\text{OOIP}]Q_o + \log_{10}(a\eta_o/\eta_w) + bS_{wc} - 1/\ln 10 \quad (8.2)$$

式中 Q_o——累计产油量，10^4t；

　　　OOIP——原始地质储量，10^4t；

　　　η_o、η_w——油和水的黏度，mPa·s；

　　　S_{wc}——束缚水饱和度；

　　　a、b——常数。

$[b(1-S_{wc})/\text{OOIP}]$ 为直线的斜率，a 和 b 的值可以通过下式获得：

$$\log_{10}\left(\frac{K_{rw}}{K_{ro}}\right) = \log_{10}(a) + bS_{wc} \quad (8.3)$$

式中 K_{rw}，K_{ro}——水相、油相的相对渗透率。

根据式（8.2）的描述，lgWOR-Q_o 在注水突破后呈直线关系，这在常规水驱开发中得到了广泛印证，包括大部分稠油油藏。基于 Buckley-Leverett 理论，不会出现 WOR 随采出程度的增加保持稳定的情况。但该非常规的情况出现在了国内外部分稠油水驱开发油藏。

8.2.1　新疆油田 J 油藏（稳定 WOR ≈ 0.6858）

根据改进童氏图版法可以预测出 J 油藏注水试验区的水驱特征曲线（图8.6）。按照常规水驱，水油比（WOR）随着时间的推移和采出程度的增加呈单调递增趋势，尤其对类似 J 油藏的稠油油藏来说，增加幅度理应更加显著。但 J 油藏实际水驱特征曲线在注水初期短暂上升后即出现很长的水平段，WOR 在注水 7 年内稳定在 0.3787～1.0685 范围内，目前并未出现上升趋势[图 8.6（a）]，完全不同于传统的稠油水驱特征[图 8.6（b）]。

同时，不仅试验区整体水驱特征曲线出现近乎水平的直线段，单井 lgWOR-t 曲线也如此（图8.7）。基于现场生产动态和论文前部分的研究，已证实这种异常的趋势是 W/O 乳状液的形成导致的，与 Vittoratos 等的观点[137]一致。因此，稠油的水驱不能完全套用传统轻质油的模型，其水驱特征不仅与油水黏度比相关，还受油水化学性质的影响。

（a）J油藏

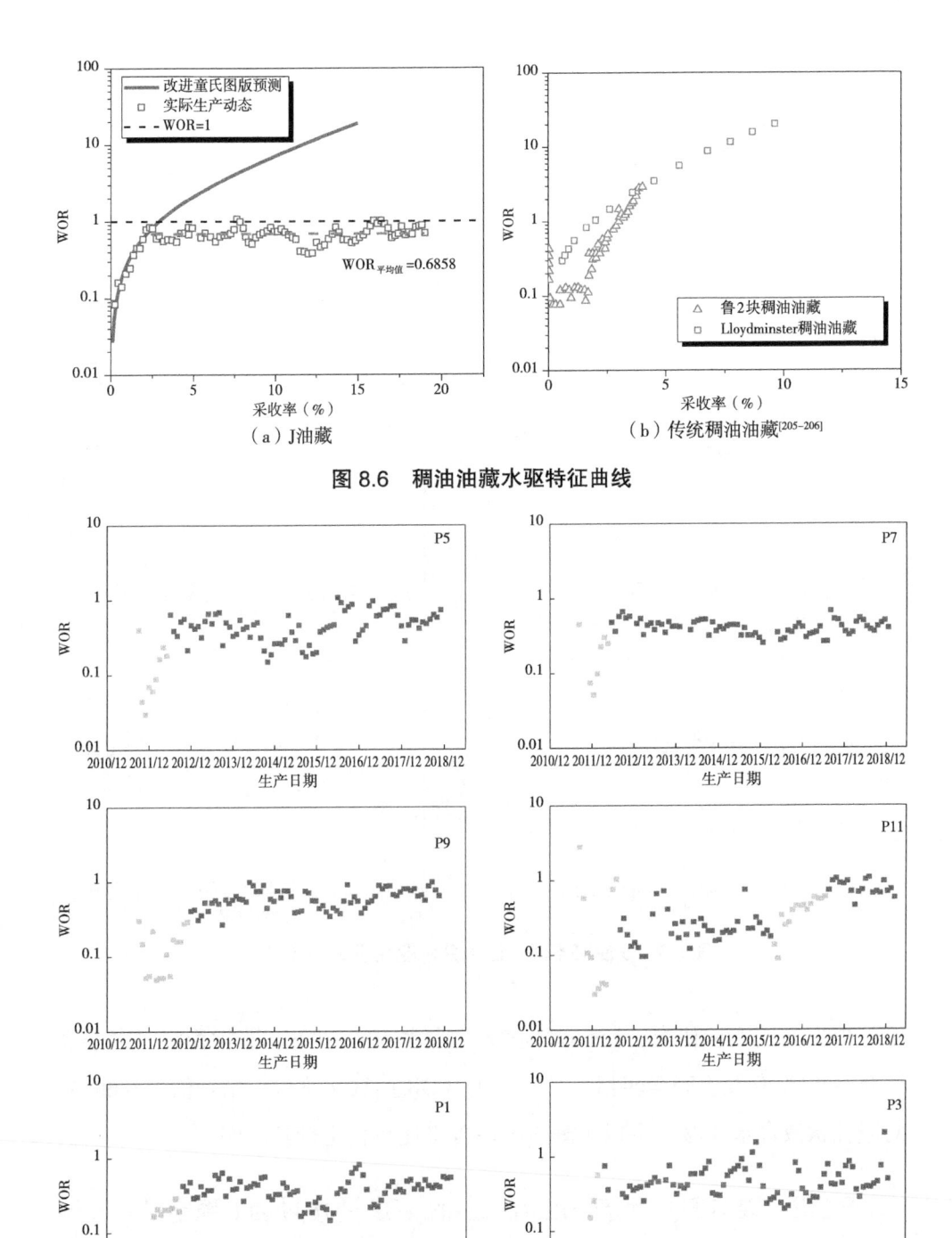

（b）传统稠油油藏[205-206]

图 8.6 稠油油藏水驱特征曲线

图 8.7 J油藏不同采油单井水驱特征曲线（一）

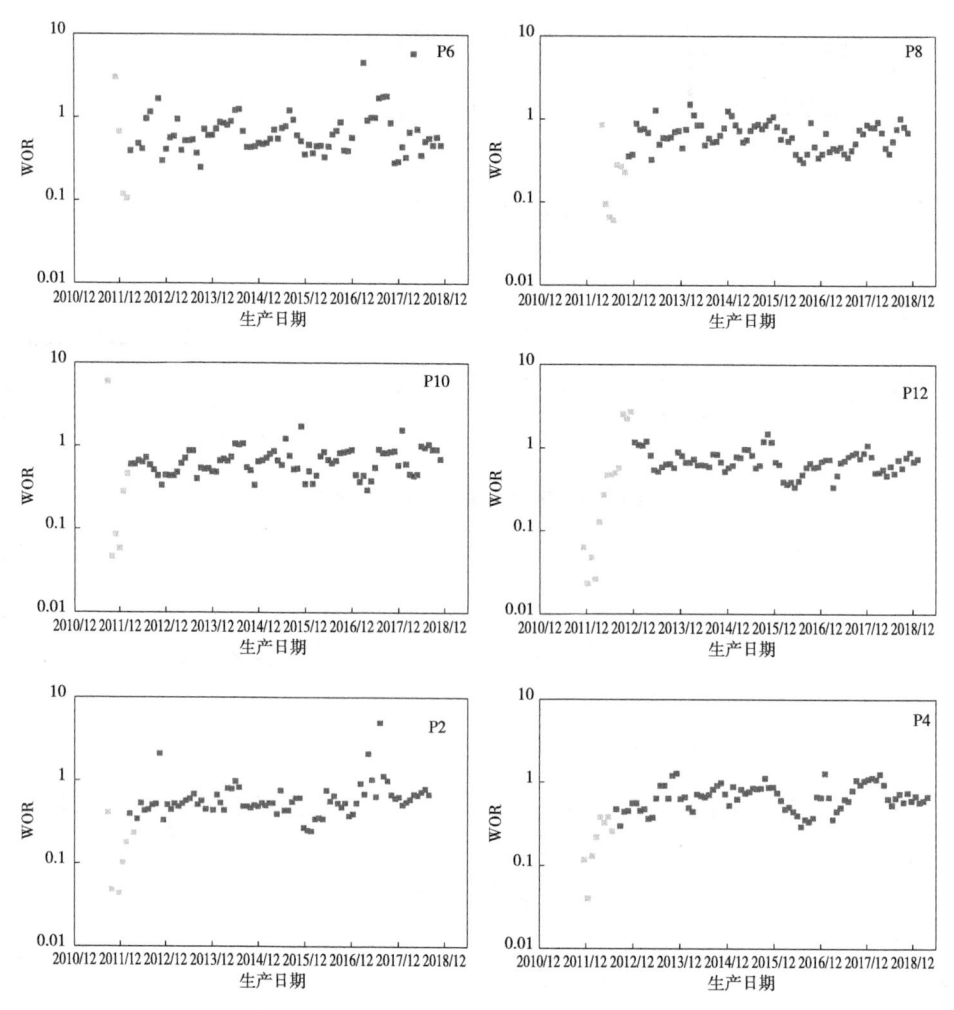

图 8.7 J 油藏不同采油单井水驱特征曲线（二）

根据前期实验研究，J 油藏乳状液在含水 50% 以下均非常稳定，含水高达 90% 也没有发生完全转相，目前区块 WOR 曲线水平段的平均值为 0.6858，对应乳状液含水 40%，可以预测该区块含水还将稳定较长时间。

8.2.2 委内瑞拉西部 Bachaquero-02 注水项目（稳定 WOR ≈ 0.5）

委内瑞拉西部的 Maracaibo Lake 油田有世界上最大规模的水驱开发项目，其中 Bachaquero-02 是针对稠油的水驱项目，油藏平均渗透率为 350mD，原油平均 API 重度为 15。在 A-373 和 A-374 这两个地区，A-374 的水驱特征曲线主要由一个上升段和一个稳定段组成，稳定段的 WOR 在 0.50 附近波动（图 8.8），细分可以识别出另外一个稳定段，其 WOR 在 1 附近波动；而 A-373 的 WOR 曲线由两个上升段组成，第二段的上升速度很缓，也趋向于水平发育。而不仅限于区块，在部分单井的 WOR 曲线上也识别到了发育的水平段（图 8.9）。R. Vidal 和 R. Alvarado 也把这种非常规稠油水驱现象解释为 W/O 乳状液的流动[207]。

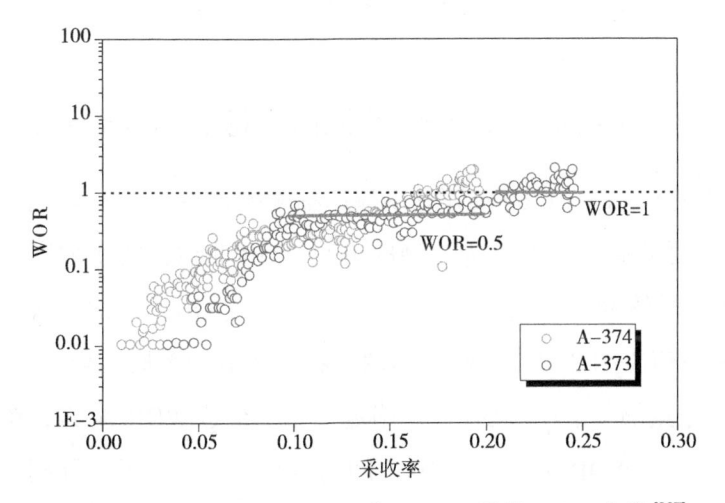

图 8.8 Bach-02 项目 A-373 和 A-374 区的 WOR 曲线[207]

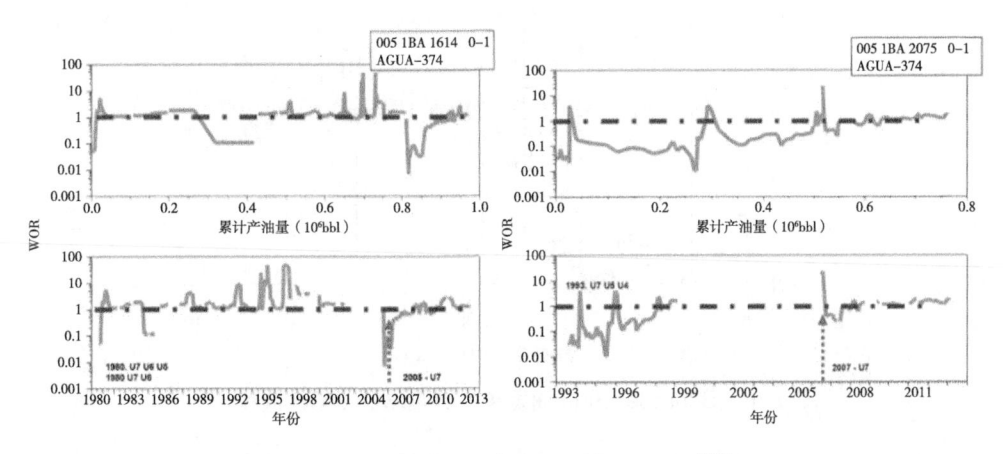

图 8.9 A-374 区部分单井 WOR 变化趋势[207]（一）

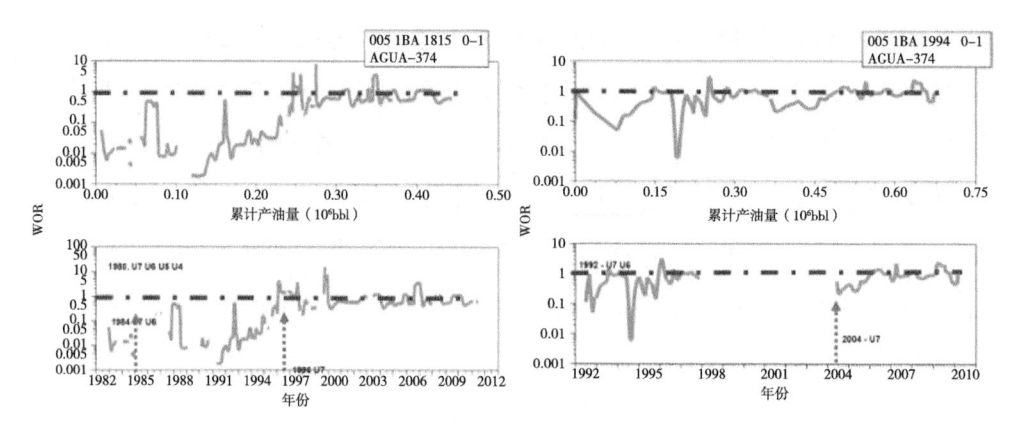

图 8.9　A-374 区部分单井 WOR 变化趋势[207]（二）

8.2.3　阿拉斯加 Milne Point 油田（稳定 WOR ≈ 1）

该油田的 Schrader Bluff 油藏地下原油黏度在 20～220mPa·s，砂体疏松，渗透率在达西级别。图 8.10 为典型的单井 WOR 曲线，曲线被划分为三个阶段，第 III 阶段的 WOR 值长时间稳定在 1 左右。同时，该油藏所有单井每月的 WOR 测量值（图 8.11）也显示出两组特征明显的数据集合，一组是 WOR 为 1，大部分点都集中在 WOR ≈ 1 附近，另一组是 WOR > 10，该组的数据点规模不大，而 WOR 位于 3～10 之间的点很少。因此可以预测该油藏水驱的 WOR 倾向于 1 发展，然后突增至一个较大值。

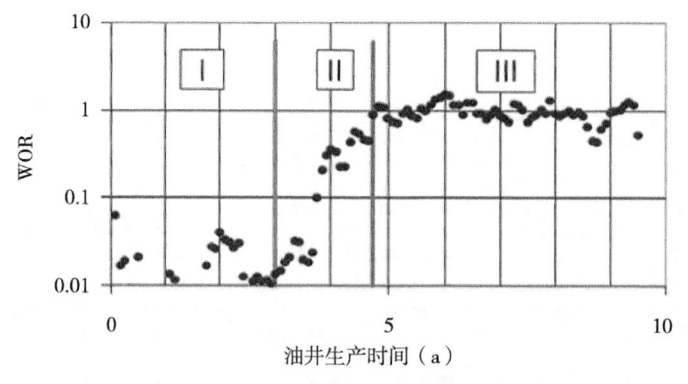

图 8.10　Schrader Bluff 油藏单井典型水驱 WOR 曲线[137]

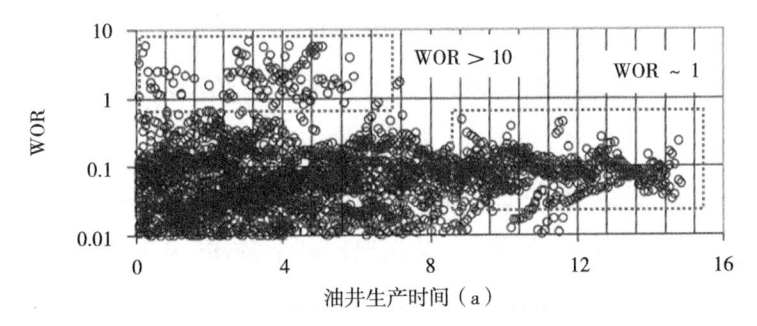

图 8.11　Schrader Bluff 油藏水驱单井 WOR 数据[137]

8.2.4　俄罗斯 Russkoye 油藏（稳定 WOR ≈ 1）

　　Russkoye 油藏原油黏度为 200mPa·s，API 重度为 13，油藏胶结疏松，采用水平井进行注水（或热水）开发，其中一个注水单元的含水率随时间的变化如图 8.12 所示，注水突破后含水并未迅速上升，而是出现了水平段，含水稳定在 50%（WOR=1）左右。

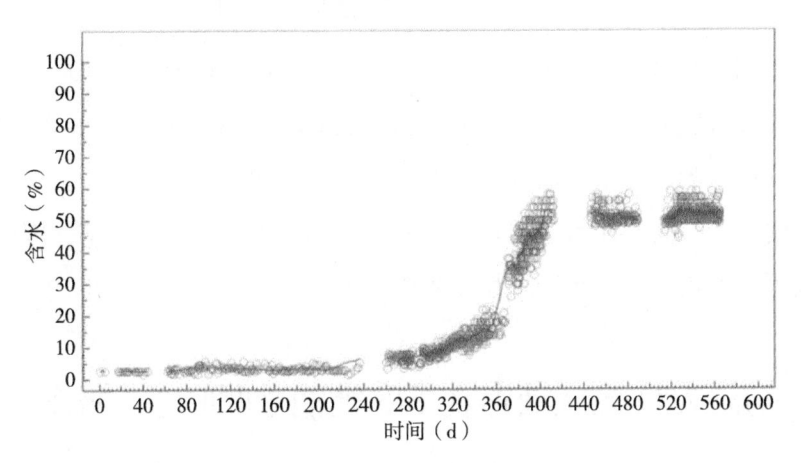

图 8.12　Russkoye 油藏注水单元含水率变化[208]

8.2.5　加州某海上油藏（稳定 WOR ≈ 1 和 5）

　　加州某海上油藏，原油 API 重度为 20，水驱 WOR 曲线如图 8.13 所示。该曲线首先出现在 Chen 和 Ershaghi 的文章中[209]，但作者并未关注和解释曲线的水平段。但该异常现象引起了 Vittoratos 和 R. Kovscek 的关注，他们将该曲线分为四个阶段，认为第 II 阶段的 WOR ≈ 1 是油水化学性质（即乳化）主导的结果，而第 III 阶段由油藏非均质性控制[2]。但本文观察到第 III 阶段也存在未被识别的 WOR 水平段（红色横线标注），WOR 在 5 附近波动。分析认为，未被识别的水平段也可能是油水乳化导致的，因为随着注水的进行，油藏中有可能形成更高含水的乳状液段塞，从而出现高于 WOR ~ 1 的水平段。

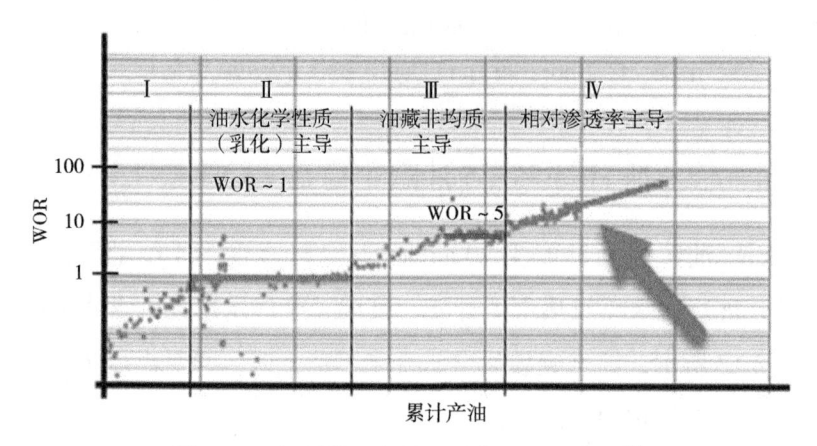

图 8.13 加州某近海稠油油藏 WOR 曲线[2]

通过对 J 油藏及与其非常规水驱特征类似的其他稠油油藏的分析发现，WOR 水平段的值并不局限于 Vittoratos 提出的 1，还出现了 0.6848、0.5 和 5 等值，分析认为这与不同油藏的油水乳化性质不同有关[143]。此外，对于某一区块来说，在不同的注水阶段有可能形成不同含水的乳状液段塞，因此 WOR 水平段可能不止一个，有可能存在两个或多个。

8.3 考虑 W/O 乳状液存在下的稠油水驱特征"概念"曲线

基于上述分析，在 Vittoratos 模型的基础上，考虑不同油藏油水乳状液稳定含水范围和转相点的不同，提出了改进的稠油水驱特征"概念"曲线，如图 8.14 所示。改进的稠油水驱特征"概念"曲线同样分为 I、II、III、VI 四个阶段：I 为无水采油阶段，WOR 为零；II 为油水同产阶段，WOR 缓慢上升；III 为 W/O 乳状液产出阶段，WOR 呈阶梯状上升；VI 为 O/W 或 W/O 乳状液和自由水产出阶段，WOR 迅速上升。

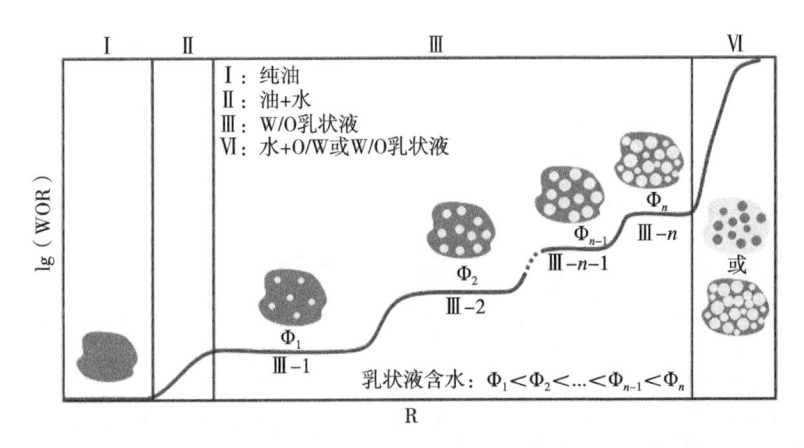

图 8.14 改进后的稠油水驱特征"概念"曲线（W/O 乳状液存在下）

与 Vittoratos 的曲线相比，改进的水驱特征曲线主要存在两点不同：首先，最主要的不同在于第 III 段。假设某油藏的乳状液在含水 Φ_1-Φ_n 范围内均为 W/O 型，Φ_n 为转相点，那么理想状态下第 III 阶段由 n 个 WOR 水平段组成，初期产出的 W/O 乳状液含水 Φ_1 最低，WOR 水平段位置最低，随着后期产出乳状液含水逐渐升高，WOR 呈阶梯状上升，直至达到转相点 Φ_n 后进入第 VI 阶段。其次，针对不发生转相的乳状液，第 VI 阶段也可能不产出 O/W 乳状液，而是产出 W/O 乳状液和自由水，例如本书研究的 J 油藏。

（1）乳状转内相体积的高低对稠油水驱有重要影响。

高内相体积乳状液会延长第 III 阶段的持续时间，有利于稠油水驱效率的提高。对于转相点高的稠油来说，水驱前缘的整体黏度会在高值维持较长时间，可以长时间抑制水窜；而乳状液内相体积低的稠油，水驱前缘黏度会过早降低，水窜程度随着水驱的进行不断增加[210]（图 8.15）。

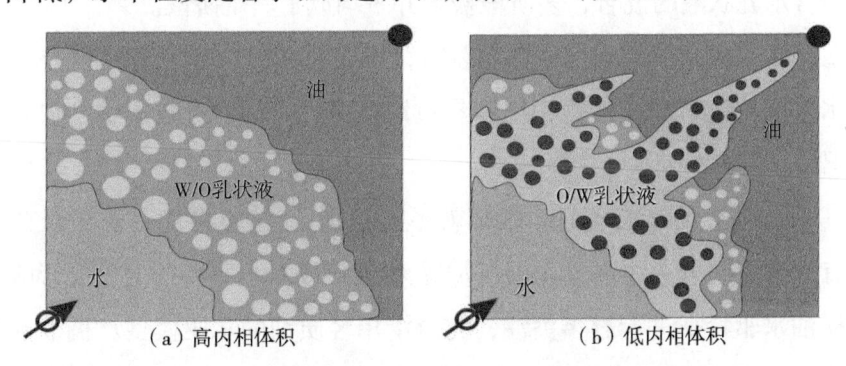

图 8.15 形成高内相体积和低内相体积的稠油水驱示意图

（2）WOR 在第 III 阶段的初期稳定值和末期稳定值。

由于油藏条件下乳状液段塞的形成往往需要一定时间，同时地层具有原始含水饱和度，油藏初始含水条件往往高于 Φ_1，因此第 III 阶段的 W/O 乳状液初始含水高于 Φ_1。第 III 阶段末期的乳状液含水也不一定为转相点 Φ_n，由于乳状液的不稳定性随着含水的增加而增加，当含水上升至一定值后，虽然乳状液并未发生转相，但此时的乳状液段塞稳定性较差，很容易被后续的注入水突破前缘，造成含水迅速上升，提前进入第 VI 阶段（图 8.16），所以第 III 阶段的末期含水往往低于 Φ_n。此外，油藏的强非均质性也会造成第 III 阶段的提前结束。

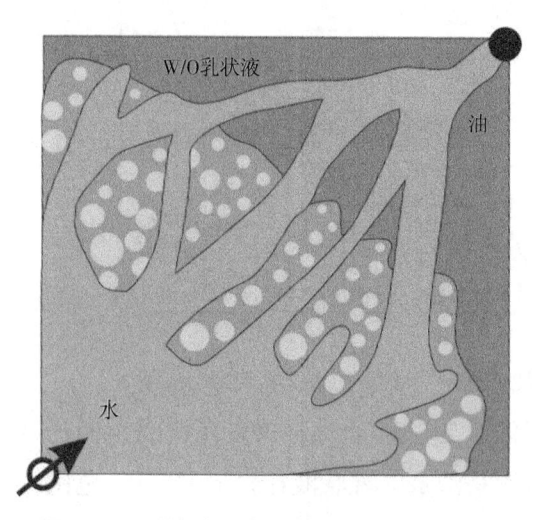

图 8.16 后续注入水突破 W/O 乳状液段塞示意图

（3）为什么已识别到的第 III 阶段通常只有一个水平段？

实际上，在已有报道中识别到的第 III 阶段往往只由一个水平段组成。导致这一现象的原因可能包含但不限于以下三种：

①由于油藏结构的复杂性和油水在地层乳化的随机性，产出乳状液往往是不同含水乳状液的混合，多阶段被合并平均成了一个阶段。

②当含水较高或油水乳化性质差时，形成的 W/O 乳状液稳定性差，WOR 曲线水平段持续时间比较短，很容易被淹没在大量的动态数据中，被归到第 VI 阶段。

③"当思想没有准备好，眼睛就不能识别"，这也可能是由于长久以来并未有人意识到稠油注水过程中 W/O 乳状液形成对水驱特征的重要影响，并未对稠油水驱特征进行过多关注，完全沿用轻质油的水驱模型。稠油水驱特征"概念"曲线的提出对于稠油的油藏工程来说是一个罗塞塔石碑[137]。

因此，根据已报道的现场实际情况，图 8.14 中的稠油水驱特征"概念"曲线可以简化为图 8.17，第 III 阶段的 WOR 值和长度取决于油水乳状液的性质和油藏性质。

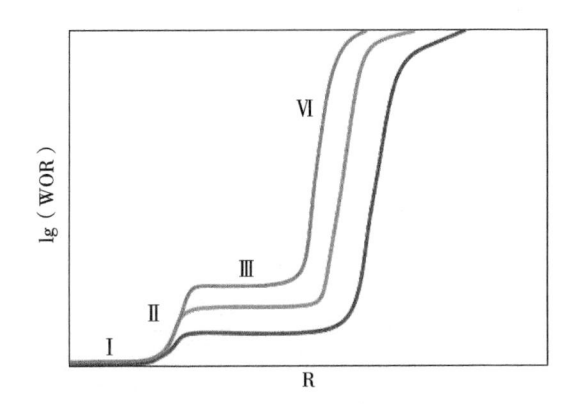

图 8.17　简化后的油水自乳化作用下稠油水驱特征"概念"曲线

参考文献

[1] Kaminsky R D. Viscous Oil Recovery Using Solids-Stabilized Emulsions[C]. SPE Annual Technical Conference and Exhibition, Florence, Italy, 2010.

[2] Vittoratos E, Kovscek A R. Doctrines and Realities in Viscous and Heavy-oil Reservoir Engineering[J]. Journal of Petroleum Science and Engineering, 2019, 178: 1164–1177.

[3] 李秀娟. 国内外稠油资源的分类评价方法[J]. 内蒙古石油化工, 2008, 34（21）: 61–62.

[4] 刘文章. 关于我国稠油分类标准的初步研究[J]. 石油钻采工艺, 1983, 5（1）: 41–50.

[5] 刘亚明. 重油研究现状及展望[J]. 中国石油勘探, 2010, 15（5）: 69–76.

[6] 于少君，郭庆军，王晓芳，等. 大庆油田稠油原油物性实验分析研究[J]. 当代化工, 2007, 36（4）: 458–460.

[7] 罗刚. 常规稠油注水提高采收率技术研究与实践[J]. 中国石油和化工标准与质量, 2013, 33（20）: 267.

[8] Brice B W, Renouf G. Increasing Oil Recovery from Heavy Oil Waterfloods[C]. International Thermal Operations and Heavy Oil Symposium, Calgary, Alberta, Canada, 2008.

[9] G R. Do Heavy and Medium Oil Waterfloods Differ?[C]. Canadian International Petroleum Conference, Calgary, Alberta, Canada, 2007.

[10] 韩卓明. 稠油注水界限的初步探讨[J]. 石油勘探与开发, 1985,（3）: 51–57.

[11] 谢建勇，石彦，梁成钢，等. 昌吉油田吉7井区稠油油藏注水开发原油黏度界限[J]. 新疆石油地质, 2015, 36（6）: 724–728.

[12] Beliveau D. Waterflooding Viscous Oil Reservoirs[C]. SPE Indian Oil and Gas Technical Conference and Exhibition, Mumbai, India, 2008.

[13] Cheng Y, Czyzewski W, Zhang Y, et al. Experimental Investigation of Low Salinity Waterflooding to Improve Heavy Oil Recovery from the Schrader Bluff Reservoir on Alaska North Slope[C]. OTC Arctic Technology Conference, Houston, Texas, USA, 2018.

[14] Sawatzky R, Alvarez J. Waterflooding: Same Old, Same Old?[C]. 2013 SPE Heavy Oil Conference-Canada. Calgary, Alberta, Canada, 2013.

[15] Solórzano P, Ahmedt D, Jaimes C, et al. Selectivizing a Singled Bed Reservoir, A Successfully Application to Increase the Vertical Displacement Efficiency in a Heavy Oil Waterflooding Project[C]. SPE Trinidad and Tobago Section Energy Resources Conference, Port of Spain, Trinidad and Tobago, 2018.

[16] Zhang F, Ouyang J, Wu M, et al. Enhancing Waterflooding Effectiveness of the Heavy Oil Reservoir Using the Viscosity Reducer[C]. SPE Asia Pacific Oil & Gas Conference and Exhibition, Brisbane, Queensland, Australia, 2010.

[17] Adams D M. Experiences With Waterflooding Lloydminster Heavy-Oil Reservoirs[J]. Journal of Petroleum Technology, 1982, 34（08）: 1643-1650.

[18] 薄芳, 高小鹏, 胡龙胜, 等. 应用热水驱技术提高孤岛油田渤21断块采收率[J]. 国外油田工程, 2005, 21（1）: 43-44.

[19] 别旭伟, 廖新武, 赵春明, 等. 秦皇岛32-6油田优势渗流通道与开发策略研究[J]. 石油天然气学报, 2010, 32（3）: 181-184.

[20] 程柯扬. 巴48断块稠油油藏水驱调整方案[D]. 成都: 成都理工大学, 2011.

[21] 傅英, 郭建春, 王书彬, 等. 渤海SZ36-1油田注聚调剖井层的优选[J]. 断块油气田, 2006, 13（1）: 42-43.

[22] 郭太现, 苏彦春. 渤海油田稠油油藏开发现状和技术发展方向[J]. 中国海上油气, 2013, 25（4）: 26-30.

[23] 郭振朋. 锦90块转换开发方式研究[D]. 大庆: 大庆石油大学, 2006.

[24] 李岩, 张宏遐. Wilmington油田Ⅱ断块水淹Tar油藏蒸汽驱油先导试验[J]. 世界石油工业, 1995, 2（3）: 49-53.

[25] 李振泉. 孤岛油田中—区特高含水期聚合物驱工业试验 [J]. 石油勘探与开发, 2004, 31（2）: 119-121.

[26] 孙建平, 冉启全, 史焕巅. 大港油田枣 35 区块裂缝性火山岩稠油油藏注水开发特征及效果评价 [J]. 油气地质与采收率, 2005, 12（1）: 59-62.

[27] 王步娥. 盘 40 断块馆三段 7 砂组边底水油藏剩余油研究及水平井调整挖潜 [J]. 石油天然气学报, 2008, 30（5）: 137-139.

[28] 张永萍, 张奇, 卢玉江, 等. 古城油田 B123 断块稠油注水开发动态调整研究 [J]. 石油天然气学报, 2006, 28（3）: 375-377.

[29] 张治民. 超深稠油水驱开发效果评价 [J]. 内蒙古石油化工, 2015,（11）: 48-51.

[30] 赵绘青. 奈曼油田优化注水提高开发效果 [J]. 中国高新技术企业, 2013, 266（23）: 81-82.

[31] 周鹰. 海外河稠油油田注水开发效果评价 [J]. 特种油气藏, 2001, 8（3）: 44-49.

[32] Forth R, Slevinsky B, Lee D, et al. Application of Statistical Analysis to Optimize Reservoir Performance[J]. Journal of Canadian Petroleum Technology, 1997, 36（9）: 36-42.

[33] Mei S, Bryan J L, Kantzas A. Experimental Study of the Mechanisms in Heavy Oil Waterflooding Using Etched Glass Micromodel[C]. SPE Heavy Oil Conference Canada, Calgary, Alberta, Canada, 2012.

[34] Miller K A. Improving the State of the Art of Western Canadian Heavy Oil Waterflood Technology[J]. Journal of Canadian Petroleum Technology, 2006, 45（4）: 7-11.

[35] Singhal A K. Role of Operating Practices on Performance of Waterfloods in Heavy Oil Reservoirs[J]. Journal of Canadian Petroleum Technology, 2009, 48（3）: 10-12.

[36] Singhal A K, Improving Water Flood Performance by Varying Injection-production Rates[C]. Canadian International Petroleum Conference, Calgary, Alberta, Canada, 2009.

[37] Wassmuth F R, Green K, Arnold W, et al. Polymer Flood Application to Improve Heavy Oil Recovery at East Bodo[J]. Journal of Canadian Petroleum Technology, 2009, 48（2）: 55-61.

[38] Inc E D, Zaitoun A, Renard G, et al. Pelican Lake Polymer Flood – First Successful

Application in a High Viscosity Reservoir[C]. SPE Enhanced Oil Recovery Conference, Kuala Lumpur, Malaysia, 2013.

[39] Ayirala S, Doe P, Curole M, et al. Polymer Flooding in Saline Heavy Oil Environments[C]. Sixteenth SPE/DOE Improved Oil Recovery Symposium 16th, Tulsa, Oklahoma, USA, 2008.

[40] Wassmuth F R, Green K, Hodgins L, et al. Polymer Flood Technology For Heavy Oil Recovery[C]. Canadian International Petroleum Conference, Calgary, Alberta, Canada, 2007.

[41] Asghari K, Nakutnyy P. Experimental Results of Polymer Flooding of Heavy Oil Reservoirs[C]. Canadian International Petroleum Conference, Calgary, Alberta, Canada, 2008.

[42] Levitt D, Bourrel M, Bondino I, n. The Interpretation of Polymer Coreflood Results for Heavy Oil[C]. SPE Heavy Oil Conference and Exhibition, Kuwait City, Kuwait, 2011.

[43] Kang X, Zhang J, Sun F, et al. A Review of Polymer EOR on Offshore Heavy Oil Field in Bohai Bay, China[C]. SPE Enhanced Oil Recovery Conference, Kuala Lumpur, Malaysia, 2011.

[44] Delamaide E, Bazin B, Rousseau D, et al. Chemical EOR for Heavy Oil: The Canadian Experience[C]. SPE EOR Conference at Oil and Gas West Asia, Muscat, Oman, 2014.

[45] Delamaide E, Tabary R, Renard G, et al. Field Scale Polymer Flooding of Heavy Oil: the Pelican Lake Story[C]. 21st World Petroleum Congress, Moscow, Russia, 2014.

[46] Delamaide E. Exploring the Upper Limit of Oil Viscosity for Polymer Flood in Heavy Oil[C]. SPE Improved Oil Recovery Conference, Tulsa, Oklahoma, USA, 2018.

[47] Delamaide E. Polymer Flooding of Heavy Oil-from Screening to Full-field Extension[C]. SPE Heavy and Extra Heavy Oil Conference: Latin America 2014, Medellin, Colombia, 2014.

[48] Manichand R, Mogollon J, Bergwijn S, et al. Preliminary Assessment of Tambaredjo Heavy Oilfield Polymer Flooding Pilot Test[C]. SPE Latin American and Caribbean Petroleum Engineering Conference, Lima, Peru, 2010.

[49] Bryan J. An Investigation into the Mechanisms of Heavy Oil Recovery by Alkali-

Surfactant Flooding[D]. University of Calgary, 2008.

[50] Bryan J L, Kantzas A. Enhanced Heavy-oil Recovery by Alkali-surfactant Flooding[C]. SPE Annual Technical Conference and Exhibition, Anaheim, California, U.S.A, 2007.

[51] Liu Q, Dong M, Ma S, et al. Surfactant Enhanced Alkaline Flooding for Western Canadian Heavy Oil Recovery[J]. Colloids and Surfaces A: Physicochemical and Engineering Aspects, 2007, 293（1-3）: 63-71.

[52] Pei H, Zhang G, Ge J, et al. Potential of Alkaline Flooding to Enhance Heavy Oil Recovery through Water-in-oil Emulsification[J]. Fuel, 2013, 104: 284-293.

[53] 杨会峰, 徐国瑞, 贾永康, 等. 海上稠油油田高效驱油剂筛选与评价 [J]. 石油化工应用, 2018, 37（4）: 107-111.

[54] Shamekhi H, Kantzas A, Bryan J L, et al. Insights into Heavy Oil Recovery by Surfactant Polymer and ASP Flooding[C]. SPE Heavy Oil Conference-Canada, Calgary, Alberta, Canada, 2013.

[55] Pang Z X, Cheng L S, Li C L. Enhanced Heavy Oil Recovery with Thermal Foam Flooding[J]. Journal of Southwest Petroleum University, 2007, 29（6）: 71-74.

[56] Pang Z, Liu H, Ling Z. A Laboratory Study of Enhancing Heavy Oil Recovery with Steam Flooding by Adding Nitrogen Foams[J]. Journal of Petroleum Science & Engineering, 2015, 128: 184-193.

[57] Khajehpour M, Etminan S R, Goldman J, et al. Nanoparticles as Foam Stabilizer for Steam-foam Process[J]. SPE Journal, 2018, 23（6）: 2232-2242.

[58] Al-Wahaibi T, Al-Wahaibi Y, Al-Hashmi A A R, et al. Experimental Investigation of the Effects of Various Parameters on Viscosity Reduction of Heavy Crude by Oil－water Emulsion[J]. Petroleum Science, 2015, 12（1）: 170-176.

[59] AZODI, Masood, Nazar A R S. An Experimental Study on Factors Affecting the Heavy Crude Oil in Water Emulsions Viscosity[J]. Journal of Petroleum Science & Engineering, 2013, 106（2）: 1-8.

[60] Bai J, Zhang T, Fan W. The Synergetic Effect Between Heavy Oil Components and Emulsifier in Heavy Oil-in-water Emulsion[J]. Journal of Petroleum Science & Engineering, 2009, 69（3-4）: 189-192.

[61] Long Y, Dong M, Ding B, et al. Emulsification of Heavy Crude Oil in Brine and Its Plugging Performance in Porous Media[J]. Chemical Engineering Science, 2018, 178: 335-347.

[62] Mcauliffe C D. Oil-in-water Emulsions Improve Fluid Flow in Porous Media[J]. SPE of AIME Mid-Continent Sect. Improved Oil Recovery Symp, 1972.

[63] Plegue T H, Frank S G, Fruman D H, et al. Studies of Water-Continuous Emulsions of Heavy Crude Oils Prepared by Alkali Treatment[J]. SPE Production Engineering, 1989, 4（2）: 181-183.

[64] Sun N, Jing J, Jiang H, et al. Effects of Surfactants and Alkalis on the Stability of Heavy-Oil-in-Water Emulsions[J]. SPE Journal, 2017, 22（1）: 120-129.

[65] Hardy W C, Shepard J C, Reddick K L. Secondary Recovery of Petroleum with a Preformed Emulsion Slug Drive[P]. U.S. Patent 3, 294, 164. 1966-12-27.

[66] 匡佩琼, 尉立岗, 黄延章. 乳状液驱油实验研究[J]. 石油勘探与开发, 1988,（3）: 64-67.

[67] 尉立岗, 张玄奇. 乳状液驱油的实验研究[J]. 西安石油大学学报（自然科学版）, 1988,（3）: 25-29.

[68] 孙仁远, 刘永山. 超声乳状液的配制及其段塞驱油试验研究[J]. 中国石油大学学报（自然科学版）, 1997, 21（5）: 102-104.

[69] 曹绪龙, 马宝东, 张继超. 特高温油藏增黏型乳液驱油体系的研制[J]. 油气地质与采收率, 2016, 23（1）: 68-73.

[70] Kumar R, Dao E, Mohanty K. Heavy-Oil Recovery by In-Situ Emulsion Formation[J]. Spe Journal, 2012, 17（2）: 326-334.

[71] Liu Q, Dong M, Ma S. Alkaline/Surfactant Flood Potential in Western Canadian Heavy Oil Reservoirs[C]. SPE/DOE Symposium on Improved Oil Recovery, Tulsa, Oklahoma, USA, 2006.

[72] Liu Q, Dong M, Yue X, et al. Synergy of Alkali and Surfactant in Emulsification of Heavy Oil in Brine[J]. Colloids & Surfaces A Physicochemical & Engineering Aspects, 2006, 273（1-3）: 219-228.

[73] Fu X. Enhanced Oil Recovery of Viscous Oil by Injection of Water-in-oil Emulsion

Made with Used Engine Oil[D]. Texas A&M University, 2012.

[74] Bragg J R, Varadaraj R. Solids-stabilized Oil-in-water Emulsion and a Method for Preparing Same[P]. U.S, Patent, 6, 988, 550. 2006-1-24.

[75] Bragg J R. Oil Recovery Method Using an Emulsion[P]. U.S, Patent, 5, 927, 404. 1999-7-27.

[76] Bragg J R. Oil Recovery Method Using an Emulsion[P]. U.S, Patent, 6, 068, 054. 2000-5-30.

[77] Fu X, Lane R H, Mamora D D. Water-in-Oil Emulsions: Flow in Porous Media and EOR Potential[C]. SPE Canadian Unconventional Resources Conference, Calgary, Alberta, Canada, 2012.

[78] D'Elia-S R, Ferrer-G J. Emulsion Flooding of Viscous Oil Reservoirs[C]. Fall Meeting of the Society of Petroleum Engineers of AIME, Las Vegas, Nevada, 1973.

[79] Alvarez J, Sawatzky R P, Moreno R. Heavy-Oil Waterflooding: Back to the Future[C]. SPE Heavy and Extra Heavy Oil Conference: Latin America, Medellín, Colombia, 2014.

[80] Muller H, Pauchard V O, Hajji A A. Role of Naphthenic Acids in Emulsion Tightness for a Low Total Acid Number (TAN) /High Asphaltenes Oil: Characterization of the Interfacial Chemistry[J]. Energy & Fuels, 2009, 23（3）: 1280-1288.

[81] Mullins O C. The Modified Yen Model[J]. Energy & Fuels, 2010, 24（4）: 2179-2207.

[82] Forte E, Taylor S E. Thermodynamic Modelling of Asphaltene Precipitation and Related Phenomena[J]. Advances in Colloid & Interface Science, 2015, 217: 1-12.

[83] Kokal S L. Crude Oil Emulsions: A State-Of-The-Art Review[J]. SPE Production & Facilities, 2005, 20（1）: 5-13.

[84] 夏立新, 曹国英, 陆世维, 等. 沥青质和胶质对乳状液稳定性的影响 [J]. 化学世界, 2005, 46（9）: 521-523.

[85] 陈玉祥, 陈军, 潘成松, 等. 沥青质/胶质影响稠油乳状液稳定性的研究 [J]. 应用化工, 2009, 38（2）: 194-196.

[86] 赵毅, 胡景磊, 李浩程, 等. 塔河稠油活性组分对油水界面性质和乳状液稳定性

的影响 [J]. 石油化工高等学校学报, 2016, 29（6）: 32-38.

[87] Zaki N, Schoriing P C, Rahimian I. Effect of Asphaltene and Resins on the Stability of Water-in-waxy Oil Emulsions[J]. Petroleum Science and Technology, 2000, 18（7-8）: 945-963.

[88] Ortega F, Ritacco H, Rubio R G. Interfacial Microrheology: Particle Tracking and Related Techniques[J]. Current Opinion in Colloid & Interface Science, 2010, 15（4）: 237-245.

[89] Yang X, Verruto V J, Kilpatrick P K. Dynamic Asphaltene-Resin Exchange at the Oil/Water Interface: Time-Dependent W/O Emulsion Stability for Asphaltene/Resin Model Oils[J]. Energy & Fuels, 2007, 21（3）: 1343-1349.

[90] 秦一鸣, 王丽莲. 胶质沥青质相互作用浅析 [J]. 石油沥青, 2014, 28（3）: 68-71.

[91] 叶仲斌, 程亮, 向问陶, 等. 稠油胶质特性及其对沥青质吸附行为研究 [J]. 西南石油大学学报（自然科学版）, 2010, 32（6）: 147-154.

[92] 程亮, 叶仲斌, 李纪晖. 稠油中胶质对沥青质分散稳定性的影响研究 [J]. 油田化学, 2011, 28（1）: 37-44.

[93] Mclean, J D, Kilpatrick, et al. Effects of Asphaltene Solvency on Stability of Water-in-crude-oil Emulsions[J]. Journal of Colloid & Interface Science, 1997, 189（2）: 242-253.

[94] Acevedo S, Escobar G, Ranaudo M A, et al. Isolation and Characterization of Low and High Molecular Weight Acidic Compounds from Cerro Negro Extraheavy Crude Oil. Role of These Acids in the Interfacial Properties of the Crude Oil Emulsions[J]. Energy & Fuels, 1999, 13（2）: 333-335.

[95] 徐志成, 安静仪, 张路, 等. 胜利原油酸性组分的结构与界面活性 [J]. 石油学报（石油加工）, 2001, 17（6）: 1-5.

[96] Arla D, Sinquin A, Palermo T, et al. Influence of pH and Water Content on the Type and Stability of Acidic Crude Oil Emulsions[J]. Energy & fuels, 2007, 21（3）: 1337-1342.

[97] 张路, 赵濉, 罗澜, 等. 胜利孤东原油中酸性组分的分离、分析及界面活性 [J]. 油田化学, 1998, 15（4）: 344-347.

[98] Brandal Ø, Sjöblom J. Interfacial Behavior of Naphthenic Acids and Multivalent Cations in Systems with Oil and Water. II: Formation and Stability of Metal Naphthenate Films at Oil-water Interfaces[J]. Journal of dispersion science and technology, 2005, 26（1）: 53-58.

[99] Li C, Li Z, Choi P. Stability of Water/toluene Interfaces Saturated with Adsorbed Naphthenic Acids—A Molecular Dynamics Study[J]. Chemical Engineering Science, 2007, 62（23）: 6709-6715.

[100] 兰建义, 杨敬一, 徐心茹. 含硫含酸原油加工中含油污水的形成与破乳研究[J]. 环境科学与技术, 2010, 33（12）: 120-123.

[101] Kiran S K, Ng S, Acosta E J. Impact of Asphaltenes and Naphthenic Amphiphiles on the Phase Behavior of Solvent-bitumen-water Systems[J]. Energy & Fuels, 2011, 25（5）: 2223-2231.

[102] Gao S, Moran K, Xu Z, et al. Role of Naphthenic Acids in Stabilizing Water-in-diluted Model Oil Emulsions[J]. The Journal of Physical Chemistry B, 2010, 114（23）: 7710-7718.

[103] 王振宇, 汪燮卿, 徐振洪, 等. 环烷酸对高沥青质稠油乳状液稳定性的影响[J]. 石油炼制与化工, 2008, 39（10）: 43-47.

[104] Garcia-Olvera G, Reilly T M, Lehmann T E, et al. Effects of Asphaltenes and Organic Acids on Crude Oil-brine Interfacial Visco-elasticity and Oil Recovery in Low-salinity Waterflooding[J]. Fuel, 2016, 185: 151-163.

[105] Alvarado V, Wang X, Moradi M. Role of Acid Components and Asphaltenes in Wyoming Water-in-Crude Oil Emulsions[J]. Energy Fuels, 2011, 25（10）: 4606-4613.

[106] Sauerer B, Stukan M, Buiting J, et al. Dynamic Asphaltene-Stearic Acid Competition at the Oil-Water Interface[J]. Langmuir, 2018, 34（19）: 5558-5573.

[107] Carbognani L, Contreras E, Guimerans R, et al. Physicochemical Characterization of Crudes and Solid Deposits as a Guideline to Optimize Oil Production[C]. SPE International Symposium on Oilfield Chemistry, Houston, TX, United States, 2001.

[108] Del Bianco A, Stroppa F, Bertero L. Tailoring Hydrocarbon Streams for Asphaltene

Removal[J]. SPE Production & Facilities, 1997, 12（02）: 80–83.

[109] 王宇慧. 东辛原油组分–地层水界面扩张流变研究 [J]. 辽宁石油化工大学期刊社, 2013, 26（2）: 34–39.

[110] 李美蓉, 马济飞, 向浩. 超稠油中极性四组分的乳化降黏性能 [J]. 石油化工高等学校学报, 2006, 19（1）: 48–52.

[111] Leal-Calderon F, Schmitt V, Bibette J. Emulsion Science: Basic Principles[M]. Springer Science & Business Media, 2007.

[112] Mohammed A, Okoye S I, Salisu J. Effect of Dispersed Phase Viscosity on Stability of Emulsions Produced by a Rotor Stator Homogenizer[J]. International Journal of Sciences: Basic and Applied Research, 2016, 25（2）: 256–267.

[113] Foudazi R, Qavi S, Masalova I, et al. Physical Chemistry of Highly Concentrated Emulsions[J]. Advances in Colloid and Interface Science, 2015, 220: 78–91.

[114] Winsor P. Hydrotropy, Solubilisation and Related Emulsification Processes[J]. Transactions of the Faraday Society, 1948, 44: 376–398.

[115] Griffin W C. Classification of Surface-active Agents by "HLB" [J]. J Soc Cosmet Chem, 1949, 1: 311–326.

[116] Salager J L, Marquez N, Graciaa A, et al. Partitioning of Ethoxylated Octylphenol Surfactants in Microemulsio-Oil-Water Systems: Influence of Temperature and Relation Between Partitioning Coefficient and Physicochemical Formulation[J]. Langmuir, 2000, 16（13）: 5534–5539.

[117] Bancroft W D. The Theory of Emulsification, V[J]. The Journal of Physical Chemistry, 1913, 17（6）: 501–519.

[118] Fingas M, Fieldhouse B. Studies of the Formation Process of Water-in-oil Emulsions[J]. Marine Pollution Bulletin, 2003, 47（9–12）: 369–396.

[119] Isaacs E E, Chow R S. Practical Aspects of Emulsion Stability[J]. Advances in Chemistry Series, 1992（231）: 51–77.

[120] Galindo-Alvarez J, Sadtler V R, Choplin L, et al. Viscous Oil Emulsification by Catastrophic Phase Inversion: Influence of Oil Viscosity and Process Conditions[J]. Industrial & Engineering Chemistry Research, 2011, 50（9）: 5575–5583.

[121] Hinze J O. Fundamentals of the Hydrodynamic Mechanism of Splitting in Dispersion Processes[J]. AIChE Journal, 1955, 1（3）: 289-295.

[122] Wang C Y, Calabrese R V. Drop Breakup in Turbulent Stirred - tank Contactors. Part II: Relative Influence of Viscosity and Interfacial Tension[J]. AIChE journal, 1986, 32（4）: 667-676.

[123] 刘陈伟. 考虑水合物相变的油包水乳状液多相流动研究 [D]. 青岛: 中国石油大学（华东）, 2014.

[124] Einstein A. Elementary Consideration of the Thermal Conductivity of Dielectric Solids[J]. Ann Phys, German, 1911, 34: 591.

[125] Pal R, Rhodes E. Viscosity/concentration Relationships for Emulsions[J]. Journal of Rheology, 1989, 33（7）: 1021-1045.

[126] Lee H M, Lee J W, Park O O. Rheology and Dynamics of Water-in-oil Emulsions Under Steady and Dynamic Shear Flow[J]. Journal of Colloid and Interface Science, 1997, 185（2）: 297-305.

[127] Babak V G, Langenfeld A, Fa N, et al. Rheological Properties of Highly Concentrated Fluorinated Water-in-oil Emulsions[J]. Trends in Colloid and Interface Science XV, 2001, 118: 216-220.

[128] Batchelor G K, Green J T. The Determination of the Bulk Stress in a Suspension of Spherical Particles to Order c-2[J]. Journal of Fluid Mechanics, 1972, 56（12）: 401-427.

[129] Kerner E H. The Elastic and Thermo-elastic Properties of Composite Media[J]. Proceedings of the Physical Society, 1956, 69（8）: 808.

[130] Palierne J F. Linear Rheology of Viscoelastic Emulsions with Interfacial Tension[J]. Rheologica Acta, 1990, 29（3）: 204-214.

[131] Heinrich G, Klüppel M, Vilgis T A. Reinforcement of Elastomers[J]. Current Opinion in Solid State & Materials Science, 2002, 6（3）: 195-203.

[132] Rajinder P. Complex Shear Modulus of Concentrated Suspensions of Solid Spherical Particles[J]. Journal of Colloid & Interface Science, 2002, 245（1）: 171-177.

[133] Malkin A Y, Masalova I, Slatter P, et al. Effect of Droplet Size on the Rheological

Properties of Highly-concentrated w/o Emulsions[J]. Rheologica Acta, 2004, 43（6）: 584–591.

[134] Pons R, Erra P, Solans C, et al. Viscoelastic Properties of Gel-emulsions: Their Relationship with Structure and Equilibrium Properties[J]. Journal of Physical Chemistry, 1993, 97（47）: 12320–12324.

[135] Langenfeld A, Schmitt V, Stébé M J. Rheological Behavior of Fluorinated Highly Concentrated Reverse Emulsions with Temperature[J]. Journal of Colloid & Interface Science, 1999, 218（2）: 522–528.

[136] Pal R. Novel Shear Modulus Equations for Concentrated Emulsions of Two Immiscible Elastic Liquids With Interfacial Tension[J]. Journal of Non-Newtonian Fluid Mechanics, 2002, 105（1）: 21–33.

[137] Vittoratos E S, West C C. Optimal Heavy Oil Waterflood Management May Differ from That of Light Oils[C]. SPE EOR Conference at Oil and Gas West Asia, Muscat, Oman, 2010.

[138] Currier J, Sindelar S, editors. Performance Analysis in an Immature Waterflood: the Kuparuk River Field[C]. SPE Annual Technical Conference and Exhibition, New Orleans, Louisiana, 1990.

[139] Barge D L, Tran T, Al-Hamier M, et al. Successful use of Horizontal Well Technology in Mitigating Water Production and Increasing Oil Recovery in the South Umm Gudair Field, PNZ, Kuwait[C]. SPE Middle East Oil and Gas Show and Conference, Kingdom of Bahrain, 2005.

[140] Leverett M C. Flow of Oil-water Mixtures Through Unconsolidated Sands[J]. Transactions of the AIME, 1939, 132（1）: 149–171.

[141] Buckley S E, Leverett M. Mechanism of Fluid Displacement in Sands[J]. Transactions of the AIME, 1942, 146（1）: 107–116.

[142] Wilson A. Doctrines vs. Realities in Reservoir Engineering[J]. Journal of Petroleum Technology, 2018, 70（3）: 84–86.

[143] Delamaide E. Investigation and Observations on the Stability of Water-Oil Ratio WOR During Chemical Floods in Heavy Oil Reservoirs[C]. SPE EOR Conference at Oil and

Gas West Asia, Muscat, Oman, 2018.

[144] Kokal S. Quantification of Various Factors Affecting Emulsion Stability: Watercut, Temperature, Shear, Asphaltene Content, Demulsifier Dosage and Mixing Different Crudes[C]. SPE Annual Technical Conference and Exhibition, Houston, Texas, 1999.

[145] Alboudwarej H, Muhammad M, Shahraki A K, et al. Rheology of Heavy-oil Emulsions[J]. SPE Production & Operations, 2007, 22（03）: 285-293.

[146] Ghloum E, Rashed A, Al-Attar M. Characteristics and Inversion Point of Heavy Crude Oil Emulsions in Kuwait[C]. SPE Middle East Oil & Gas Show and Conference, Manama, Bahrain, 2015.

[147] 李美蓉, 于光松, 张丁涌, 等. 稠油 W/O 型乳状液转相特性研究 [J]. 油田化学, 2017, 34（2）: 335-339.

[148] 庞铭, 陈华兴, 冯于恬, 等. 渤海稠油油田油井乳化伤害含水率区间预测方法研究及应用 [J]. 中国海上油气, 2018, 30（5）: 131-136.

[149] 杨小莉, 陆婉珍. 有关原油乳状液稳定性的研究 [J]. 油田化学, 1998, 15（1）: 87-97.

[150] Ho Cheung S, Jin-Woong K, Weitz D A. Microfluidic Fabrication of Monodisperse Biocompatible and Biodegradable Polymersomes with Controlled Permeability[J]. Journal of the American Chemical Society, 2008, 130（29）: 9543-9549.

[151] Muschiolik G. Multiple Emulsions for Food Use[J]. Current Opinion in Colloid & Interface Science, 2007, 12（4-5）: 213-220.

[152] Kanai T, Tsuchiya M. Microfluidic Devices Fabricated Using Stereolithography for Preparation of Monodisperse Double Emulsions[J]. Chemical Engineering Journal, 2016, 290: 400-404.

[153] Choi C H, Kim J, Nam J O, et al. Microfluidic Design of Complex Emulsions[J]. Chemphyschem, 2014, 15（1）: 21-29.

[154] Zhang J, Dan T, Lin M, et al. Effect of Resins, Waxes and Asphaltenes on Water-Oil Interfacial Properties and Emulsion Stability[J]. Colloids & Surfaces A Physicochemical & Engineering Aspects, 2016, 507: 1-6.

[155] He Y, Howes T, Litster J D. Dynamic Interfacial Tension of Aqueous Solutions

of PVAAs and its Role in Liquid-Liquid Dispersion Stabilisation[C]. 9th APPChe Congress and Chemeca, . Christchurch, 2002.

[156] Krebs T, Schroën C, Boom R M. Coalescence Kinetics of Oil-in-water Emulsions Studied with Microfluidics[J]. Fuel, 2013, 106（2）: 327-334.

[157] Thorsen T, ., Roberts R W, Arnold F H, et al. Dynamic Pattern Formation in a Vesicle-generating Microfluidic Device[J]. Physical Review Letters, 2001, 86（18）: 4163.

[158] Storm D A, Baressi R J, Sheu E Y. Rheological Study of Ratawi Vacuum Residue in the 298-673 K Temperature Range[J]. Energy & Fuels, 1995, 9（1）: 168-176.

[159] Elgibaly A, Nashawi I, Tantawy M. Rheological Characterization of Kuwaiti Oil-lakes Oils and Their Emulsions[C]. International Symposium on Oilfield Chemistry, Houston, Texas, 1997.

[160] 宋杰, 朱斌. 石油乳状液的黏度模型 [J]. 石油勘探与开发, 2004, 31（A）: 30-35.

[161] 孙涛垒, 张路, 王宜阳, 等. 界面张力弛豫法研究不同分子量原油活性组分界面扩张黏弹性 [J]. 高等学校化学学报, 2003, 24（12）: 2243-2247.

[162] Nikas Y J, Puvvada S, Blankschtein D. Surface Tensions of Aqueous Nonionic Surfactant Mixtures[J]. Langmuir, 1992, 8（11）: 2680-2689.

[163] Starov V M, Zhdanov V G. Viscosity of Emulsions: Influence of Flocculation[J]. Journal of Colloid and Interface Science, 2003, 258（2）: 404-414.

[164] 李明远, 吴肇亮. 石油乳状液 [M]. 北京: 科学出版社, 2009: 40-68.

[165] Verruto V J, Le R K, Kilpatrick P K. Adsorption and Molecular Rearrangement of Amphoteric Species at Oil-water Interfaces[J]. The Journal of Physical Chemistry B, 2009, 113（42）: 13788-13799.

[166] Jeribi M, Almir-Assad B, Langevin D, et al. Adsorption Kinetics of Asphaltenes at Liquid Interfaces[J]. Journal of Colloid & Interface Science, 2002, 256（2）: 268-272.

[167] Hemmingsen P V, Kim S, Pettersen H E, et al. Structural Characterization and Interfacial Behavior of Acidic Compounds Extracted from a North Sea Oil[J]. Energy &

Fuels, 2006, 20（5）: 1980-1987.

[168] Pauchard V, Sjöblom J, Kokal S, et al. Role of Naphthenic Acids in Emulsion Tightness for a Low-total-acid-number（TAN）/High-asphaltenes Oil[J]. Energy & Fuels, 2008, 23（3）: 1269-1279.

[169] Moradi M, Topchiy E, Lehmann T E, et al. Impact of Ionic Strength on Partitioning of Naphthenic Acids in Water-crude Oil Systems-Determination Through High-field NMR Spectroscopy[J]. Fuel, 2013, 112: 236-248.

[170] GASPERLIN, TUSAR, TUSAR, et al. Lipophilic Semisolid Emulsion Systems: Viscoelastic Behaviour and Prediction of Physical Stability by Neural Network Modelling[J]. International Journal of Pharmaceutics, 1998, 168（2）: 243-254.

[171] 崔晓红, 张磊, 赵荣华, 等. 界面张力弛豫法研究芳香侧链酰基牛磺酸钠的界面相互作用[J]. 高等学校化学学报, 2011, 32（7）: 1556-1562.

[172] Lankveld J M G, Lyklema J. Adsorption of Polyvinyl Alcohol on the Paraffin—water Interface. III. Emulsification of Paraffin in Aqueous Solutions of Polyvinyl Alcohol and the Properties of Paraffin-in-water Emulsions Stabilized by Polyvinyl Alcohol[J]. Journal of Colloid & Interface Science, 1972, 41（3）: 475-483.

[173] Auflem I, Havre T, Sjöblom J. Near-IR Study on the Dispersive Effects of Amphiphiles and Naphthenic Acids on Asphaltenes in Model Heptane-toluene Mixtures[J]. Colloid and Polymer Science, 2002, 280（8）: 695-700.

[174] Östlund J-A, Nydén M, Auflem I H, et al. Interactions Between Asphaltenes and Naphthenic Acids[J]. Energy & Fuels, 2003, 17（1）: 113-119.

[175] Princen H M, Kiss A D. Rheology of Foams and Highly Concentrated Emulsions—III. Static Shear Modulus[J]. Journal of Colloid & Interface Science, 1986, 112（2）: 427-437.

[176] Pal R. A New Linear Viscoelastic Model for Emulsions and Suspensions[J]. Polymer Engineering & Science, 2008, 48（7）: 1250-1253.

[177] Pal R. Rheology of Simple and Multiple Emulsions[J]. Current Opinion in Colloid & Interface Science, 2011, 16（1）: 41-60.

[178] Santos R G D, Mohamed R S, Bannwart A C, et al. Contact Angle Measurements

and Wetting Behavior of Inner Surfaces of Pipelines Exposed to Heavy Crude Oil and Water[J]. Journal of Petroleum Science & Engineering, 2006, 51 (1-2): 9-16.

[179] Pal R. Rheology of Polymer -thickened Emulsions[J]. Journal of rheology, 1992, 36(7): 1245-1259.

[180] Sherman P. Industrial Rheology with Particular Reference to Foods, Pharmaceuticals, and Cosmetics[C]. New York, Academic Press, 1970.

[181] Hoekstra L, Vreeker R, Agterof W. Aggregation of Colloidal Nickel Hydroxycarbonate Studied by Light Scattering[J]. Journal of colloid and interface science, 1992, 151 (1): 17-25.

[182] Otsubo Y, Prudhomme R K. Rheology of Oil-in-water Emulsions[J]. Rheologica Acta, 1994, 33 (1): 29-37.

[183] Pal R. Effect of Droplet Size on the Rheology of Emulsions[J]. AIChE Journal, 1996, 42 (11): 3181-3190.

[184] 张健, 丁健, 许晶禹, 等. 超稠原油-水乳状液（W/O）的流变学特性 [C]. 第十三届全国水动力学学术会议暨第二十六届全国水动力学研讨会, 青岛, 山东, 中国, 2014.

[185] Moradi M, Alvarado V. Influence of Aqueous Phase Ionic Strength and Composition on the Dynamics of Water-crude Oil Interfacial Film Formation[J]. Energy & Fuels, 2016, 30 (11): 9170-9180.

[186] Borges B, Rondón M, Sereno O, et al. Breaking of Water-in-crude-oil Emulsions. 3. Influence of Salinity and Water-oil Ratio on Demulsifier Action [J]. Energy & Fuels, 2009, 23 (3): 1568-1574.

[187] Moradi M, Alvarado V, Huzurbazar S. Effect of Salinity on Water-in-crude Oil Emulsion: Evaluation Through Drop-size Distribution Proxy[J]. Energy & Fuels, 2010, 25 (1): 260-268.

[188] Carpio E D, Rodríguez S, Rondón M, et al. Stability of Water - Boscan Crude Oil Emulsions: Effect of Salts, Alcohols and Glycols[J]. Journal of Petroleum Science & Engineering, 2014, 122: 542-550.

[189] Maaref S, Ayatollahi S. The Effect of Brine Salinity on Water-in-oil Emulsion Stability

Through Droplet Size Distribution Analysis: a Case Study[J]. Journal of Dispersion Science & Technology, 2018, 39（5）: 721-733.

[190] Wang X, Alvarado V. Effect of Salinity and pH on Pickering Emulsion Stability[C]. SPE Annual Technical Conference and Exhibition, Denver, Colorado, USA, 2008.

[191] Muñoz A V, Sølling T I, Muñoz A V, et al. Imaging Emulsions: The Effect of Salinity on North Sea Oils[J]. Journal of Petroleum Science & Engineering, 2017, 159: 483-487.

[192] Maaref S, Ayatollahi S, Rezaei N, et al. The Effect of Dispersed Phase Salinity on Water-in-Oil Emulsion Flow Performance: A Micromodel Study[J]. Industrial & Engineering Chemistry Research, 2017, 56（15）: 4549-4561.

[193] 孟江, 张其敏, 肖和平, 等. 无机盐对 O/W 型稠油乳状液乳滴形态和流变性的影响[J]. 油气储运, 2011, 30（1）: 43-48.

[194] 张红艳, 康万利. 阳离子对两亲聚合物乳状液稳定性的影响[J]. 当代化工, 2018, 47（8）: 1596-1599.

[195] Strassner J E. Effect of pH on Interfacial Films and Stability of Crude Oil-Water Emulsions[J]. Journal of Petroleum Technology, 1968, 20（3）: 303-312.

[196] Elsharkawy A M, Yarranton H W, Al-sahhaf T A, et al. Water-in-crude Oil Emulsions in the Burgan Oilfield: Effects of Oil Aromaticity, Resins to Asphaltenes Content（R/（R+a）), and Water pH[J]. Journal of Dispersion Science & Technology, 2008, 29（2）: 224-229.

[197] Pal R. Shear Viscosity Behavior of Emulsions of two Immiscible Liquids[J]. Journal of Colloid and Interface Science, 2000, 225（2）: 359-366.

[198] Ronningsen H P. Correlations for Predicting Viscosity of W/O-emulsions Based on North Sea Crude Oils[C]. SPE International Symposium on Oilfield Chemistry, San Antonio, Texas, 1995.

[199] Wessel R, Ball R. Fractal Aggregates and Gels in Shear Flow[J]. Physical Review A, 1992, 46（6）: 3008-3011.

[200] 曹宝格, 罗平亚. 缔合聚合物溶液在多孔介质中的流变性实验[J]. 石油学报, 2011, 32（4）: 652-657.

[201] 肖丽华，鲍文博，金玉宝，等．聚合物溶液、凝胶和微球渗流特性差异及其作用机理研究[J]．油田化学，2018，35（2）：241-245．

[202] Yu L, Dong M, Ding B, et al. Emulsification of Heavy Crude Oil in Brine and Its Plugging Performance in Porous Media[J]. Chemical Engineering Science, 2018, 178: 335-347.

[203] 赵清民，吕静，李先杰，等．非均质条件下乳状液调剖机理[J]．油气地质与采收率，2011，18（1）：41-43．

[204] Lo K, Warner Jr H, Johnson J, editors. A Study of the Post-Breakthrough Characteristics of Waterflood[C]. SPE California Regional Meeting, Ventura, California, 1990.

[205] Adams D. Experiences with Waterflooding Lloydminster Heavy-oil Reservoirs[J]. Journal of Petroleum Technology, 1982, 34（8）: 1643-1650.

[206] 荆文波，张娜，孙欣华，等．鲁克沁油田深层稠油注水开发技术[J]．新疆石油地质，2013，（2）：199-201．

[207] Vidal R L, Alvarado R. Key Issues in Heavy Oil Waterflooding Projects[C]. SPE Heavy and Extra Heavy Oil Conference-Latin America, Medellin, Colombia, 2014.

[208] Gaidukov L. Features of Horizontal Well Production in Unconsolidated Sands With High Viscosity Oil[C]. SPE Russian Petroleum Technology Conference and Exhibition, Moscow, Russia, 2016.

[209] Chen Y, Ershaghi I, editors. A New Analytical Solution for Predicting Oil Rate Vs. Time in Waterflood Using Various Injection Plans[C]. SPE Western Regional Meeting, Anchorage, Alaska, USA, 2016.

[210] 董巧玲，蒲春生，郑黎明，等．稠油W/O型乳状液表观黏度变化微观原因解析[J]．陕西科技大学学报，2014，32（5）：95-99．